城市绿色发展科技战略研究
北京市重点实验室系列成果

2015—2016城市绿色发展科技战略研究报告

Science and Technology Strategic Research Report for Urban Green Development 2015-2016

城市绿色发展科技战略研究
北京市重点实验室 著

北京师范大学出版集团
BEIJING NORMAL UNIVERSITY PUBLISHING GROUP
北京师范大学出版社

图书在版编目(CIP)数据

2015—2016城市绿色发展科技战略研究报告/城市绿色发展科技战略研究北京市重点实验室著. —北京：北京师范大学出版社，2017.1

ISBN 978-7-303-21379-5

Ⅰ. ①2… Ⅱ. ①城… Ⅲ. ①城市环境—生态环境建设—研究报告—北京—2015—2016 Ⅳ. ①X321.21

中国版本图书馆CIP数据核字(2016)第242415号

营 销 中 心 电 话 010—58805072 58807651

北师大出版社学术著作与大众读物分社 http://xueda.bnup.com

2015—2016CHENGSHI LÜSE FAZHAN KEJI ZHANLÜE YANJIU BAOGAO

出版发行：北京师范大学出版社 www.bnup.com

北京市海淀区新街口外大街19号

邮政编码：100875

印 刷：北京中印联印务有限公司

经 销：全国新华书店

开 本：889 mm×1194 mm 1/16

印 张：15.5

字 数：352千字

版 次：2017年1月第1版

印 次：2017年1月第1次印刷

定 价：68.00元

策划编辑：马洪立 责任编辑：李洪波

美术编辑：王齐云 装帧设计：李尘工作室

责任校对：陈 民 责任印制：马 洁

《2015－2016 城市绿色发展科技战略研究报告》编委会

序　言

党的十八届五中全会指出，实现“十三五”时期发展目标，破解发展难题，厚植发展优势，必须牢固树立并切实贯彻五大发展理念。城市绿色发展已成为了社会的亟需、科技的关注、政府的战略。重点实验室成立至今已三年，一直致力于围绕绿色发展、绿色科技展开研究，我们在研究如何实现北京绿色发展，探讨如何让北京减少雾霾，发展更绿色；在科技方面怎样支撑，怎样通过科技的进步来支持和帮助北京实现绿色发展，绿色科技在北京需怎样做；如何从治理的层面、创新的角度推动北京绿色发展等问题。

为了深入破解北京市绿色发展面临的现实和亟需解决的问题，研究团队充分发挥北京师范大学经济与资源管理研究院、北京师范大学生命科学院、北京市决策咨询中心等三家共建单位科研力量各自的优势，围绕绿色科技撰写子报告25篇，合编完成《2015—2016城市绿色发展科技战略研究报告》。报告从宏观发展、城市发展、绿色产业发展、能源科技发展等方面着手，聚焦北京、放眼全国，深入研究城市绿色发展科技战略所涉及的主要方面，有针对性地提出政策建议，为地方政府提供一定的决策参考。

重点实验室自成立以来就努力做成一个协同创新的平台。实验室既在校内向其他院系开放，也在北京向其他驻京高校、科研院所开放，同时作为中国的实验室，我们也愿意向世界开放，希冀有不同方面的专家以此为平台进行思想上的交流碰撞。

《2015—2016城市绿色发展科技战略研究报告》的完成，离不开学校及相关部门领导的指导关怀、专家学者的鼎力合作、师生们的辛勤劳动。在报告撰写过程中，我们既召开了全体成员讨论会，也分小组进行了多次研讨。

北京市科学技术委员会、北京市科学技术研究院、北京师范大学领导和相关处室、实验室共建单位等对我们重点实验室的工作给予了很多的帮助和指导，在此一并表示感谢！

我们相信，在各方的支持下，在实验室师生的努力下，城市绿色发展科技战略研究实验室会探索出一条文理合作、贡献社会的新路，会为首都绿色发展和全面建设科技创新中心做出应有的贡献！

城市绿色发展科技战略研究北京市重点实验室
2016 年 3 月

2015—2016 实验室研究小组及研究报告

分　组	作　者	研究报告
总　论	颜振军、黄　露	发展绿色科技，建设美丽中国
宏观发展篇	俞　海	“十三五”环保科技发展的思考
	Eric Zencey	真实进步指数＋：测量哪些指标
	王伯鲁	技术绿色化及其原则
	邢永杰	对绿色科技发展的几点思考
	郑艳婷	绿色科技推动经济可持续发展
城市发展篇	夏　光	以绿色化引领新型城镇化
	丁　辉	关注城市绿色发展中的新兴技术风险
	潘浩然、赵　进	京津冀协同绿色增长战略——基于生态协同演化的视角
	赵　峥、刘　杨	中国城市绿色增长效益、影响因素及战略路径 ——以丝绸之路经济带城市为例
	金周英	城市的绿色发展需要系统的解决方案
	宋　涛、刘　洋	中国“智慧城市”建设的几点思考
	刘一萌	北京市雾霾现状及其治理
绿色产业篇	李晓西	借助白酒产业绿色元素推动城市绿色发展 ——四川省泸州市调研报告之一
	韩　晶、王　赟、陈超凡	中国工业碳排放绩效的区域差异及影响因素研究 ——基于省域数据的空间计量分析
	林永生	中国工业废气治理中的技术效应、规模效应与结构效应
	邵　晖、王　颖、温梦琪	发展循环经济，升级传统产业 ——镇江经济开发区“绿色企业”调研报告
	张江雪、蔡　宁、毛建素、杨　陈	技术创新与绿色工业
	吕竹明、宋　云、孙　慧	北京市服务业清洁生产工作的现状、问题及建议
	徐丽萍、王　立、李金林	基于隐含能的行业完全能源效率评价模型研究
	郭逸飞、宋　云、张彩丽、薛鹏丽	瑞典环境许可制度的特点分析及启示
	唐　玲、孙晓峰	生态设计产品生命周期评价——以洗衣液为例
能源科技篇	林卫斌	城市绿色发展能源科技战略研究——以北京市为例
	张生玲、郝泽林、曾贺清	中国新能源发展的若干思考
	周晔馨	北京家用纯电动车发展情况与未来趋势

目 录

能源科技篇

表 目

图 目

总　论　发展绿色科技，建设美丽中国

颜振军　黄　露

中共十八届五中全会提出，要坚持绿色发展，必须坚持节约资源和保护环境的基本国策，坚持可持续发展，坚定走生产发展、生活富裕、生态良好的文明发展道路，加快建设资源节约型、环境友好型社会，形成人与自然和谐发展现代化建设新格局，推进美丽中国建设，为全球生态安全做出新贡献。绿色发展理念的提出，是对中国过去发展模式的一种反思和调适，也意味着未来"绿色"将成为中国的发展理念和发展方式，约束和引导中国发展模式更加环保和可持续。

在狭义上，绿色发展就是要发展环境友好型产业，降低能耗和物耗，保护和修复生态环境，发展循环经济和低碳技术，使经济社会发展与自然相协调。从广义上来看，绿色发展包括六个方面：均衡发展、节约发展、低碳发展、清洁发展、循环发展、安全发展。

当今世界，经济社会发展离不开科技进步。科学技术作为"双刃剑"存在正效应和负效应，如何扩大正效应，规避负效应，更好地为绿色建设服务，这不仅要求限制人类对某些技术的应用，更重要的是树立绿色科技观念。[①] 绿色发展作为21世纪的主流，使得绿色科技不再单纯地以经济增长为唯一目标，而要紧紧围绕可持续发展的思路，充分考虑科技带来的经济效益、社会效益、生态效益，使绿色科技成为可持续发展的重要依托。

① 刘晨，周桂英．生态文明视野下的绿色科技建设．科技信息，2012(5)．

>>一、绿色科技概述<<

(一)绿色科技的产生渊源

1. 环保思潮：绿色科技孕育和产生的动因

人类社会经济发展史表明，科学技术水平总是代表着一定的生产力和社会发展历史时期。石器代表着原始社会的生产力，铜器代表着奴隶社会的生产力，铁器代表着封建社会的生产力，而蒸汽机和电气化则代表着资本主义社会的生产力。近代工业文明发展的主要标志是机器大生产取代了直接用人力和畜力进行加工的生产方式，而不断出现的科学和技术革命，又给工业文明以强有力的支撑，使其不断地发展，拓展出自己的领地或空间。20世纪中叶以后，生物工程、激光通信、空间技术、海洋开发以及新材料、新能源的发现则开辟了一个新技术革命的时代。

技术的应用有两面性。从经济学的角度来看，以往的技术有许多是以征服自然为目的的，人类并没有意识到自身的活动对大自然带来的变化和危害。市场经济的大规模生产，以获取最大利润为主要目的。在单纯追求短期效益和人们保护环境的意识尚未觉醒的情况下，所发展的生产技术都带有很大的缺陷，或者说所发展的技术多是不完全的。

在资源开发方面，人们往往只注重发展大规模采掘自然资源的技术与装备，以获得最大的财富，而很少关注资源的养护与再生。正如20世纪70年代后期美国学者佩奇(Page)分析的技术进步不对称，即资源开发和环境保护技术的不对称。① 在生产方面，只注重利润最高的主产品的生产，而将其余物质都作为废物丢弃掉了。因此曾有人形容：当今世界，垃圾成灾，特别是有毒废品的扩散，无异于人类向地球宣战，自掘坟墓。在消费方面，发明了用后即丢的一次性消费方式，不关心丢掉的废物可能产生的不利影响，这种具有缺陷或不完全的技术所造成的生产力是空前的，其造成的环境影响也是前所未有的。目前，人类社会面临的温室气体排放过多造成的全球气候变化，使用氟碳化合物造成的臭氧层问题，排放二氧化硫和氮氧化物形成的酸雨危害，遍布全球的有毒有害化学品污染，以及由于过度地大规模开发自然资源导致的全球生态环境恶化问题，可以说是人类在追求致富过程中正在逐步毁掉自身继续生存和发展的基础。

上述这些问题导致1972年联合国人类环境会议和1992年联合国环境与发展大会的召开及民间环保思潮和绿色环保运动的兴起，宣告人类活动以征服和改造自然为主的历史时期行将结束，而谋求人与自然协调、人与生物共处、保持环境清洁和维护地球生态平衡的新时期即将开始。

2. 技术批判：绿色科技生成和崛起

这里最为典型的当数法兰克福学派，法兰克福学派学者将自己的理论称为“社会批判理论”，对理性主义的批判是法兰克福学派社会批判理论的基础，是法兰克福学派永恒的理论主题，贯

① 洪银河. 可持续发展经济学. 北京：商务印书馆，2000.

穿在学派的基本著作中。同时，法兰克福学派对技术的批判构成了其社会批判理论的核心，他们认为："由技术和理性结合而成的工具理性或者技术理性是理性观念演变的最新结果。"①如雷可海默和阿道尔诺合著的《启蒙的辩证法》、马尔库塞的《爱欲与文明》和《单向度的人》等。②艾瑞克·弗洛姆将其称为"不健全的、病态的"现代社会，通过一种"人文主义伦理学"的确立，促成一个"健全的社会"。在代表人物艾瑞克·弗洛姆看来，这个病态社会的根源在于技术的非人道化的发展，而要促成一个健全的社会，首要的是实现技术社会的人道化，因此对技术的批判和对技术社会的改造方案也就构成了弗洛姆的人道主义伦理学的重要组成部分。③ 在1968年出版的《希望的革命：走向人道化的技术》一书中，艾瑞克·弗洛姆对他的这种技术批判理论作了系统论述。理性主义者对于技术的深刻批判和解析，为绿色科技大潮的到来起到了重要的作用。

3. 清洁生产：绿色科技发展和壮大的价值

自工业革命以来，世界经济的发展基本上是用资源的高投入，拉动经济高增长的发展模式，其典型表现是"高消耗、低效益、重污染"。1972年，在瑞典召开的联合国人类环境会议通过了《人类环境宣言》，此后很多国家开始了"先污染，后治理"的工业污染防治。但是实践表明，将工业生产中产生的废水、废气和固体废弃物治理，放在生产过程的末端进行的处理模式，是一种投资大、技术要求高、浪费资源的低效益治理模式，是一种治标不治本的方法，因此人们开始思考新的环境治理方式。

"清洁生产"于1974年出现在3M公司提出的"3P计划"中。④ 其基本观念可归纳为：污染物质仅是未被利用的原料，"污染物质"加上"创新技术"可变为"有价值的资源"。清洁生产的提出，就需要与之相配套的清洁生产的科技。之后，清洁生产在全世界发展开来，1976年，欧共体在巴黎召开了"无废工艺和无废生产国际研讨会"，开始着眼于新的处理环境污染的方法，1979年欧共体理事会宣布推行清洁生产的政策，同年通过《关于少废无废工艺和废料利用的宣言》。关于清洁生产的定义，中外学者对此意见不一，但是都认为清洁生产是对生产过程和产品实施的综合防治战略，是产品从生产到消费的全过程中为减少风险所应该采用的措施。综合联合国环境规划署与环境规划中心对清洁生产的各种表述，将其定义为：清洁生产是将综合预防的环境策略持续地应用于生产过程和产品中，以便减少对人类和环境的风险性。

1992年，联合国环境署在中国厦门市举办的清洁生产培训班，首次将清洁生产的理念引入中国。我国也在1994年《中国21世纪议程》中，专门针对清洁生产做了论述，以后在《关于环境保护若干问题的决定》中要求企业要提高技术起点，采用能耗低、污染排放量少的清洁工艺。在国家环保部1997年颁布的《关于推进清洁生产的若干意见》中明确要求环境保护部门将清洁生产

① 陈振明．法兰克福学派与科学技术哲学．北京：中国人民大学出版社，1992.

② 高亮华．人文主义视野中的技术．北京：中国社会科学出版社，1996.

③ 刘敏．技术与人才——弗洛姆技术人道化思想研究．自然辩证法通信，2006(5)：18－23.

④ 陈玉祥，陈国权．3M公司和"3P"计划．管理现代化，1990(3)：49－51.

纳入已有的环境管理政策中，以便深入促进清洁生产。清洁生产技术的提出以及在全球的迅速蔓延，也为绿色科技的兴起提供了技术上的支持。

(二)绿色科技的内涵

当前，人们对于绿色科技的认识还较为笼统。例如，对于绿色科技的定义，众多领域的专家学者有各自的观点。环保专家认为绿色科技就是环境保护科技；生态学家认为绿色科技就是生态科技；还有的认为绿色科技就是可持续发展的科技。显然，这些认识都有其正确的成分，但又需进一步完善。总体而言，目前对绿色科技内涵的理解还没有一个较准确且被公认的清晰表述，一般以“绿色”定义为基础探讨绿色科技的内涵。

从诸多学者对“绿色”的各种认识中可以发现，“绿色”是一种形象的说法，它代表环境、生命，象征着环保和接近自然。张远增把这种“绿色”概括为可持续发展的替代词。① 可见，在“科技”前冠以“绿色”，试图表明该科技有益于环境或于环境无害。周光召院士在国家环保总局的《绿色科技计划》中提出：“绿色科技是指能够促进人类在地球上长久生存与发展，有利于人与自然共生共荣的科学技术。”②诸大建等学者认为绿色科技就是可持续发展的科技。③ 他们指出绿色科技在概念上扩展了绿色技术的范畴，主要涉及：(1)资源的合理开发，综合利用与保护等；(2)发展清洁生产技术；(3)提倡文明适度的消费(又称绿色消费)和生活方式。清华大学在宣布创建绿色大学时，把绿色科技解释为用环境意识贯穿到科技工作的各个方面和全过程，优先发展符合生态学原理的技术、工艺和设备，为国民经济主战场服务等。以上诸多学者对绿色科技的定义和解释均有代表性，它们在很大程度上揭示了绿色科技的内涵。

此外，在美国环保局科技计划中，将绿色科技划分为“浅绿色科技”和“深绿色科技”。“浅绿色科技”是指用于减少废弃物产生的科技，主要指清洁生产及能源的节约和综合利用等技术，如电动汽车开发技术等。“深绿色科技”是指污染治理科技，即专门处置废弃物的科技，它是绿色科技中能明显改善生态环境状态的部分。我们认为，绿色科技就其本质而言，就是人类在生产与消费两大领域中实现人与自然、人与人之间的协调发展。绿色科技与传统科技以及一般的现代科技有相同点也有区别，它是借鉴和汲取传统科技发展的经验并在当代先进科技水平的基础上注入新内涵、新特点。绿色科技有两个显著特征：一是生态性，科技发展不仅考虑它是否满足人和社会的需要以及对人和社会的影响，而且还要考虑它对自然的影响，要考虑能否实现自然、社会和人的协调发展。二是人本性，“以人为本”强调人是科技发展的出发点和归宿。生态文明的建设着眼于人与自然整体的协调发展，兼顾人类当前的利益。人本性还要求科技发展应该注重人的物质生活、精神生活等多方面需要，强调科技进步要有利于人类整体的、长远的可

---

① 张远增. 绿色大学评价. 教育发展研究，2000(5).

② 陈昌曙. 关于发展“绿色科技”的思考. 东北大学学报(社会科学版)，1999.

③ 诸大建. 走可持续发展之路. 上海：上海科学普及出版社，1999.

持续发展，防止对科技成果的滥用甚至恶用。

可以从以下两个方面来理解绿色科技。一方面，绿色科技指科技在绿色发展中的应用，即人们在从事科技工作，在发展和应用科学技术时不仅提高社会经济实力和综合国力，而且还要为实现可持续发展战略服务，为建立良好生态环境做贡献。简言之，绿色科技就是在社会经济发展和环境资源承载范围内，借助自然资本、社会资本、经济资本、人力资本，通过政策支持、技术研发应用和公民的积极参与，实现社会与生态环境的可持续发展(图 1)。

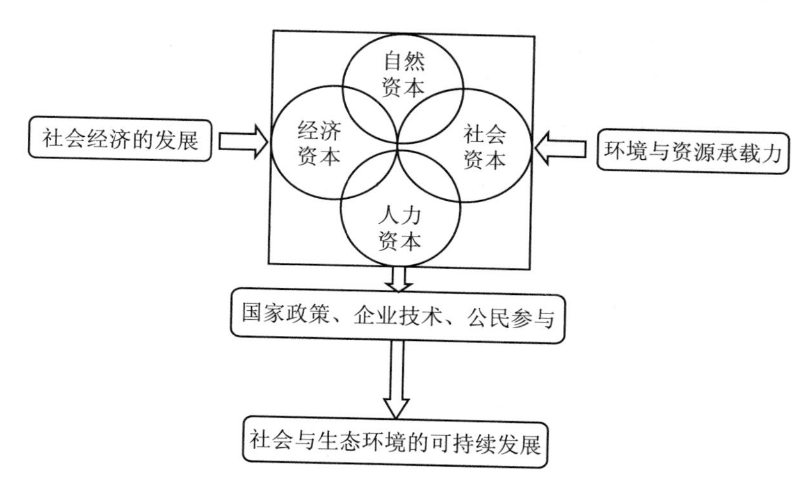

图 1 绿色科技的内涵框架

另一方面，绿色科技是指科技本身的绿色化发展，即以资源、环境、人口的协调发展为指向，以减轻对生态环境的消极影响为宗旨的科学技术研究开发与推广应用活动。

技术的绿色化是全方位、多层面、多环节推进的，体现在技术设计、建构、运行乃至废弃后处置的各个环节：(1)生产流程技术向能源与原材料的低耗化、生产过程的清洁化、工业“三废”的综合利用，以及有助于提高生态环境质量的环保技术等方向拓展。(2)产品技术向高效低耗、长寿命、易回收、易降解、无污染的绿色产品方面推进。(3)在生态自然观引导下，树立生态环境保护意识，并建立相应的道德、法律、制度和社会机构。技术的绿色化力求达到低消耗、高产出、自循环、无公害的要求，力图通过原材料的最充分利用而降低消耗，通过运行过程的无害化循环控制来避免或减少污染，通过资源的科学化配置和开发来获得最大的整体效益。

技术的绿色化进程至少区分为研发与推广应用两个阶段。在资本统治的时代，绿色科技投入的个体化与其创造的生态效益的大众化之间的分裂，是导致技术绿色化困难的根源，需要通过社会机制加以调节和推进，这里应当遵循五项基本原则：(1)以经济利益换生态效益原则。生产活动的经济价值和生态价值本质上都统一于人们的物质利益，这也是两者相互转化的内在依据。经济利益和生态利益的现实分裂与失衡，要求新的驱动机制应当以人类社会总体利益的最大化为目标，本着“多利相衡取其重，多害相衡取其轻”的原则，妥善处理经济利益与生态效益之间的矛盾。在生态系统严重失衡的现实面前，更应该强调以眼前的、局部的经济利益换取长远的、全局的生态效益。(2)公平原则。市场经济赋予了企业独立的法人地位，企业是实现技术绿色化的主力，客观上要求新的驱动机制在处理经济效益与生态效益矛盾上，为企业营造一个公平竞争的环境，推行“谁污染谁治理，谁创造生态效益谁享受经济补偿”的原则；把生态效益纳入评价指标体系，对创造生态效益的企业给予奖励，对消耗不可再生资源、排放污染物的企业加以抑制。(3)强制原则。政府与社会组织是技术绿色化的组织者和推动者，在市场经济体制下，出于人们的重视程度、企业技术与经济发展水平等方面的差异，不同企业的技术绿色化进程往往差异较大。个别企业不愿意牺牲眼前的局部经济利益而换取长远的、全局的生态效益，对此，政府应采取法律、行政、税收、利率等多项干预措施，强制推行技术绿色化改造。(4)差别化原则。在全球范围内，我们应正视不同国家之间的发展差距，以及以往对生态系统损害的差别，推行“共同但有区别的责任原则”。(5)全方位多层次驱动原则。技术绿色化只是社会生产活动的一个环节，应该把它置于社会系统演进的大背景下审视。产业技术活动与社会生活的各个领域、各个层面都存在着直接或间接的联系，我们应该通过这些联系途径全方位多层次促进产业技术的绿色化进程。①

(三)绿色科技的分类

绿色科技按照不同的标准可以有多种分类，例如，资源节约型绿色科技与环境友好型绿色科技；绿色科技理论研究与绿色科技应用研究；工业绿色科技、农业绿色科技、服务业绿色科技；绿色化学、绿色能源、绿色材料、绿色工程、绿色食品等。

在《中国绿色科技的机会》中，将绿色科技的研究范围划分为七大领域：清洁常规能源、可再生能源、电力基础设施、绿色建筑、清洁运输、清洁工业、清洁水；在《释义绿色科技》中，将绿色科技分为四大类：网络科技、生产科技、医学科技、生物科技；在《中国绿色科技的机遇与挑战》中，将绿色科技产业划分为五大领域：空气、水和固体废弃物的污染防治类，能量功效类，绿色建筑类，可再生能源类，交通运输类。

本报告将绿色科技分为以下七类：

1. 绿色建筑

绿色建筑是在建筑的全寿命周期内，最大限度地节约资源(节能、节地、节水、节材)、保护环境和减少污染，为人们提供健康、适用和高效的使用空间与自然和谐共生的建筑。绿色建筑是目前世界建筑业发展的趋势，发展绿色建筑事业是推动我国节能减排、保护环境、改善民生、培育新兴产业、加快建筑业发展及促进生态文明建设的重大举措。

2. 绿色交通

“绿色交通”也称“低碳交通”，是指在交通系统中实现低碳化，包括交通组织的高效化、出行方式的公交化、交通能源的低碳化等。绿色交通强调的是城市交通的“绿色性”，即减轻交通拥挤，减少环境污染，促进社会公平，合理利用资源。绿色交通是实现健康的、可持续发展的

① 本部分参考中国人民大学王伯鲁教授在“京师绿色科技论坛”上的发言。

城市交通系统的必由之路。

3. 煤炭清洁技术

煤炭清洁技术是指在煤炭从开发到利用的全过程中，旨在减少污染排放与提高利用效率的加工、燃烧、转化和污染控制等新技术的总称。

4. 新能源

新能源也称绿色能源，是指可再生能源，如水能、生物能、太阳能、风能、地热能和海洋能。

5. 生态修复

生态修复是指对生态系统停止人为干扰，以减轻负荷压力，依靠生态系统的自我调节与组织能力使其向有序的方向演化，或者利用生态系统的这种自我恢复能力辅助人工措施，使遭到破坏的生态系统逐步恢复或使生态系统向良性循环方向发展。主要指致力于那些在自然突变和人类活动影响下受到破坏的自然生态系统恢复与重建工作。

6. 节能减排

广义而言，节能减排是指节约物质资源和能源，减少废气物和环境有害物(包括三废和噪声等)排放；狭义而言，节能减排是指节约能源和减少环境有害物排放。

7. 废弃物处置

废弃物处置就是把垃圾迅速清除并进行无害化处理，最后加以合理利用。目的是无害化、资源化和减量化。

(四)发展绿色科技的重要意义

绿色科技的产生使得人们重新思考人与生产和自然的关系，对于自然不只是索取，还要给予它自身的发展空间，在生产过程中也要考虑生态环境的保护，尽量减少在消费过程中对环境造成的破坏。

1. 顺应国家产业变革

随着社会经济的不断发展，我国经济转型和产业变革的速度也在不断加快，成为推动我国现代企业发展的强大力量。产业变革一般是科学技术上的重大突破，使得我国国民经济产业结构发生重大变化，从而促进了产业优化升级和结构调整。产业变革往往起源于科学技术的创新，同时，又为技术创新带来许多机遇和挑战。而绿色科技的产生正是顺应国家的产业变革，推动我国产业创新转型发展，使得我国的发展不只是盯着经济效益，而是通过采用新技术、发展新业态、推行新模式，促进我国传统产业的改造升级，提升我国产业整体竞争力，从而实现我国生产与环境的可持续发展。

2. 贯彻实施国家创新战略

当今世界，科技竞争在综合国力竞争中的地位更加突出，科技日益成为经济社会发展的主要驱动力。实施创新驱动发展战略，最根本的是依靠科技的力量。党的十八届五中全会提出："必须牢固树立并贯彻创新、协调、绿色、开放、共享的理念，要在改革和发展中全面推进生态文明建设。"这既是我们确保如期全面建成小康社会的关键所在，也是以创新理念推动绿色发展、实现"十三五"时期发展目标的关键所在。绿色不仅是生产力，还是衡量发展的标准，是经济转型的方向。因此，绿色科技的产生是对我国科技创新战略的落实，依靠绿色科技大力发展绿色价值，寻求财富增长的新空间，从而实现我国社会的可持续发展。

3. 改变自然观、生产观和消费观

(1)自然观的改变。一是有利于人与人之间关系的和解。绿色科技是可持续发展观的技术支撑，其应用的目的是要发展绿色产品，提供绿色的服务，提倡绿色的消费、文化、生活方式，而要达到这样的目的，绿色科技就必须纳入绿色科技—经济可持续发展中来系统地考虑。通过把关生产、消费、再生产的循环过程，我们可以从实际生活入手来缓解人类对于自然环境的入侵，做到人与人之间关系的和解。二是有利于人与自然关系的和解。人与自然同属于生态圈，在生态圈中有自己独特的生态位置，任何一方出现了问题，将导致生态循环的破坏，我们现在的问题是人类对其做了什么。我们将如何化解这样的矛盾，避免生态循环的破坏危及自身呢?我们认为，从技术层面上讲绿色技术的应用是最好的选择，绿色科技在作用于生产要素投入时，要求去除在发展中对于自然资源和能源的依赖。再者绿色生产技术的应用将大大缓解生产对自然环境的污染。"依靠绿色科技治理污染问题，预防可能出现的环境问题，把经济增长和环境的改善结合起来，达到经济效益、社会公平和生态效益的统一。"①三是有利于人与社会关系的和解。个人的行为选择，局部的行为选择，区域的行为选择甚至国家的行为选择，都要从维护人类的共同家园出发，从维护可持续发展出发，绿色科技的产生使得人与社会之间的关系得到和解。

(2)生产观的改变。我国近年来经济保持高速增长，借助的是高污染和高消耗的生产方式，这使得我国的资源、能源难以支持发展，如果继续沿用旧的生产模式、传统的经济增长方式，靠拼资源、消耗能源来换取经济的高速增长，就难以解决我国面临的能源短缺问题，这使得我们不得不思考新的生产模式。"绿色生产较于传统的生产有几个特点：在利益上，注意经济效益、环境效益和社会效益的协调；在消费上，绿色与绿色消费相配套；在生产流程上，注意原材料节约和对环境的保护；在生产管理上，更加注意以人为本的管理方式。"②显然这样的生产模式与资源节约型和环境友好型的社会相适应。

(3)消费观的改变。张长元学者认为："从人与自然关系来讲，人类的消费模式先后经历了原始生态消费、线性消费、循环消费、可持续消费几种模式。"③其中原始生态消费模式对于生态

---

① 李建华，孙宝凤，赵雅. 绿色科技与经济可持续发展，2000(7)：16.

② 周仁通. 企业绿色生产问题探讨. 商业时代，2007(10).

③ 张长元. 消费模式的演替. 生态经济，2001(1).

环境的破坏是微乎其微的，是在自然界自身净化的范围之内。线性消费是在农业社会后人们逐渐采用的消费模式，线性消费模式采用的是从自然界中获取资源来加工产品，产生废弃物或者将旧的产品直接当作垃圾倾倒给大自然，造成环境污染。循环消费模式在认识到这种线性消费带来的危害之后，开始采取以3R为原则的消费，对废旧的物品进行回收，但是在操作中遇到一些不可解决的技术难题。例如，汽车尾气排放问题，我们只能继续思考，该如何从源头上解决这样的技术难题。可持续发展模式提倡的是5R原则，即节约资源，减少污染(Reduce)；分类回收，再循环(Recycle)；绿色生活，环保选购(Reevaluate)；重复使用，多次利用(Reuse)；保护自然，万物共存(Rescue)，这也就是我们提倡的绿色消费模式。①

>>二、中国绿色科技的发展状况<<

(一)绿色科技初见成效

发展绿色科技需要全民努力。绿色科技不仅需要企业有绿色化的经营战略，追求经济效益、环境效益和长期利润的最大优化目标，营造绿色的企业文化，使用绿色科学技术。同时，公众的绿色意识、绿色消费更是支持绿色科技发展的重要动力，只有在公众中大力宣传绿色文化，形成一种绿色心理，并养成绿色消费的习惯，才能支持绿色科技的发展和绿色企业的生存以及环境保护和可持续发展的推进。在这些作用中，政府的作用尤为凸显。绿色科技发展中面临的问题及企业、研究机构、公众的良好参与都需要政府发挥协调、参与、引导、支持的作用。本报告一方面从绿色科技整体的研究状况来阐述；另一方面从国家、行业两个层面来分析目前我国绿色科技发展的现状。

1. 绿色科技研究状况

(1)绿色科技研究主要集中在宏观层面和产业层面。目前，我国对绿色科技的研究范围不是很广，主要集中在宏观层面和产业层面。在宏观层面，将绿色科技与我国的绿色发展、绿色经济、生态文明、可持续发展等相结合，以科技为抓手，论证生态文明建设的技术支撑，促进我国循环经济的发展，推动人与自然的和谐发展等。在产业层面，主要从绿色建筑、绿色能源、绿色交通、绿色消费等产业进行研究。此外，研究绿色科技的机构较多，主要集中在科研院所和与绿色相关的企业。例如，“城市绿色发展科技战略研究北京市重点实验室”是北京市首个以“绿色科技”为主题的重点实验室，该实验室自2013年成立以来，紧密围绕建设“科技北京”和“绿色北京”的战略任务，结合首都城市发展和产业技术发展，尤其是战略性新兴产业的发展需要，开展多方面研究。此外，实验室定期举办“京师绿色科技论坛”，邀请政府部门、学术界和产业界的专家学者们共同探讨绿色科技，从而促进了三者之间的联合研究。

① 谭根林. 循环经济学原理. 经济研究，2006(40).

(2)绿色科技评价指标体系尚不完善。由于绿色科技评价指标所涉及的因素较多，指标一时难以量化，因此，现阶段对绿色科技评价指标体系的研究较少。目前，专家学者主要对绿色科技创新评价指标体系和与绿色相关的技术指标体系进行研究。例如，有些专家参考可持续发展指标体系及有关科技实力指标体系，把绿色科技创新能力指标分为五个方面：绿色科技创新基础、绿色科技创新投入、绿色科技创新产出、绿色科技创新促进经济社会发展、绿色科技创新促进环境发展。[①] 此外，湖北省为深入贯彻落实《湖北省绿色建筑行动实施方案》，探索以绿色、生态、低碳为理念的绿色生态城区建设模式，编制印发了《湖北省绿色生态城区示范技术指标体系(试行)》，该指标体系分为三个层面，其中一级指标为：经济持续、资源节约、环境友好、社会和谐；二级指标为：低碳排放、绿色工业、集约用地、绿色交通、绿色市政、绿色建筑、绿色照明、绿色能源、固体资源、水资源、生态环境、生活环境、民生保障、高效管理。[②]

2. 政府制定相关政策法规

(1)制定和完善市场机制的政策法规。

一是税费、补贴。完善税收的调节机制，对使用绿色生产工艺、技术的企业进行减税激励；而对生产工艺落后、污染严重的企业征收排污税、燃料税等。同时，完善排污收费制度，提高排污成本，扩大排污收费的行业范围，使环境成本切实起到对企业、行业的约束作用。此外，对于政府积极倡导发展的具有较好前景的绿色科技企业，对于可能暂时还不具有较强市场竞争力的产品，政府采取补贴政策支持发展。如2010年6月30日，根据《财政部国家发展改革委关于开展"节能产品惠民工程"的通知》(财建〔2009〕213号)和《财政部国家发展改革委工业和信息化部关于印发"节能产品惠民工程"节能汽车(1.6升及以下乘用车)推广实施细则的通知》，中央财政对发动机排量在1.6升及以下、综合工况油耗比现行标准低20%左右的汽油、柴油乘用车，按每辆3000元标准给予一次性定额补贴。

二是投融资。一方面，政府制定对绿色科技创新进行财政支持的政策时，通过财政投入，投资重点领域，发展绿色科技集成度高、市场前景好、经济效益大的产业和项目而引导民间资金进入绿色科技创新企业。在政府投入的同时，通过体制改革的深化和政策的导向性，使"企业为主，全社会多渠道"的绿色科技创新体系逐渐形成。另一方面，政府在发展风险投资过程中，用"政府搭台、企业唱戏""支持而不控股，引导而不干涉"的态度来推动风险投资的发展。

三是人才培育。人才是绿色科技创新的核心，政策在人才资源的积聚上，进行了体制改革，为人才培育营造了宽松的环境。同时，建立了人才激励机制，为人才的个性化发展提供了适合的保障机制，从而提高了人才的积聚力和创新动力。此外，国家实施合理的人才流动政策，吸引国内外的人才聚集，使人才结构日趋合理化，使人才在研究机构向企业、国有企业和民营企

---

① 许冰峰. 绿色科技创新评价指标体系与方法研究，2005(10).

② http://www.hbcic.gov.cn/Web/Article/2014/06/10/1834585080.aspx? ArticleID = a9710fbe-7437-497a-a68d-c3941016f986.

业等转移过程中更自由化。

(2)制定和完善环境和科技发展的政策法规。

在环境基本法和科技基本法的层面上，修改和制定了以绿色理念为指导的法律，同时向下位法和特别法推进，制定出了更加完善的法律体系。如《环境保护法》的修改重点是淡化污染防治的色彩，加重了以可持续发展为基础的立法理念，增加了生态、环境保护方面的原则性规定等。

统筹立法，完善相关配套立法，建立完善的绿色科技法律体系。统筹规划建立环境法律法规体系和科技法律法规体系，协调两者关系，避免立法上的重置和浪费。同时，完善相关法律的配套措施，制定有关的政策、规章、规定、标准等。根据国家立法，结合当地实际情况，各省市也制定了适合自己的、可操作性强的、促进绿色科技发展的地方法规、政策等。此外，建立和完善了约束和激励机制。在过去环境立法与科技立法中，环境惩处力度不足，科技激励机制不健全，这也影响了绿色科技的发展。因此，目前，加强了约束和激励机制的建立和完善，从法律和制度上确定了相关部门的职责，确定了绿色科技的管理体制，使得绿色科技的法律政策能够切切实实地落实下去。

3. 各行业大力发展绿色科技

我国在绿色建筑、绿色交通、煤炭清洁技术、新能源行业、生态修复、节能减排、废弃物处置等方面的科技创新和产业发展上，取得了重要进步。

(1)绿色建筑。

我国引入绿色建筑的概念始于20世纪90年代，2001年开始进行探索性了解、研究和推广应用，尤其在“十一五”期间，我国绿色建筑发展在政策和标准体系建设、技术研发、示范推广等方面都取得了积极进展。[①]但是，从总体来看，我国的绿色建筑还处于起步阶段，总体数量少，呈点状、分散态势且地域发展不平衡。

我国已初步形成了绿色建筑评价的技术标准体系。《绿色建筑评价标准》(GB/T50378-2006)，是我国第一部绿色建筑综合评价国家标准，适用于居住建筑和办公建筑、商业、宾馆三类公共建筑。同时，依据《绿色建筑评价标准》确认了绿色建筑等级并进行信息性标识的制度。目前，我国绿色建筑评价标识活动是由政府组织、社会自愿参与的。2010年8月，我国公布了《绿色工业建筑评价导则》，将绿色建筑的标识评价工作进一步拓展到了工业建筑领域，标志着我国绿色建筑评价工作正式走向细分化，为指导现阶段我国工业建筑规划设计、施工验收、运行管理及规范绿色工业建筑评价工作提供了重要的技术依据。此外，我国还制定、修改了大批与绿色建筑相关的节能、节地、节水、节材、室内外环境和运行管理方面的工程建设标准和产品标准。[②]

在法规方面，我国出台了一系列涉及绿色建筑的部门规章和技术规范，如《城市绿化条例》

① 中国城市科学研究会. 绿色建造. 北京：中国建造工业出版社，2011.

② 中国城市科学研究会. 绿色建筑. 北京：中国建筑工业出版社，2011.

《城市供水条例》《民用建筑节能条例》《住宅室内装饰装修管理条例》等,[①] 但是缺乏与绿色建筑相关的上位法，我国现行的建筑法、城乡规划法、环境保护法等相关法律较少涉及绿色建筑相关的内容。在制度方面，除了已实施的绿色建筑评价标识制度外，还有绿色建筑示范工程和全国绿色建筑创新奖，以及与建筑节能相关的新建建筑市场准入、可再生能源建筑应用、民用建筑能效测评标识等制度。在激励政策方面，主要以财政政策为主。在税收优惠方面，除了一些节能、节水、环保及资源综合利用等方面的税收优惠政策外，我国还专门制定了针对绿色建筑的税收优惠政策。如 2012 年 4 月，财政部与住房城乡建设部联合发布了《关于加快推动我国绿色建筑发展的实施意见》，确定了 2012 年高星级绿色建筑的财政奖励标准：二星级绿色建筑每平方米奖励 45 元，三星级绿色建筑每平方米奖励 80 元。

我国绿色建筑的技术发展是从各相关专项技术的发展开始的，自 2000 年以来，有关部门已经组织实施了“绿色建筑关键技术研究”“城镇人居环境改善与保障关键技术研究”等一批国家科技支撑计划项目，在节能、节水、节地、节材和建筑环境改善等方面实现了重大和关键技术的突破，取得了一大批研究成果，并逐步推广应用。[②] 在各相关专项技术的基础上又研发了一批集成技术，为我国绿色建筑发展奠定了技术基础。在绿色建筑技术的实际应用中，我国鼓励首选低成本的被动技术手段，其次充分结合地域特点和建筑特点，选择适宜技术，遵循因地制宜的原则，并综合考虑建筑全寿命期内的投入产出效益，避免盲目的技术堆砌和过高的经济成本。从总体而言，我国在绿色建筑技术的研究开发、技术的合理选择方面投入较小，技术支撑能力较弱。

(2)绿色交通(低碳交通)。

绿色交通是在城市交通发展面临一系列难题和发展瓶颈的客观条件下提出的一种规划理念。[③] 绿色交通理念最早可追溯至 1994 年 Chris Bradshaw 提出的“绿色交通体系”。目前，我国各项交通基础设施规模较以前大幅增加，交通设施投入也明显增多，铁路、公路以及轨道交通里程不断增加。但是，随着我国现代化、城市化、机动化的发展，我国备受交通拥堵、空气质量恶化等问题困扰。为了解决这一问题，我国从结构、政策和技术三方面入手，实现交通的绿色化。

综合土地利用，转变交通方式，实现结构性低碳。目前，我国在城市建设中，采取集中紧凑的布局结构，减轻对机动车的依赖，转向公共交通和步行，节约了资源消耗，实现了城市的可持续发展。此外，我国还大力发展地铁、快速交通、公交专用车道等，以“快、准、廉、优”为目标来优化公交出行方式，实现了地铁、公交车、出租车、免费单车等公共交通工具的换乘，减少了交通的碳排放和城市的空气污染。

---

① 苏明．中国建筑节能经济激励政策研究．北京：中国财政经济出版社，2011.

② 清华大学建筑节能中心．中国建筑节能年度研究报告 2012．北京：中国建筑工业出版社，2012.

③ 宿凤鸣．低碳交通的概念和实现途径．综合运输，2010(5).

政府采取交通管理、税收减免措施，实现政策性低碳。北京市为了缓解城市越发严重的交通拥堵情况实施了一系列综合措施，包括错峰上下班，机动车尾号限行，开辟公交专用车道，加大淘汰黄标车和老旧车的力度，提高机动车燃油标准，实施差别化停车费等。这些措施的实行对缓解交通拥堵、减少交通碳排放量发挥了一定的作用，但是，并不能成为解决低碳交通发展的治本之方。

开发低碳技术，实现技术性低碳。我国通过技术的研发及推广使用，降低了交通工具对碳的依赖性。一方面，我国大力改进发动机传动效率，发展先进直喷汽油/柴油引擎和传动，大力推广混合电动车。另一方面，我国研发新能源汽车，包括发展燃料电池汽车和电动汽车等；同时，积极研究与新能源汽车有关的生物燃料、电能存储技术、燃料电池技术等关键性技术。

(3)煤炭清洁技术。

煤炭清洁技术是指在煤炭从开发到利用的全过程中，旨在减少污染排放与提高利用效率的加工、燃烧、转化和污染控制等新技术的总称，是20世纪80年代末由美国最早提出和发展起来的。我国煤炭清洁技术主要涉及四个领域，即煤炭加工、煤炭高效洁净燃烧、煤炭转化、污染排放控制与废弃物处理。[①] 总体而言，我国主要的煤炭清洁高效利用技术达到国际先进水平，但是缺乏相关的管理制度和推动政策，使得煤炭清洁高效利用技术推广应用缓慢，煤炭利用水平仍然比较落后。

从技术路线来看，我国加大了煤炭入选比重，提高了商品煤的总体质量。如《国务院关于印发大气污染防治行动计划的通知》(国发〔2013〕37号)中明确提出了：到2017年我国原煤入选率达到70%以上。同时，提高了燃煤设备的燃烧效率，推广了高效低污染燃烧技术的应用。此外，我国还积极开展了先进发电技术的研发工作，开发出投资低的烟气脱硫装置。

从企业角度来看，采用煤炭清洁技术，使得煤炭企业由粗放型增长转变为集约型增长，提高煤炭综合利用效率。一方面，煤炭企业推广使用了先进的生产设备和技术，利用先进的生产设备和技术对煤炭资源进行深加工利用，促进了煤炭企业的安全生产，减少了对附近环境的污染，提高了煤炭资源的利用效率，促进了煤炭工业的可持续发展。另一方面，煤炭企业将自己的经营范围扩展到发电、煤气、炼焦、供热等领域，围绕综合开发利用煤系共伴生矿物资源开发煤炭系统产品和综合服务项目，提高了煤炭整体的综合利用效率。

从政府角度来看，建立和完善了煤炭产业的政策机制。如2015年3月6日，工信部和财政部联合对外公布了《工业领域煤炭清洁高效利用行动计划》，这是2012年以来的第九项有关煤炭清洁利用的国家政策方针，根据此计划，力争到2020年，节约煤炭消耗1.6亿吨以上，减少烟尘排放量100万吨、二氧化硫排放量120万吨、氮氧化物80万吨。回顾2012年至今的煤炭清洁利用政策，政策内容整体涵盖面较为广泛，涉及的煤炭清洁利用方式主要包括提高煤炭洗选比例、降低煤炭消耗和加强燃煤企业污染治理及推进技术改造等。

---

① 许红星．我国煤炭清洁利用战略探讨．中外能源，2012(14)．

(4)新能源行业。

近年来，伴随着化石能源枯竭的压力和传统能源的环境污染问题，新能源的发展与运用已经成为国际社会关注的热点之一。我国新能源种类主要有太阳能、风能、生物质能、地热能和潮汐能等。随着我国经济的快速发展和人口的增长，传统能源消耗所导致的生态环境恶化日益显现。但是，总体而言，我国新能源产业发展成效显著。

国家大力扶持新能源产业。国家政府制定各种政策给予支持。如《北京市“十二五”时期新能源和可再生能源发展规划》，这是北京市首次编制并发表新能源和可再生能源发展专项规划，规划提出，到2015年北京市新能源和可再生能源开发利用总量为550万吨标准煤，占全市能源消费总量的比重力争达到6%左右。此外，中央政府投入大量资金给予支持。如为了培育良好的新能源汽车市场服务和应用环境，中央财政将安排资金对新能源汽车推广应用规模较大的省市进行奖励。

我国新能源产业规模较大。我国的新能源储备大，种类丰富，具备开发利用的有利条件。近年来，在国家相关政策的大力支持下，新能源产业的发展日新月异，且规模较大。如我国利用生物质发电，借用农作物秸秆、果树枝、林业加工废弃物及城市垃圾等燃烧发电。此外，在水电方面，无论是理论储备还是可能开发的水资源，我国均居世界首位。但是，目前我国的水电开发利用程度低于发达国家水平，特别是小水电的开发明显不足。

企业积极主导技术研发。我国不仅在新能源的开发与利用上取得了一定的成就，而且在技术研发上也有所突破。如生物质能技术，木薯乙醇生产技术基本成熟，甜高粱乙醇技术也取得了初步突破，此外，纤维素乙醇技术研发取得了较大的进展，建成若干小规模试验装置；在核电方面，我国已经开发出了具备完整自主知识产权的先进压水堆核电站技术，使得设计建造实现自主化。

(5)生态修复。

随着经济的快速发展，人类对自然资源需求水平的不断提高，特别是进入21世纪以来，人类对环境污染的方式发生着重大变化，有毒、有害污染物以各种形式不断输入环境，环境污染进一步加剧。[①] 目前，人们在污染环境的物理修复、化学修复以及生物修复上取得了一定成功，为了更有效地解决人类面临的重大污染问题，研究者提出了生态修复理念，试图以生态学的原理和方法修复与治理污染环境，实现人与自然的和谐发展，从而达到环境的可持续发展。[②] 目前，我国在水、土壤等方面的生态修复取得了很大的进展。

水生态系统修复。目前我国水生态系统受损严重，超过一半以上的河流、湖泊和湿地生态系统的结构和功能受到不同程度的破坏。随着水生态系统修复力量的不断完善和深入，近年来

---

① 周启星，宋玉芳．植物修复的技术内涵及展望．安全与环境学报，2001(1)：48—53.

② Burger J，Carletta M A，Lowrie K，et al. Assessing Ecological Resources for Remediation and Future Land Uses on Contaminated Lands. Environ. Manage，2004，34(1)：1-10.

水生态修复技术发展较快。我国采用利用生物生态方法治理和修复受污染水体技术和水利工程技术，产生了较好的经济、社会和环境效益。其中生物生态方法治理包括了生物修复技术，即人工湿地技术、土地处理技术、水生植物处理和生物浮岛技术等。这些技术在我国得到了广泛使用，并取得了良好的成效。

土壤生态修复。土壤是人类赖以生存的物质基础，是人类不可缺少、不可再生的自然资源，随着石油、城市垃圾、工业废物、化肥等的不断渗入，我国的土壤污染问题日趋严重。随着我国对污染土壤的不断研究，开发并应用了许多技术，如生物修复、物理修复、化学修复及联合修复技术等。在技术上从单一的修复技术发展到多技术联合的修复技术、综合集成的工程修复技术；在设备上，从基于固定式设备的离场修复发展到移动式设备的现场修复；在应用上，从服务于重金属污染土壤、农药或石油污染土壤发展到多种污染物复合或混合污染土壤的联合式修复技术。随着技术的不断深入，逐步向绿色与环境友好的生态修复技术发展，并在改善土壤方面取得了很大的成绩。

(6)节能减排。

“十一五”以来，国家把能源消耗强度降低和主要污染物排放总量减少确定为国民经济和社会发展的约束性指标，把节能减排作为调整经济结构、加快转变经济发展方式的重要抓手和突破口。经过多年的努力，我国的节能减排能力明显增强，能效水平大幅提高。

近年来，我国在能源使用效率方面有了巨大的提高，GDP 万元能耗由 2000 年的 1.47 吨标准煤下降到 2014 年的 0.76 吨标准煤；能源消费增长速度低于 GDP 的增长速度(表 1)。

表 1 2011—2014 年我国能源消费情况

	2011 年	2012 年	2013 年	2014 年
GDP 万元能耗(吨标准煤/万元)	0.86	0.83	0.80	0.76
能源消费增长速度(%)	6.82	3.75	3.54	2.13
GDP 增长速度(%)	15.09	10.01	8.63	9.08

数据来源：国家统计年鉴。

据统计分析，我国从 2011 年到 2014 年，污染气体的排放量持续下降。二氧化硫的排放量从 2011 年的 2217.91 万吨下降到 2014 年的 1974.41 万吨；氮氧化物的排放量从 2011 年的 2404.27 万吨下降到 2014 年的 2078.0 万吨；烟(粉)尘排放量从 2011 年的 1278.83 万吨下降到 2014 年的 1740.75 万吨(表 2)。

表 2 2011—2014 年我国废气中主要污染物排放量

单位：万吨

	2011 年	2012 年	2013 年	2014 年
二氧化硫排放量	2217.91	2118.0	2043.90	1974.41
氮氧化物排放量	2404.27	2337.76	2227.34	2078.0
粉(烟)尘排放量	1278.83	1235.77	1278.14	1740.75

数据来源：国家统计年鉴。

（7）废弃物处置。

垃圾是人类日常生活和生产中产生的固体废弃物，由于排出量大，成分复杂多样，且具有污染性、资源性和社会性，需要无害化、资源化、减量化和社会化处理。总体而言，我国的废弃物处置起步较晚，但是，发展还是比较迅速的。

1996 年我国发布的《中华人民共和国固定废弃物污染环境防治法》中规定："城市生活垃圾应当逐步做到分类收集、贮存、运输及处置。"此外，为了提高废弃物处理的减量化、资源化和无害化水平，住房城乡建设部等多家部委提出《关于进一步加强城市生活垃圾处理工作的意见》，提出到 2015 年，全国城市生活垃圾无害化处理率达到 80％以上；城市生活垃圾资源化利用比例达到 30％。到 2030 年，全国城市生活垃圾基本实现无害化处理，全面实行生活垃圾分类收集、处置。

无害化处理率逐步增加。据统计，2011 年到 2014 年，我国生活垃圾无害化处理率逐年增加（图 2），使得废弃物不再污染环境，而且可以再次利用，变废为宝。目前，我国废弃物的无害化处理有三种方法：填埋处理、焚烧处理、堆肥处理。

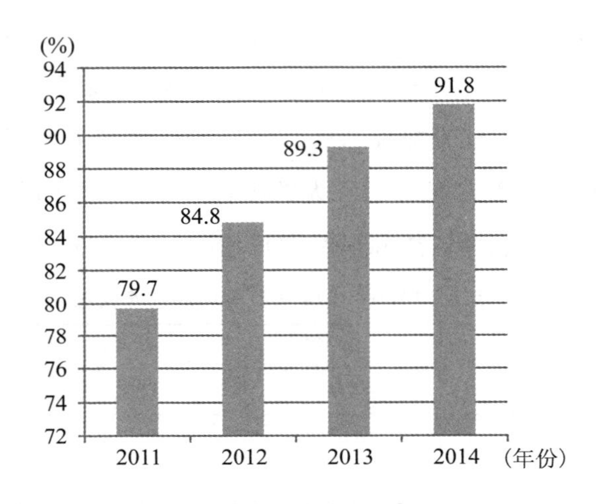

图 2　2011—2014 年生活垃圾无害化处理率

数据来源：国家统计年鉴。

（二）绿色科技发展中的问题

1. 绿色科技的界定模糊

目前，大家对于"绿色科技"概念的界定，尤其是对其内涵的解读始终没有一个科学的共识。这不仅导致概念使用上的混乱，而且不利于绿色科技本身的理论构建，更不利于制定针对性的政策法规，以充分发挥其对发展实践的指导作用。清楚地理解和认识绿色科技，有助于政策的制定和指导人们的行为。

2. 公众缺乏参与意识

环境状况的恶化以及政府和非政府组织对环境问题的大力宣传，使公众参与意识和环境意识大大提高，但这种提高是有限的(主要限于城镇部分居民中)。和西方发达国家相比，公众的环保意识还十分薄弱，没有成为我国发展绿色科技的基本推动力。公众缺乏环境知情权，社会缺乏从环境保护中得到切实利益和激励机制，而且我国还有千万人的生活尚在温饱线之下，无法期望他们不加大对资源的索取和对环境的负面影响。此外，城乡许多地方的生活垃圾、生活污水污染都在持续加重，这恰恰说明我国公众缺乏参与绿色科技发展的意识。

3. 法律法规有待完善

我国相继出台了许多法律、条例，刺激了绿色科技的发展和应用，但这些法律法规尚不够完善。如宽松的规定、最低限度的要求等，不能有效地适应我国市场经济的发展，而且还存在有法不依、执法不严等问题，还没有建立能够及时调整的相关法规政策的体制结构。出现许多法律空白和过时的法律条例，存在法律法规间相互矛盾的现象。此外，一些法律规范未明确公民的环境权益，这影响着公众的参与意识，同时也使企业缺乏更有效的激励政策。

4. 绿色科技整体水平较低

总体来看，我国在很多产业领域的增长仍然是依靠高耗能、低产出的粗放的经济发展模式。加之我国人均资源的紧张状况，导致绿色科技的渗透水平有待提高。从技术上来讲，我国的绿色科技水平较为滞后。如废旧产品和废弃物的处理技术，在很多情况下，把废旧产品和生产过程中产生的废弃物变为有用资源的再生产的成本比购买新资源的价格更高；在农业方面，生产技术的改进大大提高了农业的耕作效率，但是化肥、农药的不合理使用使得农产品达不到绿色产品的标准。另外，企业缺乏支撑发展的核心技术，自我创新能力不足，很多企业缺乏高效利用资源的核心技术，也缺乏获取技术的信息渠道，存在现有设备技术含量低，废弃物没有得到有效地循环利用的情况。同时，自主开发能力薄弱是国内企业的致命弱点，开发经费不足也直接导致企业没有足够的财力进行自我研发。

5. 绿色科技产业化水平较低

我国基础研究与应用研究的某些领域在国际上有一定的竞争力，但科技却常常成为环保产业、清洁生产等的瓶颈。这说明，与其他领域的科技创新状况一样，我国绿色科技的成果转化存在障碍，学术界与产业界存在难以逾越的鸿沟。如何构建适合中国国情、切合绿色科技产业化实际的创新与创业孵化平台是一个重大课题，也是一个收益可观的市场机遇。

>>三、政策建议<<

(一)转变观念，加强立法和监控

首先，构建完备的绿色科技法律体系。为了有效防范科技发展和应用中的负面效应，实现科学技术的生态价值，我们既要重视绿色生态科技法制体系的整体构建和完善，又要突出重点，加强对重大科技发展和应用领域的法律监控。环境保护法是市场经济条件下促使企业开发、应用生态技术最重要、最有效的外部强制力量。我国虽然相继制定和颁布了一系列单项法律法规，但仍然不够健全，因此，要健全环境保护的法律法规，堵塞法律漏洞。另外，我国目前的法规大多数是政策性的，缺少配套的实施细则，可操作性差，在实践中难以执行，还有待于进一步细化。有的虽然制定了各种法律条文，但在具体执行中却又疲软无力，已有的法律难以落到实处。因此，必须加大立法、执法力度，做到有法必依、执法必严、违法必究，使条例及其配套规章尽快落到实处，加速生态文明建设的进程。

其次，建立长期有效的绿色科技监控机制。有些科技在短期内会很快解决问题，但未来却可能会产生不良反应，如 DDT 的使用。因此，在科技发展过程中，应当建立一个长期有效的绿色科技监控机制，对绿色科技成果有长期的跟踪调查，能做到及时评估，真正实现在利用绿色科技解决当前环境问题的同时避免产生新的环境问题。

(二)推动研发，引导绿色科技应用

首先，加强国际合作与交流。发达国家掌握着少数且先进的科技资源，而广大的落后国家和发展中国家又是工业生产的集中地和重污染区，缺少先进的绿色科技对工业生产的导向与支撑。秉着“只有一个地球”以及“我们都生活在同一个地球村”的信念，各国政府必须认识到全球环境恶化的紧迫性，全力推进国际科学活动和技术活动的交流，注重科技共享，注意各国有利的技术系统整合，实现绿色科技的最优化。

其次，加强绿色科技的研究力度。加大高校、科研机构和企业的人才建设及科研资金投入，深入研究时代对人才培养的要求和类型，正确把握科学研究的方向和确定科技发展的项目。同时，在研究上要抓住核心力量，分析传统科技的弊端，完善绿色科技的整体性研究，提高资源回收的组织和技术。此外，我们还可以研究反绿色科技，目的在于揭示反绿色科技的产生、运行机制对自然和人的侵犯带来的严重后果，以警世人。总之，我们必须在政府的支持和法律的护航下，依靠科技和教育深化科技发展模式的改革，提高绿色科技的研究力度，绿色科技才能朝着良好的方向发展。

(三)注重创新，深化绿色科技研究

首先，加强政府部门、学术界和产业界的联合研究。一是充分发挥政府部门的引领和主导作用，及时落实各项优惠政策，加大资金投入。二是充分利用学术界、产业界的技术、人力资源，创立多种形式的研发机构和经济实体，增加三者联合研究的稳定性。三是搭建合作平台，定期组织教授、专家开展企业活动，及时了解企业需求、解决技术难题等。

其次，建立和完善评价指标体系。目前，学术界对绿色科技评价指标体系的研究较少，还没有一套完善的评价指标体系。建立绿色科技评价指标体系，可客观评估我国绿色科技的发展水平，动态监测与绿色科技发展要求的差距，深入剖析绿色科技发展过程中存在的问题，从而明确今后改进的方向。因此，构建一套完善的绿色科技评价指标体系具有重要的意义。

(四)强化绿色科技意识

首先，加快绿色科技人才队伍建设。加强其在科技评价与科技政策制定过程中的参与程度。人才无疑是绿色科技发展的载体和关键，培养具有高水平的科技创新人才是落实生态文明建设的重中之重。教育与培训是人才培养与开发的主要途径和手段，要优先发展大学教育，充分发挥高校培养人才和聚集人才的作用，还要重视发展继续教育，以便适应社会的变化。由于科学技术知识的高度专门化和科学技术及其政策影响的广泛化，决定了在“绿色”科技政策制定的过程中，应该加强生态环境专家的参与程度。

其次，加强相关知识的全民普及力度。通过广泛宣传和深入开展群众性生态文明创建活动，切实提高群众的资源环境意识，促使人们牢固树立人与自然协调和谐的理念，树立珍爱自然、善待自然、保护自然的理念，树立绿色文明消费的理念，带动全体民众自发地投入环境保护工作，形成一个人人要环保、人人讲环保，相互学习、相互监督的社会氛围，让我们的生存环境更加美好，与人类互益共进。

(五)加强引导，发挥市场决定作用

首先，激发市场活力，创建公平平台。我国绿色科技的发展正处于市场形成和发育的阶段，面对日趋紧迫的资源环境压力，必须进一步通过改革激发更大的市场活力，发展市场导向型绿色科技，兼顾创造市场、引导市场、服务市场，做到三管齐下。即通过政府手段来创造绿色科技发展的市场，通过价格、财政税收和金融等政策引导市场发展，通过维护公平竞争为企业提供充分竞争和交易的平台。

其次，建立多元化投融资机制。采取政府引导、社会投入、市场运作的方式，鼓励国内外企业、社会和民间资金投入到绿色科技建设中，调动各级各部门和全社会的主动性和创造性，广泛争取国内外的支持与合作，全方位、多渠道筹措绿色科技建设资金。

>>参考文献<<

[1]刘晨，周桂英．生态文明视野下的绿色科技建设．科技信息，2012(5).

[2]洪银河．可持续发展经济学．北京：商务印书馆，2000.

[3]陈振明．法兰克福学派与科学技术哲学．北京：中国人民大学出版社，1992.

[4]高亮华．人文主义视野中的技术．北京：中国社会科学出版社，1996.

[5]刘敏．技术与人才——弗洛姆技术人道化思想研究．自然辩证法通信，2006(5)：18—23.

[6]陈玉祥，陈国权．3M 公司和“3P”计划．管理现代化，1990(3)：49—51．

[7]张远增．绿色大学评价．教育发展研究，2000(5)．

[8]陈昌曙．关于发展“绿色科技”的思考．东北大学学报(社会科学版)，1999(1)．

[9]诸大建．走可持续发展之路．上海：上海科学普及出版社，1999．

[10]王伯鲁．京师绿色科技论坛，2015．

[11]李建华，孙宝凤，赵雅．绿色科技与经济可持续发展，2000(7)．

[12]周仁通．企业绿色生产问题探讨．商业时代，2007(10)．

[13]张长元．消费模式的演替．生态经济，2001(1)．

[14]谭根林．循环经济学原理．经济研究，2006(40)．

[15]中国城市科学研究会．绿色建造．北京：中国建造工业出版社，2011．

[16]苏明．中国建筑节能经济激励政策研究．北京：中国财政经济出版社，2011．

[17]清华大学建筑节能中心．中国建筑节能年度研究报告 2012．北京：中国建筑工业出版社，2012．

[18]宿凤鸣．低碳交通的概念和实现途径．综合运输，2010(5)．

[19]许红星．我国煤炭清洁利用战略探讨．中外能源，2012(14)．

[20]周启星，宋玉芳．植物修复的技术内涵及展望．安全与环境学报，2001(1)．

[21] Burger J，Carletta M A，Lowrie K，et al. Assessing Ecological Resources for Remediation and Future Land Uses On Contaminated Lands．Environ. Manage，2004(1)：1-10.

[22]Poliakoff，Pete Licence，Sustainable Technology，2007.

[23]Bubalo et. al，Society of Chemical Industry，2015.

[24]Metz，Seadle，Berlin School of Library and Information Science，2012.

[25]Singh，Kaur，International Journal of Information，Business and Management，2013.

宏观发展篇

“十三五”环保科技发展的思考

俞　海

>>一、“十三五”规划对绿色和创新的顶层设计<<

在“十三五”规划中，对于创新和绿色做了一个非常清晰的顶层设计模式，对绿色而言，就是生态环境质量的全面改善；对创新而言，就是第一动力和全局的核心。此外，规划里还提到：创新不仅是科技创新，还包括理念、制度、文化等各方面的创新。在“十三五”规划中，把创新放在了一个非常重要的位置，创新和绿色结合起来是未来清晰的目标和路线。

(一)“十三五”创新驱动发展战略框架

一是在规范科技创新的作用时，要发挥科技创新在全面创新中的引领作用。二是在加强基础研究之外，还要把握原始创新、集成创新及引进消化吸收再创新的未来方向。三是推进有特色、高水平和科研院所建设，鼓励企业开展基础性、前沿性创新研究，重视颠覆性技术创新。四是实施一批国家重大科技项目，在重大创新领域组建一批国家实验室。五是积极提出并牵头组织国家大科学计划和大科学工程。六是开发新一代信息通信、新能源、新材料、航空航天、生物医药、智能制造等领域核心技术。

(二)“十三五”创新驱动发展战略措施

政府职能：从研发管理向创新服务转变，完善国家科技决策咨询制度。

创新主体：强化企业创新主体地位和主导作用，形成一批有国际竞争力的创新型领军企业，支持科技型中小企业健康发展。

科技体制：深化科技体制改革，引导构建产业技术创新联盟，推动跨领域跨行业协同创新，促进科技与经济深度融合。同时，扩大高校和科研院所自主权，赋予创新领军人才更大财务支配权、技术路线决策权。

>>二、中国环保科技发展的主要问题<<

(一)前瞻性与引领不足

第一，一些领域的环境基础理论，如大气复合污染、地下水污染、土壤重金属污染等新型和复杂环境污染问题的成因、机理和机制研究不足。

第二，缺乏对环境问题的适度超前预判。

(二)科技研发统筹能力不足

第一，科技研发总体上缺乏顶层设计，各领域和项目之间缺乏协调。

第二，科技研发对国家经济发展、环保政策走向关联性分析不足，导致对国家环保战略和目标科技需求把握不准，对提高整体科技实力和竞争力贡献不足。

(三)科技创新能力仍然薄弱

第一，环境领域重大原创性理论和技术缺乏，环境管理需要的应用性支撑技术严重不足。

第二，环保科研人才队伍同质化严重。

第三，大型环保科技基础设施和实验条件不足，环保科技成果信息缺乏共享。

(四)环保科技体制机制亟待深化改革

第一，科技投入机制不合理，竞争性投入比例过大，公益性科研机构缺乏稳定的投入机制，环保科研工作的系统性和延续性不够。

第二，环保科技领军人才不足，人才培育和激励机制不完善。

第三，科技成果转化率低，科技成果评价体系亟待完善。

>>三、“十三五”环保科技发展的基本方向<<

(一)建立面向环境质量改善目标的科技支撑体系，提升环境综合治理能力

第一，针对水体、大气、土壤污染治理，解决污染物成因与作用机理等科学问题，突破污

染物控源、负荷消减、环境修复、污染治理以及污染物区域联防联控技术，建立污染治理与环境质量改善科技体系。

第二，针对生态保护、固废和化学品污染防治等，突破生态系统和生物多样性恢复与重建、综合评估与可持续管理技术方法，建立固体废物和化学品污染的风险防范与控制技术体系。

(二)建立面向环境风险控制目标的科技支撑体系，提升人体健康保护与生态系统维护能力

第一，构建作为环境质量标准科学基础的国家环境基准体系，形成完善的环境基准理论、技术与方法以及支撑平台。

第二，针对重金属、危险废物、微量有机污染物、持久性有机污染物等影响人体健康的重大环境问题，需要研究复合生态毒理效应，探索环境风险评估、风险控制和环境应急管理技术，完善环境监测质量控制与保证体系。

(三)加强环保科技创新能力建设，激发环保科技创新的动力

第一，建成布局基本合理的重点实验室和工程技术中心体系，全面推进科学观测研究站建设，建立数据的开放共享平台。

第二，进一步加强队伍建设，完善人才建设机制，优化整合人才队伍，完善环保科技创新基地，形成与国家环保科技需求相适应的国家环保科技支撑能力。

>>四、“十三五”推动环保科技发展的建议措施<<

(一)改革创新环保科技体制机制

第一，深化公益类环保科研机构分类改革。激发基础研究类环境科研机构的创新活力，提升原始创新能力。推进应用型环境技术研发机构改革，鼓励创办环境高科技企业。

第二，建立环境基础创新的市场导向机制，发挥企业技术创新主体作用。

第三，制定并落实鼓励民间资本和小微企业参与环境技术研发的政策措施，加大财税金融政策支持，提升中小微企业环保科技创新能力。

第四，完善产学研协同创新机制，建立以行业骨干企业为主体，以科研院所、高等院校和中小微企业为支撑的资金投入、技术开发、成果转化与利益共享机制。

(二)加强环保科技人才队伍建设

第一，优先支持国家环保科技创新基地、重点实验室、工程中心等承担国家环保科技项目，

鼓励和支持年轻人才、复合型人才承担或参与国家科技计划项目。

第二，完善环保科技人才选拔和淘汰机制，优化环境学科布局和人员队伍结构，提高中青年人才比例。

(三)加强环保科技管理

第一，健全环境科研项目立项和评审机制。

第二，完善环保科技经费管理制度。

第三，完善环保科技成果绩效考核机制；弱化过程性评价，以结果和效果为重点建立严格的绩效考核体系。

第四，重视环保科技成果的应用与推广。

(四)深化环保科技国际合作

第一，鼓励国内环境研发机构与世界一流环境科研机构建立稳定的合作伙伴关系，支持国外高水平科学家来华开展合作研究，提升合作层次和水平。

第二，进一步加大对环保科技人才到国外培训的支持力度。

(五)加强环境保护科普与宣传教育

第一，进一步加强国家和地方环保科普基础设施建设，发挥其引领、辐射和示范作用。

第二，鼓励科研人员与媒体、宣传工作者合作制作科普作品，加强环境科普作品的宣传与舆情监测。

第三，充分发挥环境科研院所、高校、非政府组织、各级环境保护宣教机构和环境科学学会等的科学普及作用。

真实进步指数+：测量哪些指标

Eric Zencey

>>一、传统生态经济模式<<

生态经济是什么样的？环境经济应该说是一个传统的新古典主义模式，而生态经济是让一种地理生态形成一个循环。

图3是非常经典的一个传统模型，但在实际中并不是这个样子。比如，在图片左上方会有一些烟冒出来，如果有烟的话，可能有火，如果有经济的话就会有消费能源，如果涉及经济发展的话，不可能不消耗能源，所以这里面，烟就说明它里面是有一些问题的。那么不仅仅要看图上是什么样子，还要看实际上到底是什么样子，怎么发生的。如果看实际情况的话，就会发现经济过程当中必须把能源开采出来，然后进行使用、消费。

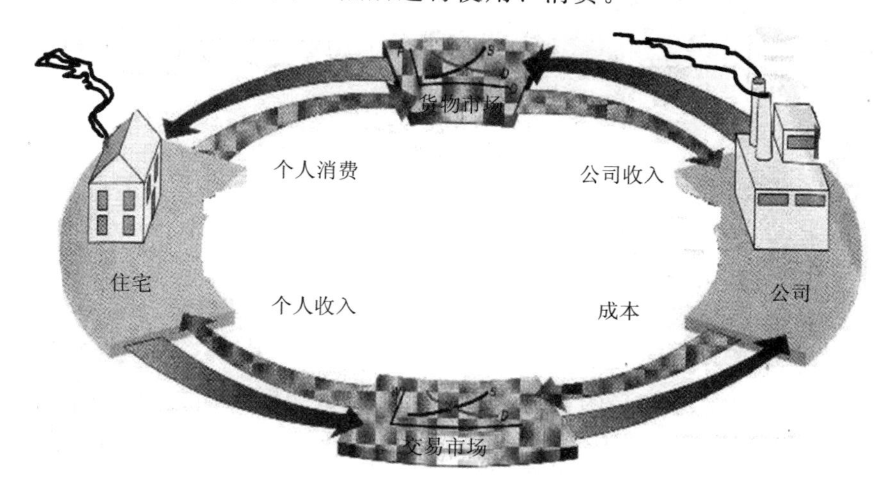

图3　传统生态经济模式

第一个法则是能源只能进行一次转移。另一个是不能循环使用能源。在任何一个封闭系统当中，这个能量从比较有用途变成没有用途，实际上没有任何一个生命体是可以无中生有地存在的，所有经济体都需要消耗能源。从整个地球的角度来说，所有的经济活动都会产生废料或者是垃圾，如果从热力学的角度来看，经济本身不包含任何东西，它只是包含一套制度或者说一个过程，然后需要非常多的能量投入，之后将这些能量分解，进入到垃圾处理的环节，如果很多年之前的垃圾不经过处理的话，以后就会出现问题。如果一个经济体不停地在消耗能源，那么这个经济体的增长实际上是一种非物质通量，它会通过这种增长让人们享受到非常好的生活，包括衣、食、住、行等，人类生命能享受到的一些物质，都是所谓非物质通量。

所获得的都是能够衡量的，如果这是经济目的的话，那么应该衡量的并不是投入，也不是整个过程的量，更不是金钱的积累量，真正要去衡量的是生命的享受，也可以叫作人生的浮力或者人类的快乐，或者可持续的人类浮力。那么这个是什么意思呢？请看图4。这是经济的两个足迹，可以看到左下角跟右下角，左边是投入，右边是产出，两边都会造成环境风险。整个地球上可利用的能源和资源是有限的，并且生态吸收、吸纳、容纳的废料或者说垃圾的能力也是有限的，在过去的几个世纪当中生产出来的废料已经是地球不能承载的量了，甚至危及到了它的循环，这就是生态足迹，每一个足迹必须在地球的承受能力之内，否则会出现问题。

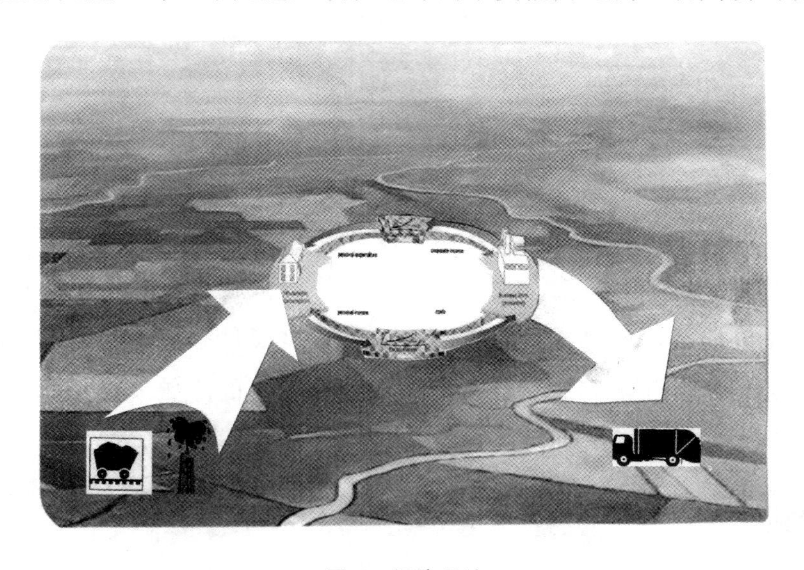

图4 经济足迹

>>二、GDP的缺陷<<

GDP在衡量人的可持续福利方面不是一个非常好的指标，因为它指出的是经济方面的问题，它的成效并不是很好，用GDP衡量的目标似乎总是希望钱能够流动更快，如果制药能够让金钱流动更快的话，就会随之把成本提高，所以说GDP并不是一个非常好的衡量人类福利的指标。

>>三、GPI 的提出<<

2009 年，法国总统萨科齐组建“经济表现与社会进步衡量委员会”的国际专家小组，其中三位最早的主席中约瑟夫 · E. 斯蒂格利茨和阿马蒂亚 · 森与让保罗 · 菲图西做出了一份报告《对我们生活的误测：为什么 GDP 增长不等于社会进步》，他们认为测量是一个可持续性的过程，也就是说需要一个非常好的新指标，不仅仅是关于 GDP 的指标，而是需要更多的指标，包括住房，也就是今后有多少新建的住房等。经济现实要求重新设计评价指标，那么就引出了真实发展指数——GPI。

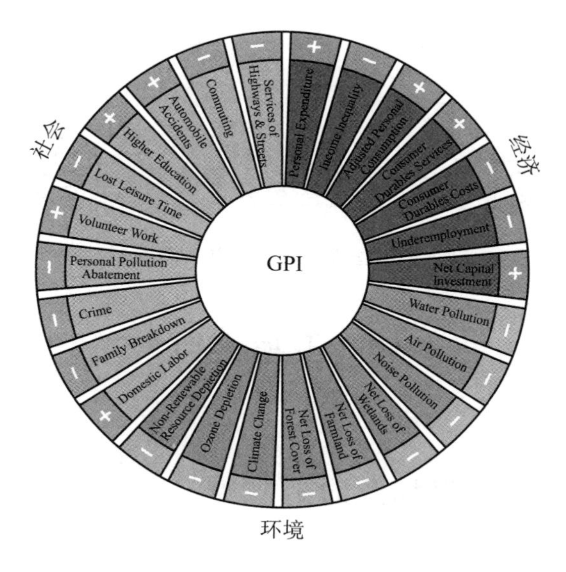

图 5　真实进步指数

它是把经济体在一段时间内所生产出来的净经济价值进行了货币化的衡量或估算。那么它会把这种经济体的一种活动也纳入，包括经济、环境和社会三个方面。现在不仅仅是从 GDP 这个角度看问题了，更要从个人消费的角度来衡量，包括收入的公平性。如果 GDP 上升了 10%，但是所有 10%的增长只让一个人变得更富有的话，这并不是全人类都变得更富有了。所以从理论上讲，必须把数据进行调整，按照收入平等与否进行调整。在这个过程中，它是用 GDP 的值减去环境和社会方面的成本，像耕地可用量这些数据都被减掉，包括土地流失、臭氧层空洞这些变化都从 GDP 的增长里面减去了，这些造成了环境威胁。

如果把年迈的父母送到养老院去，GDP 会上升，但是在家里面孝顺父母的话，GDP 不会上升，这个不会真正体现社会福利的增长。通过这种衡量能够更好地了解 GDP，而所有这些指标都是在各个网站上可以找到的。

GPI 最早可以追溯到 20 世纪 70 年代，美国人研究发现 GDP 一直在上涨，GPI 也在上涨，GPI 实际上一直比 GDP 高，到了 1970 年的时候情况发生了变化。图 6 是美国佛蒙特州 GPI 指数走势，由图得知，佛蒙特州是一个比较农业化的地区，直到 1970 年石油才在这个地方使用起来，从此之后 GPI 开始下降，所以会看到中间两根线出现了一个交叉。

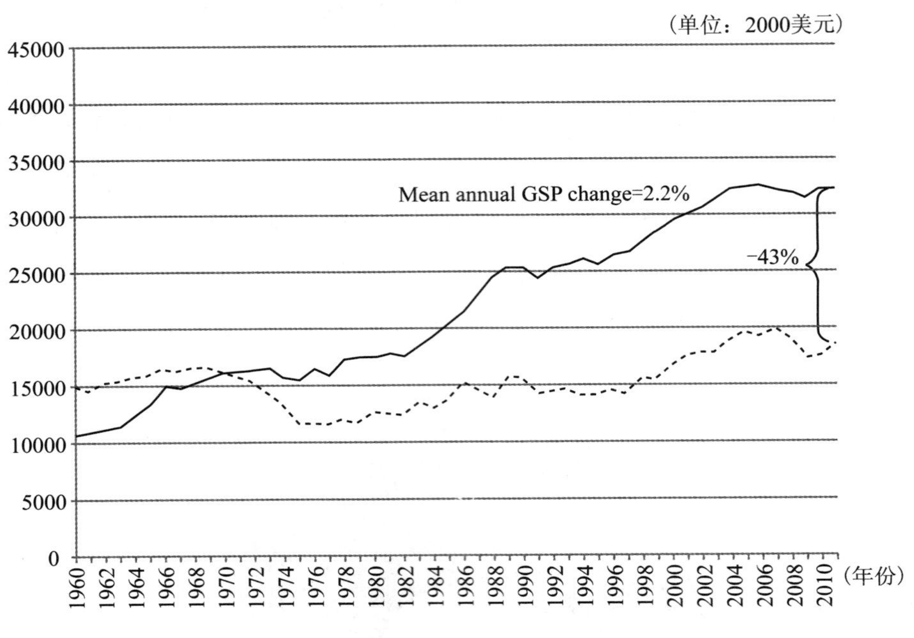

图 6 美国佛蒙特州 GPI 指数走势

>>四、发展 GPI<<

(一)需要更多、更好、更加及时的数据

GDP 的数据是每个季度报一次，但是 GPI 每年才做一次，如果将其进行制度化，对学术界来说是更好的，这样的话会得到更加全面、准确的结果，所测量的不仅仅是耕地一个量，而是对耕地肥沃程度的一个衡量，这个才是真正预测土地的能量指标，所以 GPI 进一步细化、具体化了。

(二)GPI 衡量的方式需要提高

一亩林地的效益到底有多高，如它对于水，对于产生的经济效益，对于农民的收入增加有何好处，每一亩林地到底能够为这些人带来多少好的效益，这个取决于林地的质量和它所在的位置等，如果有一个更加详细的指标，就可以更好地衡量一亩林地的经济效益。

(三)需要澄清一些 GPI 概念上的问题

要 GPI 能够反映出更多样的生态系统情况，必须进行进一步的发展。例如，尽管汽车可能在当地生产，但是不能把碳足迹算在这个地区，因为汽车是在别的地区使用的。有些学者觉得酒精、广告、医疗指标等也要加入 GPI 中。我对 GPI 提出了“GPI＋”概念，我认为“GPI＋”将会是一个更好的指标体系。这是一个全新的指标体系，它可以更好地衡量可持续的福利。还需要弄清楚什么样的指数意味着什么样的经济水平，指数到了哪种水平是危险的水平，需要有一个警示的衡量线。还有资源枯竭的问题，如在亚特兰大海有乱捕现象，想要恢复海洋鱼类的繁衍能力，当地就会实行一个休渔期，这个也需要有衡量指标，这样就可以通过资源的枯竭程度来衡量什么时候进行休渔，而不是根据捕鱼量到达一个点来决定是否进行休渔。所以需要更多反映生态系统的指标，同时要有一些亮红灯、亮绿灯的做法，比如说 GPI 指数降到什么样的程度，相当于是红灯、警示线，让人们很快意识到这个问题。

还可以加入一些其他措施，像社会资本、好的政府治理、公共的意识，这些都能让人们和谐共处。美国的社会资本最近几年一直在下降，是城镇化导致的，比如说大家想住到郊区去等，这些使社会资本发生变化，要衡量治理，衡量可持续性。那么如何做这些事情呢？实际上没有必要制定一套新的措施，现在已经有了一系列非政府组织建立起来的指数。这些指数是多种多样的，例如国家失败指数，包括国家治理程度、人们的生活质量，还有一些其他指数是基于联合国人权宣言的，它所判定的是全球各个国家的人权情况等。

我还会加入人口的指标，比如说在任何一个国家人口增长超过某一个量就会出现一个红线、出现一个红灯，给其他人一些警示。如果这段时间人口增长太快了，就要采取一些措施。还有基于可再生能源经济的比例，也可以加入指标。比如使用了地热发动机可能是一件好事，但要考虑它在经济当中占了多少比例。在执行这个指标的过程当中，最大的问题并不是收集数据，而是数据背后的含义非常复杂，需要理论共识，用共同的角度去理解一系列新的指数。整个学术界可以通过政府的支持来做这样的事情，也可以号召其他国家做这样的事情。

技术绿色化及其原则

王伯鲁

>>一、相关背景<<

科学与技术是塑造社会生活面貌的强大力量，是现代社会建构与运行的基础。科技文化是当今的主流文化形态，现代科技发展使人类处于困境之中，已成为当代众多问题的交汇点。当今人类面临的几乎所有问题，都直接或间接地根源于科技的快速发展。例如，作为全球性问题之首的人口问题，就根源于医学及医疗技术的发展。

以资源消耗和环境污染为标志的工业文明，在创造大量物质财富的同时，也给人类带来了严重的危害——生态危机。工业文明已步入穷途末路，走可持续发展道路，建设生态文明成为世界各国的普遍共识。

生态文明是继采猎文明、农业文明、工业文明之后，人类创建的又一个文明形态，也是人类应对工业文明种种危机与挑战的必然选择。生态文明建设离不开新技术的支持，也会对工业文明的传统技术形态进行重塑。这就是技术的绿色化转向，即按照生态文明的要求创建或改造技术形态。

作为社会意识形式的科学和负载着价值的技术，它们的从属性、工具性地位明显。在人类文明转型的历史进程中，服务于工业文明的传统科学与技术，必然为建设生态文明的新型科学与技术所替代。这就是今天我们讨论的科学的绿色(生态)化转向、技术的绿色(生态)化演进的时代背景。

>>二、绿色科技的概念<<

如果说服务于工业文明的是“黑色科技”，那么生态文明的基础就是“绿色科技”。“绿色科技”中的“绿色”是形容词，起修饰和限定作用，是对“科技”发展的调制和定向，要求“科技”向“绿色”“生态”的方向转化。这就是科学的绿色(生态)化转向与技术的绿色(生态)化发展。

作为人类认识自然(人工自然)的科学，一开始就是有选择的、定向的，后来越来越面向生产与生活的需要(求力、求利)。科学的绿色(生态)化转向，就是要求科学面向生态文明建设的需要，直接或间接地研究生态文明建设中遇到的各种问题。我们把那些与生态文明直接相关的学科叫“深绿”科学，如生态科学、环境科学；把那些与生态文明间接相关的学科叫“浅绿”科学，如农学、化学；把那些与生态文明没有多少关联的学科叫“无色”科学，如天文学、宇宙学。

作为人类目的性活动的序列、方式或机制，技术在社会生产与生活中发挥着基础支撑作用。技术的绿色化就是以资源、环境与人口的协调发展为指向，以减轻对生态环境的消极影响为宗旨的技术研发和推广应用活动。

技术的绿色化是全方位、多层面、多环节推进的，体现在技术设计、建构、运行乃至废弃后处置的各个环节：(1)生产流程技术向能源与原材料的低耗化、生产过程的清洁化、工业“三废”的综合利用，以及有助于提高生态环境质量的环保技术等方向拓展。(2)产品技术向高效低耗、长寿命、易回收、易降解、无污染的绿色产品方向推进。(3)在生态自然观引导下，树立生态环境保护意识，并建立相应的道德、法律、制度和社会机构。

我们把那些生态效益显著的技术叫“深绿”技术，如生态修复、清洁能源技术；把那些生态效益明显提高的技术叫“浅绿”技术，如可降解塑料、混合动力汽车、低碳技术；把那些危害生态环境的技术叫“非绿色”技术，如石油冶炼、火力发电。

技术的绿色化力求达到低消耗、高产出、自循环、无公害的要求，力图通过原材料的最充分利用而降低消耗，通过运行过程的无害化循环控制避免或减少污染，通过资源的科学化配置和开发而获得最大的整体效益。

绿色技术的界定具有相对性，还与区域生态环境状况、认知水平、价值观念等因素有关。随着经济活动的扩张、生态环境容量(承载能力、修复能力)的下降，绿色技术的界定标准将趋于严格。适时修订绿色技术的认定标准，应成为政府有关部门的一项重要工作。

>>三、技术绿色化原则<<

技术的绿色化进程至少可以区分为研发与推广应用两个阶段。在资本统治的时代，绿色技术化投入的个体化与其创造的生态效益的大众化之间的分裂，是导致技术绿色化困难的根源，需要通过社会机制加以调节和推进，这里应当遵循五项基本原则。

(一)以经济利益换生态效益原则

生产活动的经济价值和生态价值本质上都统一于人们的物质利益，这也是两者相互转化的内在根据。经济利益和生态利益的现实分裂与失衡，要求新的驱动机制应当以人类社会总体利益的最大化为目标，本着“多利相衡取其重，多害相衡取其轻”的原则，妥善处理经济利益与生态效益之间的矛盾。在生态系统严重失衡的现实面前，更应该强调以眼前的、局部的经济利益换取长远的、全局的生态效益。

(二)公平原则

市场经济赋予了企业独立的法人地位。企业是实现技术绿色化的主力，客观上要求新的驱动机制在处理经济利益与生态效益矛盾上，为企业营造一个公平竞争的环境，推行“谁污染谁治理，谁创造生态效益谁享受经济补偿”的原则；把生态效益纳入评价指标体系，对创造生态效益的企业予以奖励，对消耗不可再生资源、排放污染物的加以抑制。例如，碳交易市场、排污权交易、绿色产品标志等。

(三)强制原则

政府与社会组织是技术绿色化的组织者和推动者。在市场经济体制下，由于人们的重视程度、企业技术与经济发展水平等方面的差异，不同企业的技术绿色化进程之间往往差异较大。个别企业不愿意牺牲眼前的局部经济利益而换取长远的、全局的生态效益。对此政府应采取法律、行政、税收、利率等多项干预措施，强制推行技术绿色化改造。

(四)差别化原则

在全球范围内，我们应正视不同国家之间的发展差距，以及以往对生态系统损害的差别，推行“共同但有区别的责任原则”(Principle of Common and Separate Responsibilities)。通过世界自然基金会(World Wide Fund for Nature)、联合国气候变化大会(United Nations Climate Change Conference)、绿色和平组织(Greenpeace)等机构，推动绿色技术的研发与推广，鼓励发达国家向发展中国家转让绿色技术等。

(五)全方位多层次驱动原则

技术绿色化只是社会生产活动的一个环节，应该把它置于社会系统演进的大背景下审视。产业技术活动与社会生活的各个领域、各个层面都存在着直接或间接的联系，应该通过这些联系途径全方位多层次促进产业技术的绿色化进程。例如，遏制人性的贪婪，倡导绿色产品消费，发展教育和科学技术等社会活动，都可以直接或间接地促进技术的绿色化进程。

对绿色科技发展的几点思考

邢永杰

>>一、北京市采取的相应举措<<

(一)首都蓝天行动

(1)大气污染成因与预警预报：成因规律研究、重污染监控与预报预警、区域大气污染联防联控。

(2)能源清洁高效利用：推广节能技术和产品、分布式能源、生物燃气。

(3)推广新能源和清洁能源车：整车优化、鼓励购买使用政策、运营保障平台、智能充换电服务平台和检验检测平台。

(4)重点污染源防治：严格规范标准、推进清洁生产。

(二)首都生态环境建设与环保产业发展

(1)水资源保护与利用：饮水安全和城乡供水保障、污水处理和再生水利用、水环境保护。

(2)垃圾处理和资源化：垃圾处理装备与产业化、建筑垃圾、园林废物等资源化和产业化。

(3)生态功能提升：森林、绿地、湿地生态功能提升，优良种质资源保护、繁育与利用，生态修复技术推广应用于产业培育。

(三)城市精细化管理与应急保障

(1)城市运行效率提升：面向特大城市的交通体系规划、城市交通智能化提升、公众出行信息。

(2)重点行业运行安全保障："城市生命线"系统安全、保障轨道交通运营安全。

(3)应急救援能力提升和产业发展：救援处置成套装备、应急救援科技创新园。

>>二、关于绿色科技发展的几点思考<<

(一)人与自然和谐发展下的绿色科技发展

(1)绿色科技发展的目的是围绕人的发展。如果不围绕人的发展，那么绿色科技发展毫无意义。

(2)科技是实现绿色发展的手段之一，绿色发展的科技只是提供一个手段，但是管理和制度还是非常重要的。

(3)绿色科技就是在消耗资源更少的情况下提高人的发展水平。

(4)绿色发展的实现还需要人有抑制自己高资源消费冲动的配合。

(二)老龄化背景下的绿色科技发展

据民政部公布数据：截至2013年年底，我国60岁及以上老年人口2.0243亿人，占总人口的14.9%。预计到2025年，60岁及以上老年人口将达到3亿人，2030年将增至3.71亿人，占总人口的25.4%。

据北京市民政局公布的数据，截至2013年年底，北京市户籍老年人口达到277万人，占户籍人口总数的21%，常住老年人口292.8万人，其中80岁及以上高龄老年人口45万人，失能老年人口45万人，空巢老年人约占老年人口的一半，50%的老年人有慢性疾病。北京市老年人口以每天400人、每年15万人的规模和年均6%的速度增长，预计到2020年将超过400万人，2030年超过500万人，占总人口的30%左右。

人口比例的变化实际上对未来科技发展提出了一些新的需求，如没有很多年轻的劳动力等。现在要做的：一是提高工作效率；二是提高资源利用效率，只有这样才能真正解决未来劳动力不足的问题。

(三)大规模环境治理条件下的绿色科技发展

从2013年雾霾天气严重开始，大家对环境的关注度越来越高，"大气十条"的发布，对环保产业而言是很好的机遇和契机，清洁能源促进了环保产业的发展。但是，目前环保产业的发展还有很多问题，如垄断、技术差等。为了解决这些问题，我们可以建立起充分的市场竞争关系及注意技术和运行管理的细节等。

（四）法制社会建设下的绿色科技发展

目前建立法制国家、法制社会是在利益导向的基础上建立的社会治理结构，严格执法是一切社会活动的基础，充分的舆论监督是保障。

绿色科技推动经济可持续发展

郑艳婷

>>一、绿色科技的界定<<

绿色科技在学术上没有统一的界定，有学者认为绿色科技是以资源、环境与人口的协调发展为指向，以减轻对生态环境的消极影响为宗旨，以促进经济可持续发展为核心内容的一切科技活动的总称，主要包括绿色产品和绿色生产工艺的设计、开发、消费方式的改进以及环境理论、技术的研究和管理水平的提高等环节。绿色科技可以从两方面来理解：一方面可以认为绿色科技支撑绿色发展，重点强调生态环境的绿色化发展，创新科技是为了更好地促进生态环境的友好发展；另一方面可以理解为科技的绿色化，强调科技的使用不会对生态环境带来危害，也就是要达到低消耗、高产出、自循环、无公害的要求。两方面从本质上讲都是为了实现环境友好型的可持续发展。

作为人类目的性活动的序列、方式或机制，技术在社会生产和生活中发挥着基础支撑作用。绿色科技是全方位、多层面、多环节推进的，体现在技术设计、运行乃至废弃物处置等各环节，还体现在法制观念等上层建筑的配合层面：(1)生产流通过程中能源与原材料的低耗化、生产过程的清洁化；(2)产品技术向高效低耗、长寿命、易回收、易降解、无污染的产品绿色化方向推进；(3)在生态自然观引导下，树立生态环境保护意识，并建立相应的道德、法律、制度和社会机构。

为了实现可持续发展的目标，绿色科技的运用还必须坚持一定的原则：

(1)以经济利益换生态效益原则：生产活动的经济价值和生态价值本质上都统一于人们的物质利益，这也是两者相互转化的内在根据。经济利益和生态效益的现实分裂与失衡，要求新的驱动机制应当以人类社会总体利益的最大化为目标，妥善处理经济利益与生态效益之间的矛盾。

(2)公平原则：在效率之外，我国更加注重社会公平，只有维持了社会缺乏的公平，才能真正解决包括环境在内的民生问题。

(3)强制原则：在市场经济条件下，由于人们的重视程度、企业技术与经济发展水平等方面的差异，不同企业的技术绿色化进程之间往往差异较大。个别企业不愿意牺牲眼前的、局部的经济利益换取长远的、全局的生态效益，对此政府应采取法律、行政、税收、利率等多项干预措施促进绿色科技的发展。

(4)差别原则：对于发展水平不同的企业和团体，国家应根据发展水平的差异给予相应的扶持和引导。

(5)全方位多层次驱动原则：要在技术研发、制度保障、全民参与等全方位、多层次上共同驱动绿色科技的发展。

>>二、中国现有经济发展方式的不可持续性<<

长期以来，我国形成了以高投入低产出、高消耗低收益、高速度低质量为基本特征的粗放型经济发展方式。粗放型经济发展方式难以持续，其不可持续性突出表现在以下方面。

(1)资源约束。改革开放以来，我国的经济实现了高速增长，但这种高速增长主要是靠投资拉动的，增长方式相对粗放。一些产业的盲目投资和低水平重复建设虽实现了产量的增长，却以消耗大量资源、能源为代价。这种发展方式所浪费的资源涉及方方面面，如不可再生资源、水资源、耕地资源等。长此以往，不可再生资源走向枯竭，可再生资源遭到破坏，难以支撑粗放型经济的持续发展。

(2)生态边界约束。长期以来，政府没有把防治环境污染放在工作的首要位置，而是把着力点放在经济建设上，本着“先污染后治理”的原则发展经济，结果环境污染愈演愈烈，逐渐超出环境本身的承受能力。

我国粗放型的经济发展方式所带来的严重负效应要求我们必须转变经济发展方式，由粗放型发展转向集约型发展，走可持续发展道路，而集约型发展方式离不开绿色科技的支撑。

>>三、绿色科技的发展与应用情况——以北京市为例<<

绿色科技与我们的生活息息相关，生活中采用绿色科技的产品不胜枚举。最常见的如太阳能电池板，它通过吸收太阳光，将太阳辐射转换为电能。相对于普通电池和可循环充电电池来说，太阳能电池属于更节能环保的绿色产品，它既节约资源，又不会对环境造成伤害。另一个典型产品是新型电动汽车，相对于油动汽车，电动汽车不仅节约汽油这种不可再生资源，还不会排放有害气体。从长远来看，电动车将逐步代替燃油车成为汽车主流动力模式。

在首都北京，绿色科技发展较快，政府对绿色科技的应用较为广泛，绿色科技主要体现在以下四个方面。

(一)交通管理方面

近年来，北京市围绕“人文交通、科技交通、绿色交通”主题，积极打造“公交城市”，努力探索解决城市交通问题的新途径。2013年北京公交集团购买的福田欧辉LNG客车正式首次实现大批量上线运营，这标志着北京绿色公交一体化解决方案正式进入实施阶段。LNG客车不会产生硫、铅、苯等有害有毒物质，能有效减少环境污染。福田欧辉客车创新技术，以环保绿色理念为前提，已经形成清洁能源、燃料电池、纯电动及混合动力客车在内的全系列绿色公交发展模式。近几年来，北京市还大力发展智能交通系统，比如公交车辆GPS监控系统可实时、动态掌握公交车辆运行状况，从而提高运营组织、调度和管理水平，节约人力、物力。

(二)大气污染治理方面

直面大众关心的PM2.5以及雾霾天气，北京市政府出台多项行动规划，加速推进大气污染治理工作的开展。2014年，北京市制订实施“首都蓝天行动”计划，力争用十年时间使北京市大气污染排放总量再下降30%左右。此计划选取全世界范围内的各种先进技术和成果，从倡导市民生活方式改变、工业生产节能减排和绿色出行三个方面实施减排计划。从绿色科技理念出发，通过一些具体措施如结合新农村建设改变取暖方式，借助产业升级建立生态工业区，通过推广电动汽车提高燃油标准，减少机动车尾气排放，大力推动公交出行，加快轨道交通建设等来治理空气污染问题。

(三)自然环境方面

京津冀协同发展是国家的重大战略目标。一旦“京津冀一体化”顺利实施，北京的商业、医疗、文化等功能区将有望向周边疏散，将在一定程度上缓解交通、住房、医疗等方面的压力。同时，北京市借助京津冀一体化战略，能够建立环境质量检测数据共享机制，共同推进区域重污染天气预警、会商及应急联动、联防联控治理大气污染、清洁能源利用，共同实施压减燃煤措施，进一步加大洁净煤技术、太阳能、风能利用力度，开发利用清洁能源。

(四)产业方面

中国改革进入全面深化阶段，经济建设方面以“稳增长、调结构、促转型”为目标。我国应优化传统产业供给结构，大力发展战略性新兴产业和支柱产业，进一步促进服务业大力发展，大力推进装备制造业自主创新国产化，不断提高科技创新水平。随着“京津冀一体化”的制定实施，北京市经信委表示，32家“高污染、高耗能、高耗水”企业将退出北京。此外，北京市重点清退了7个行业，包括小水泥、小造纸、小化工、小铸造、电镀及平板玻璃。在这些重工业退出北京的情况下，北京市可以大力发展旅游业和一些高科技新兴产业，既可以减少北京的人口压力、环境压力、就业压力，又可以带动北京的经济发展。

>>四、中国绿色科技发展面临的主要问题<<

(一)理论引领与前瞻性不足

一些领域的环境基础理论，如大气复合污染、地下水污染、土壤重金属污染等新型和复杂环境问题的成因、机理研究不足，缺乏对环境问题的适度超前预判。

(二)科技研发统筹能力不足

科技研发总体上缺乏顶层设计，各领域和项目之间缺乏协调；科技研发对国家经济发展、环保政策走向关联性分析不足，导致对国家环保战略和目标科技需求把握不准，对提高整体科技实力贡献不足。

(三)科技创新能力依然薄弱

环境领域重大原创性理论和技术缺乏，环境管理需要的应用性支撑技术严重不足；绿色科研人才缺乏；大型绿色科技基础设施条件不足；绿色科技成果信息缺乏共享。

(四)绿色科技体制机制亟待深化改革

科技投入机制不合理，竞争性投入比例过大，公益性科研机构缺乏稳定的投入机制，绿色科研工作的系统性和延续性不够；绿色科技领军人才不足，人才培养和激励机制不完善。

>>五、中国绿色科技发展的基本方向<<

(1)建立面向环境质量改善目标的科技支撑体系，提升环境综合治理能力：针对水体、大气、土壤污染治理和解决污染物成因与作用机理等科学问题，突破污染物控源、负荷消减、环境修复、污染治理以及污染物区域联防联控技术，建立污染治理与环境质量改善科学体系。

(2)建立面向环境风险控制目标的科技支撑体系，提升人体健康保护与生态系统维护能力：构建作为环境质量标准科学基础的国家环境基准体系，形成完善的环境基准理论、技术与方法以及支撑平台。

(3)加强绿色科技创新能力建设，激发绿色科技创新动力：建成布局基本合理的重点实验室和工程技术中心体系，全面推进科学观测研究站建设，建立数据的开放共享平台；进一步加强队伍建设，完善人才建设机制，优化整合人才队伍，完善绿色科技创新基地，形成与国家绿色科技需求相适应的国家科技工作环境。

>>六、中国发展绿色科技的主要措施<<

（一）推动绿色科技研发和应用

绿色科技的发展需要国家给予大力扶持和引导。政府应通过制定一系列政策鼓励企业进行绿色科技研发。同时，要明令禁止、限制有害于环保的技术及产品的使用，强制污染型企业改进工艺，逐步发展和应用绿色科技。政府还要鼓励国内环境科技机构与世界一流环境科研机构建立稳定的合作伙伴关系，积极促进绿色科技领域的多边合作，推动绿色科技的应用发展。

目前，中国绿色科技的研发推广应重点关注以下几个领域：一是区域大气污染联防联控；二是区域水资源的保护与利用；三是城市矿山的开发；四是重点污染源治理技术和产品；五是污染场地修复技术的发展和产业引领；六是绿色政策和绿色市场的发展。

（二）建立绿色科技的促进机制

引入绿色科技，对传统产业进行绿色化调整，将促进可持续发展；同样，可持续发展也必将产生绿色科技的科研需求和应用需求。在此过程中，需要一定的机制来实现，包括市场机制、社会机制和政府机制等。

通过市场导向牵引绿色科技创新，深化公益类环保科研机构分类改革，激发基础研究类环境科研机构的创新活力，提升绿色科技原始创新能力。推进应用型环境技术研发机构改革，鼓励创办环境高科技产业，为绿色科技创新主体创造大量的市场需求。建立环境基础创新的市场导向机制，发挥企业技术创新主体作用。同时要培养公众的绿色意识，扩大绿色科技创新的消费市场，为绿色科技创新提供良好的社会氛围。这些机制综合作用、相互促进，从而保证绿色科技健康快速发展。

（三）大力发展绿色科技产业

绿色科技产业是应用绿色科技建立和发展起来的一种多层次、多结构、多功能、变工业排泄物为原料实现循环生产和集约经营的产业。

绿色科技具有广泛的应用前景，绿色科技产业为实现经济的可持续发展提供了产业支持。国家应该大力发展和支持绿色科技产业，并将传统产业和绿色科技产业相结合，来制定国家全局性的发展规划，逐步建立完善的适合我国国情的产业体系，为我国经济的可持续发展保驾护航。

>>参考文献<<

[1]李艳利. 以绿色科技推动人与自然的和谐发展. 环境科学与管理，2007(1)：71.

[2]王伯鲁. 产业绿色技术化及其驱动机制的重建. 科学技术与辩证法，1998(6).

[3]操玲姣. 中国经济转型与可持续发展. 学习与实践，2013(7).

[4]滕冀. 北京市着力打造“绿色北京与绿色公交”——福田欧辉助力实施绿色公交一体化. 人民公交，2013.

[5]李鸣. 绿色科技：生态文明建设的技术支撑. 前沿，2010(19).

[6]陈昌曙. 关于发展“绿色科技”的思考. 东北大学学报(社会科学版)，1999(1).

[7]杨发庭. 绿色技术创新的制度研究. 中共中央党校，2014.

[8]冯久田. 绿色科技：振兴中国传统产业的必由之路. 中国人口·资源与环境，2000(4).

城市发展篇

以绿色化引领新型城镇化

夏　光

城乡发展差异大是我国发展不平衡的主要问题之一，协调推进城乡发展一体化是实现现代化的重大战略选择。中央政治局最近通过的《关于加快生态文明建设的意见》提出了“协调推进新型工业化、城镇化、信息化、农业现代化和绿色化”。

第一次提出“绿色化”，引起了人们的特别关注。绿色化对新型工业化、城镇化、信息化、农业现代化而言，既是并列协同的关系，也是支撑基础和共性要求。城镇化、绿色化是城乡发展一体化的两个元素。城镇化有利于经济收入均等化，缩小城乡经济差距。而绿色化有利于环境公共服务均等化，缩小城乡环境差距。

绿色化又是城镇化的内在要求，城镇化为绿色化提供支持。中国的城镇化是影响21世纪人类文明进程的世界性课题之一。在这个城镇化过程中，生态环境问题是十分艰巨的困难和挑战。李克强总理指出“在城镇化过程中，如何在工业生产和城市建设中推进节能减排，如何在城镇居民中推广绿色生活方式和消费模式，是一篇具有全局意义的大文章”。坚持低碳、环保的理念，走出一条绿色城镇化的道路，是当前协调推进城乡发展一体化的主要课题之一。

>>一、城乡发展中的生态环境问题<<

(一)生态系统质量下降

很多农村地区已经出现了过度开发的现象，几乎所有土地都被开垦利用起来，或垦作农田，或修建道路，或建设房屋，到处留下人类活动印记，原生生态系统所剩无几，“生态足迹”很高。有些土地垦而不养，表土裸露，地力下降。

1. 生态系统更加脆弱

水土流失、土地荒漠化、耕地减少、生物多样性减少等生态退化情况突出，全国水土流失面积已从新中国成立初期的116万平方公里增加到现在的约160万平方公里，增长了38%，占国土总面积的1/6。我国北方地区沙漠、戈壁、荒漠化土地总面积为153.3万平方公里，占全国陆地面积的16%，其中土地沙质荒漠化面积已达20万平方公里，且沙质荒漠化土地蔓延速度不断加快。

森林面积为19545万公顷，覆盖率20.36%，只有全球平均水平的2/3。人均森林面积0.145公顷，不足世界人均占有量的1/4；人均森林蓄积10.151立方米，只有世界人均占有量的1/7。全国草原退化、沙化、盐碱化是发展趋势，草原严重退化面积9000多万公顷，占可利用草场面积的1/3，且以每年130万公顷的速度退化。据估计，我国的植物物种中15%～20%处于濒危状态，高于世界10%～15%的平均水平。

2. 土壤环境质量退化

土壤污染表现出源多、量大、面广、持久、毒害性强等特征，因污染退化的耕地数量不断增加，受污染的耕地面积达1.5亿亩。

(二)工农业生产污染蔓延

大量乡镇工业在农村地区产生了持续的污染排放，这种企业的数量在不断增加。随着城市消费需求提高，大量污染排放量高的畜禽养殖业在城市周边发展起来，一头猪的排放量抵得上七个人的排放量。城市灰霾污染影响范围扩大。

农业生产中还存在大量掠夺式的采石开矿、挖河取沙、毁田取土、荒坡垦殖、围湖造田、毁林开荒等行为，很多生态系统功能被严重破坏。

城市和工业污染向农村转移趋势加剧，一些城郊接合部成为城市生活垃圾及工业废渣的堆放地。农村饮用水不安全现象突出，有2.98亿农村人口饮水不安全。全国4万个乡镇、60多万个行政村大部分没有环保基础设施，每年产生生活污水90多亿吨，生活垃圾2.8亿吨，不少地区还处于“垃圾靠风刮，污水靠蒸发”的状态。

(三)乡镇居民健康受到环境污染的损害

过去人们认为农村就等于环境好，但现在很多地方这种天堂般的景象已不复存在，很多农村地区已几乎找不到未被污染的河流。乡镇地区的落后产业导致了铬、汞、镉、铅超标等健康后果，“癌症村”也不断爆出。

食品安全潜伏隐患，全国受重金属污染的耕地、固体废弃物堆存和毁田约占总耕地面积的1/5，由土壤污染派生的食品、蔬菜安全存在隐患。

（四）城镇卫生状况和农村人居环境质量下降

大量人口集聚在镇上，缺乏必要的污水处理厂和垃圾清运系统，导致污水横流，尘土飞扬。“污水乱泼、垃圾乱倒、粪土乱堆、柴草乱垛、畜禽乱跑”是我国农村比较普遍的景象。大部分农村地区的人居环境不能令人满意。“露天厕、泥水街、压水井、鸡鸭院”，卫生条件差，有很多不良生活习惯。

清洁水源受到威胁。全国部分地表水水质污染较重，湖泊(水库)富营养化问题十分突出。2011 年，在国家水系监测的 469 个国控断面中，劣 V 类水质占比达 13.7%，基本丧失水体功能，50%以上的湖泊(水库)出现了富营养化。水体纳污大大超过环境承载力。部分地区水源地水质安全受到威胁。

清洁空气望眼欲穿。我国城市群出现了煤烟型与机动车尾气污染共存的复合型污染，部分区域环境质量呈恶化趋势，光化学烟雾、大气灰霾和酸沉降污染频繁发生。群众渴盼蓝天而不可得。2011 年，在 325 个地级以上城市中，空气质量超标城市比例为 11%。一些城市民居和办公建筑中的甲醛、苯、颗粒物、霉菌、人造纳米材料等室内空气污染令人担忧。

（五）城市边缘地带环境脏乱

很多城市在城乡结合地带的环境管理十分粗放，几乎缺位。随着大量原生生态系统被开发成房地产，环境自净能力不断下降。周边地区扬尘增多，增加了城市中心区颗粒物污染的强度。

（六）城乡之间的环境利害冲突加剧

垃圾填埋或焚烧选址、化工项目环评等各种环境社会性事件增多，各种污染事故几乎每天都有发生，“黑三角”“锰三角”等集中性区域资源破坏和环境污染触目惊心。这些事故事件与群众健康关系密切，公众关注度强，赔偿成本和维稳成本高，都表明我国进入环境事故或事件高发期，与环境问题相关的潜在社会风险明显加大。

>>二、生态环境问题的制度原因<<

（一）还没有找到绿色城镇化的可行道路

城镇化进程很快，各地都在付出环境代价，也都在摸索绿色城镇化的办法。目前还没有制定出比较完善的新型城镇化总体规划。人们普遍缺乏关于绿色城镇化的系统知识，即使是中组部、国家行政学院和国家发改委联合举办的专题研究城镇化问题的省部级和厅局级研讨班，也没有安排专门的课程讲解城镇化中的生态环境问题。

(二)缺乏应对乡镇生态环境问题的基层政权

生态环境保护是国家的公共职能，但在很多乡镇，目前还缺乏可用的基层政权，没有环保局、监测站、执法队等组织机构，国家的环保管理职能难以延伸到乡镇一级。由于这种体制缺陷，目前地方党政干部也很难具备推进绿色城镇化的动力和能力，往往要在城镇化过程中不断付出环境代价后再来纠正，又走一遍先污染后治理的老路。

(三)缺乏公众民主参与绿色城镇化的保障机制

城乡居民特别是农民是城镇化的主要参与者，但他们在城镇化过程中处于相对被动的地位，缺乏充分的民主参与保障机制。这样的群体很难成为绿色生活方式和消费模式的探索者和推广者，甚至在未来城镇化过程中还可能因为政治参与的不充分而成为绿色发展的难题。

>>三、城乡经济绿色发展的样本：宁河县<<

宁河县位于京津唐三大城市之间，具有区位优势大、自然条件好的基本县情，水系较发达、地热埋藏浅、煤气地层广、湿地面积大、土地资源多、生态环境好、交通干线密、人口压力小，这些都使宁河县发展具有良好的先天条件。

宁河县确立了建设美丽宁河、坚持绿色发展的发展理念，实施了产业提升、生态宜居、改革开放、科教兴县、文化繁荣、富民惠民六大战略，使经济发展与生态环境保持了良好的互动关系，二者相互支撑、相互促进，绿色经济得到了很大发展。

(一)形成了现代农业发展优势

宁河县形成了小站稻、无公害蔬菜、河蟹等八大主导农产品，建成了种蟹、种猪、种鱼、种兔、种稻、种苗六大高端种业基地，培育了宁河原种猪场、天津市水稻原种场等四个国字号良种企业，被确定为国家优质小站稻基地、优质棉基地、全国无公害生猪生产基地等。2014 年农业实现增加值 30 多亿元，同比增长 5.9％。

(二)形成有本地特色的绿色化工业结构

全县有工业企业 3000 多家，形成了新能源、新材料、食品加工、金属制品、机械制造、高档包装纸六大主导产业。累计认定科技型中小企业 1200 多家，培育科技小巨人 90 家，使全县万元地区生产总值能耗持续下降，主要污染物排放总量持续减少。

(三)提升了服务业的活力和规模

按照现代商贸物流基地和生态旅游胜地的定位，建设了大型商城、购物中心、农资连锁店等400多个，总部经济基地已吸引数十家全国大型公司设立分支机构。七里海湿地公园成为较为知名的生态旅游目的地。天津未来科技城已经建设好基础设施。2014年服务业占比达到44%。

(四)绿色产业加快发展

建立了万亩循环农业园区、低碳产业示范区等，使大众汽车、热电联产、风力发电等绿色产业项目落户宁河。33家新能源新材料企业成为新兴产业的龙头。从2008年起实施了绿色宁河建设，按照一片两区三网四带的布局进行林业建设。

>>四、以绿色化促进城乡发展一体化<<

(一)根据资源环境承载力安排城乡发展布局

城乡对环境承载力的要求有区别，城市要求有充足的水源和易于扩散的空气条件(例如四面环山的洼地就不利于大规模的城市发展)，农村比较偏重于依靠稳定的自然生态条件。应严格控制大城市规模，促进大中小城市和小城镇协调发展。在城市布局中，应特别注重留足生态空间(如水系、湿地、森林等)，不应将所有空间都盖上建筑。

(二)制定推进绿色城镇化的长远规划

开展城镇化与生态环境保护的战略研究，把生态文明的理念和要求贯穿到城镇化发展的全过程和各方面。以国土开发规划为重点做好新型城镇化的空间布局，通过规划把过度开发的国土回归原生态，让重要的生态系统休养生息、增强承载能力。以循环经济为核心规划产业发展，使城市成为资源循环利用的完整链条，塑造绿色城市模式。

(三)逐步建设和完善基层环保的法律法规和体制机制

总结城乡环境保护法律法规建设中的经验教训和国际经验，专门针对城镇化制定超前的环境标准和相关法规，适当提高城镇化的环保门槛，实行从严从紧的环保政策和最严格的环保制度。在城镇化进程中超前建设环保机构和相应能力，完善环保基层政权。优先制定对各级党政干部的环保政绩考核评价和任用制度。

(四)促进城乡公众民主参与环境保护

城乡一体化不等于居住集中化、房地产化，最核心的是要实现人的现代化。应落实城乡居民在建设项目环境影响评价等方面的法定权利。实行更加宽松和有效的环境信息公开，发动全社会为绿色城镇化发展规划献计献策。加强环境司法对公众合法环境权益的保护。制定环境经济政策激励公众的绿色消费，制定环境政治政策鼓励公众的环保志愿者行动。

(五)协同推进城乡环境保护工作

同步配套建设城乡污水处理和垃圾清运系统。积极推广太阳能建筑和节水设施等新型社区建设。在基层建立环境监测机构和环保执法机构。开展城乡环境综合整治，恢复和增加绿色植被，重点加强农村畜禽养殖污染治理。重视城乡文化建设，鼓励公众生态文明良善行为。

关注城市绿色发展中的新兴技术风险

丁　辉

全球化高度发展的当代社会实质上是风险社会。风险管理作为基于风险科学的政策与社会行为，成为当前世界各国政府普遍关注的共同问题。在经济社会转型期，原本属于不同发展阶段所面对的问题，现在被压缩到同一个时空状态，各类问题、矛盾、危机相互混合、逐步累积。发展必须建立在生态环境容量和资源承载力的约束条件下，降低城镇化的风险，实现可持续发展模式。发展必须克服与解决技术困境，重视新兴风险。

从风险信息角度，分为简单风险、复杂风险、不确定风险、模糊风险。从突发事件角度，分为自然灾害、事故灾难、公共卫生事件、社会安全事件。从环境保护角度，分为物理性危险和有害因素、化学性危险和有害因素、生物性危险和有害因素。从社会学家认识角度，分为外部风险、人造风险。从城市化角度，分为存在于城市空间的风险、城市由来的风险。特别值得重视的是新兴风险与新兴技术风险在降低绿色发展与科技创新有机契合过程中的不确定性。

>>一、城市绿色发展的风险<<

(一)绿色转型

科技创新和绿色经济活动需要使自然资源生产率大幅提高。从资源生产率和生态发展绩效的角度来看，以较少的资源环境代价和长久的技术来实现发展。科技创新系统不是在微观的企业技术层面。当代竞争是科技创新体系之间的竞争。当代发展是科技创新体系的驱动。绿色创新是系统，绿色经济是倡导提高资源生产率的工业革命。绿色创新的目的是降低经济社会发展对资源环境的影响。绿色创新不限于微观意义上的产品与生产过程，是社会行为和制度结构的绿色创新。

科技创新与绿色创新不谋而合，融合之处恰恰在于创新和体系。城市发展的绿色水平可以随着技术进步而大幅度提高，这样的认识很大程度上是表象的、肤浅的。

技术进步并不必然具有绿色特征。它既可以提高城市的资源生产率，也可能进一步强化城市对资源的开发强度和对环境的破坏程度。企业追求有利于节省劳动、资本的技术创新，而把节约资源、保护环境的技术创新搁置在次要位置。产品层面的效率改进很有可能被更多消费的规模扩张所抵消。例如，对汽车的改进不如对出行方式的改进，前者不会缓解城市的资源环境问题，后者可能有益绿色发展。不能忽视城市绿色发展中的技术困境。（图 7）

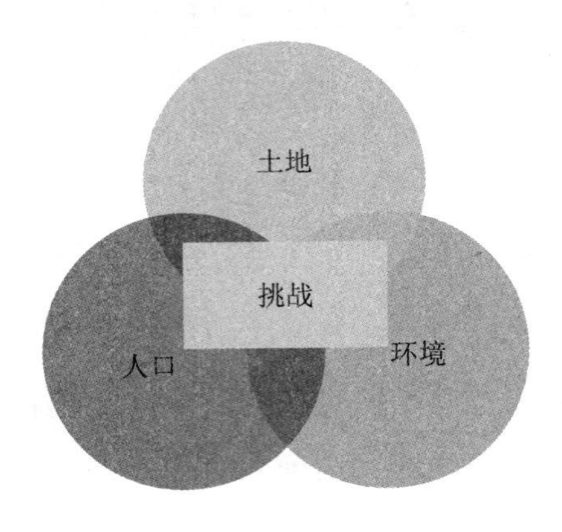

图 7　绿色转型示意图

(二)影响绿色发展的因素

1. 政策风险与责任

政府在保护农民权利问题上负有责任，建设基本的城市基础设施。解决空气和水污染，打破城市行政边界，解决改革与地方利益冲突，创新社区治理模式。《国家新型城镇化规划》的目标之一：是将新建筑中绿色建筑比例从 2012 年的 2%提高到 2020 年的 50%。

2. 空间约束性规划、项目建设、专业规划

发展目标：城市规模结构更加完善，中心城市辐射带动作用更加突出，中小城市数量增加，小城镇服务功能增强。

3. 用地指标

发展目标：城市发展模式科学合理，集约紧凑型开发模式成为主导，人均城市建设用地严格控制在 100 平方米以内，建成区人口密度逐步提高，必须推动城乡发展一体化。

4. 公共基础设施建设

发展目标：基础设施和公共服务设施更加完善，消费环境更加便利，生态环境明显改善，空气质量逐步好转，饮用水安全得到保障。自然景观和文化特色得到有效保护。推动基础设施和公共服务一体化。

5. 产业与城市融合发展

发展目标：形成绿色低碳的生产生活方式和城市建设运营模式。强化城市绿色产业就业支撑。

6. 传承文化

发展目标：城市生活和谐宜人。自然景观和文化特色得到有效保护，城市发展个性化，城市管理人性化、智能化。必须注重人文城市建设，形成多元开放的现代城市文化。

7. 城市管理与服务

发展目标：加强和创新城市社会治理，树立以人为本、服务为先的理念，完善城市治理结构，创新城市治理方式，提升城市社会治理水平。必须完善城市治理结构并强化社区自治和服务功能。

8. 快速城镇化下城市减灾

发展目标：单灾种防治研究已较为成熟，形成一套多灾种完整的规划编制、实施、管理、保障体系。连锁性的城市灾害、日趋复杂的城市空间，很难满足城市防灾减灾的需求，灾情控制、避难疏散以及救援等工作难以开展。

必须加强法规、标准、制度建设，推进防灾避难场所建设，确保市政公用设施和城乡房屋建筑的抗灾能力，提高灾害应急和恢复重建能力。

9. 生态平衡

发展目标：科学技术成为生态平衡的要素，对生态过程产生重大影响。

自然因素对生态平衡的影响是无法控制的，可能在很短时间内使生态系统遭到破坏。人为因素是对生态平衡破坏最严重的因素，例如工程开发建设破坏，城市过度生产、生活。必须遏制人的恶意行为，降低人的失误行为，防止技术滥用。

10. 社会稳定风险

事关广大人民群众切身利益，事关某一群体的特殊利益，甚至事关个体特殊利益，以及重大决策、重要政策、重大改革措施、重大工程建设项目、与社会公共秩序相关的重大活动等重大事项都有可能存在影响社会稳定的风险。

11. 社会越轨现象风险

社会有一些制度规范着人们的行为准则，违反制度规范就成了“社会越轨”，如大街上贴小广告、“中国式过马路”、涂鸦、地沟油、乱扔垃圾、随地吐痰、烧秸秆等。违法的成本低，从众心理作用使行为准则变化，越轨开始泛化。

12. 业务中断风险

一体化的管理流程能有效辨识威胁与冲击。它必须根据情况适时更新并保持有效，使组织有必备的恢复能力。保护利益相关者的利益，使其生产得到持续有效进行。服务于公共利益的国有大企业由于“国有组织”性质，必须率先进行业务连续管理。

13. 大城市密集人群风险

大城市密集人群风险管理，大城市密集人群风险分析；人群聚集场所监测预警，大城市密集人群疏散行为研究；大城市密集人群疏导员作用研究。

14. 城市地下管线风险

自我保护，风险感知，信息传递。信息普查，物联网监控平台，网格化平台，专业巡查，动态管理。设施维护动态管理；非正常情况用量异常；外部管网事故可能对社区内设施及供应带来的影响。建立规范、统一、共享的地上地下一体化综合服务系统；把地下管线的管理与人口、单位法人、空间地理信息结合起来。

>>二、新兴·技术·风险<<

“新兴风险”是指新出现的、新形成的风险，也可能是不断变化的风险。风险最后的影响是累计的效果，如被低估的自然巨灾风险、网络攻击风险、新型交通风险、人工智能风险、新的诊断工具和个性化医疗风险、互联网金融风险等。

高新技术在推动社会发展的同时，也带来了新兴风险发生。潜藏着对自然生态以及环境的各种威胁，新兴技术对于人类健康、环境及社会伦理的影响是不确定的。可预见的风险包括：管控不力或存储错误(疾病控制实验室处理致命病毒时发生安全事故)所造成的危险物质泄漏；新兴技术的失窃或非法贩卖；电脑病毒、黑客的攻击或者生化战争。不可预见的风险包括：合成生物学和人工智能这些新技能的形成，有些无法在实验室里得到充分评估；不可降解的人造纳米颗粒对人体和环境的危害，恐怕要经历长期的大规模的累积性检验后才能知晓；工业生产中的各类风险透明呈现，大数据管理与保护依然存在潜在风险。

(一)新工业革命的风险

在“互联网+”时代，以美国、德国为代表的发达国家提出工业互联网、工业4.0概念，推动传统制造业利用物联网和大数据分析进行的智能化转型，形成信息物理融合系统。中国推出了实施制造强国战略的第一个十年行动纲领《中国制造2025》。21世纪影响人类进程的两件大事：一是美国的新技术革命；二是中国的城镇化发展。

(二)新兴技术风险的态度

政府非常重视技术自身的发展，但尚未充分重视技术治理环境的构建；社会偏重科技发展的推动作用，对科技的潜在风险认识不足；文化传统为技术治理环境的构建带来挑战；政府以外的行动者对技术发展的参与度有待提高。

加强新兴技术对公众环境与健康的风险评估，加强新兴技术伦理、法律等研究。从互联网挖掘新兴风险相关的数据，从互联网数据中发现和识别新兴风险。

（三）新兴技术风险控制和挑战

为了克服对风险控制的困境，技术的发展就需要具有三种根本属性：可改正性、可控制性与可选择性。对技术的有效控制，就是要对技术的控制从技术建构扩展到技术的替代。

从正式规定到行业内部行为准则，再到文化规范，有效的治理机制可以降低由滥用新兴技术引发的各种风险。然而，治理机制的缺位却对风险的管控提出了根本性的挑战。眼光放远，做好面向未来的准备，以抵消“技术进步快于社会对技术控制的势头”。

在绿色与技术，发展与创新之间求得平衡很难。具有潜在效益的创新成果不冒一定风险是无法得到检验的。从管理走向治理，绿色发展与风险治理同步。技术已经成为当代社会推动变革的主要力量，技术永远蕴含着风险，但积极的技术突破能够催生创新的解决方案，包括从资源枯竭到全球变化等挑战，从而实现全球城市的绿色发展。

京津冀协同绿色增长战略
——基于生态协同演化的视角

潘浩然　赵　进

京津冀地区目前经济发展与生态环境发展间矛盾十分突出，长期锁定的褐色增长方式给生态环境带来的破坏已接近临界点，空气、水、土地污染和短缺等各种危机已露端倪，开始引起政府和社会的警醒。解决这一问题的根本出路是走一条一体化的绿色增长之路。本研究以扩大京津冀地区环境容量、提高资源环境承载力为目标，基于国际上最新兴起的绿色增长理论和生态系统协同演化理论，借鉴国际国内研究实践，探讨京津冀一体化绿色增长战略的框架设计问题。本研究成果将有助于相关政策决策部门认清京津冀地区生态环境发展面临的问题和未来方向，制定协同发展的绿色增长战略，还将为我国实现可持续发展提供有价值的参考。

>>一、背景与意义<<

京津冀一体化协同发展目前被提升为国家层面的一项战略议程，引起多方关注和讨论，这其中三地生态环境建设一体化居于核心地位。京津冀一体化发展设想可追溯到 20 世纪 80 年代初，但始终未能得到实质性推进和实施，而现在引起国家高度重视的原因与近来华北地区持续的严重雾霾天气关系很大。京津冀一体化协同发展的实质是要解决经济发展对于环境的破坏问题，要在经济水平不断提高的同时恢复和改进自然生态系统的状态、容量和能力，为健康生活提供环境保障。为尽快摆脱这种生态危机，从现在开始至不远的未来，京津冀地区必须走上一条绿色发展之路，将经济增长与资源环境损害脱钩，将经济增长与资源环境保护挂钩。

现实证明，京津冀经济几十年的飞速发展是以牺牲环境为代价的，今天的环境问题正给这一地区乃至中国社会带来难以承受之重，我们赖以生存的自然资产存量及其提供自然产品和服务的能力在全方位深程度消减，呈现不可持续性，如果一味前行，在不远的将来经济危机乃至生存危机将不可避免。现在，解决环境问题已不是一种选择或者一个策略，而是京津冀地区经济社会发展不得不过的独木桥。由于地缘紧密，资源环境共享，京津冀任何一地都不可能独立解决经济发展与环境发展间的矛盾问题，三地必须在一体化的统一框架下协同作用才有可能达到经济和环境共同发展的目标。

运用生态学理论研究区域经济系统是分析区域经济发展的新视角。Hannon(1997)认为经济学与生态学有着许多显见的共性，譬如立足于系统观点、运用动态方法分析组织成员的演化与发展等。Lewin(1999)认为，可以参考生态学理论来解释产业系统的发展规律，因为产业系统中的企业和各类组织类似于生态系统中的种群。产业系统不仅仅像生物系统，而且有着共同的基本特性，且存在着相同的运行规律。目前，自然“生态规律”被引入经济学的研究领域，形成了人类经济活动在生态系统层次上的“仿生”(赵桂慎等，2004)。通过借鉴自然生态系统的演化规律，协调系统内部不同成员之间的竞争合作关系，能够建立高度有序的区域经济生态系统，实现经济与自然生态发展的共赢。

>>二、京津冀区域经济生态系统<<

美国学者詹姆斯·穆尔(1996)首次提出了商业生态系统这一概念，并以此为出发点构架了不同层次、不同个体之间协同演化的企业战略。其认为：“商业生态系统是由相互作用的组织和个人所组成的经济联合体，其成员包括核心企业、消费者、市场中介、供应商、投资商、风险承担者、竞争者、互补者，以及有关的政府机构等，同时包括企业生产经营所需的各种资源。这些紧密相关的组织形成了一个类似自然生态系统的商业生态系统，使物质、能量和信息等在系统成员间流动和循环。”与自然生态系统不同的是，商业生态系统中的企业成员之间不是“你死我亡”的生物链关系，而是共存成长关系。在商业生态系统中，任何企业和个人都不能摒弃其他个体与环境而单独存在，每个企业的行为决策必然会对其他企业(或组织机构)及外部环境产生影响，从而形成了多层次共存关系下的商业生态系统协同演化。

目前，多数学者认为京津冀区域可以被看作具有生态学特性的经济生态系统，区域内任何一个城市、产业和企业都不是孤立存在的，任何一个组成部分的发展必然会对其他部分产生影响，形成协同演化的共生关系。

从组织生态学的角度出发，京津冀区域经济生态系统就是以区域经济与相关要素、环境之间的关系为主体要素，以区域内部城市之间物质转换、能量流动和信息传递为客体因素，以区域内部城市之间功能、优势和地位互补为介体要素，以实现京津冀区域经济持续发展为目标要素所形成的复杂有机系统(张向阳等，2009)。区域经济生态系统具有稳定的地理空间和开放的边界，在政府调控与市场机制的共同作用下，系统内经济要素与外部环境不断进行物质与能量的交换能够自发地形成近平衡态的结构，促进系统的稳定、发展与进化。

对于京津冀区域经济生态系统的认识，比较有代表性的观点主要有三种：一是将京津冀区域经济生态系统视为以功能聚类的社会经济系统，由北京、天津与河北省诸城市构成；二是将京津冀区域经济生态系统划分为人口、资源、环境、经济和社会五个子系统；三是将京津冀区域经济生态系统归结为区域内部城市之间通过物质、信息、技术、人员和能量的交换流通而形成的具有特定结构与功能的复杂系统(张向阳等，2009)。

>>三、京津冀区域经济生态系统的结构<<

与自然生态系统相似，京津冀区域经济生态系统是由具有生物群落特性的产业群落与其所处的生态环境组成的具有一定结构、层次和功能的生态系统。产业群落的生态环境指直接或间接影响产业群落生存的因素总和，诸如政治形势、经济环境、自然资源、科技水平、制度与文化环境等。京津冀区域经济生态系统的外环境体系包括一切与区域内经济发展相关的环境因素形成的有机整体。随着生产力的发展，构成区域经济系统的环境因素也会不断地有所增加或减少，但主要的要素包括政策、人口、社会、经济、科技、资源、环境等。

在京津冀地区，既有多个主导产业，也有为主导产业服务的其他辅助产业，包括提供专业化投入的上游企业和提供销售服务的下游企业。同时还具有为产业发展提供支持的支撑机构。同类型的企业大量聚集在一起，形成了相应的产业种群。在特定区域内，若干不同类型的产业种群有机结合形成产业群落。产业群落由主导产业种群、竞争产业种群、辅助产业种群及相关支撑机构组成，是生态系统的生物成分总和。产业群落的性质是由组成群落的各产业种群的适应性(如对政策法规和制度、市场和经济环境、自然和社会资源、制度和文化环境等的适应)以及这些产业种群彼此之间的相互关系(如竞争、互补、共生等)所决定的。产业种群的相互关系和适应性决定了群落的结构、功能和多样性，产业群落将形态和功能特征各异的不同种群有机地集成在一起，通过与环境因素的作用使内部种群间能够共享资源、优势互补，从而提供一个稳定有利的生态系统。

>>四、京津冀区域经济生态系统的协同演化<<

(一)协同演化理论概述

演化和协同演化是自然界的一种普遍存在的现象。协同演化的理论研究源于自然科学领域，后来通过类比研究的方式被广泛应用于地质学、天文学、经济学和管理学等非生物学领域研究中。协同演化理论认为："组织的变异、选择和保持不是单独发生的，而是在与环境的不断交感中进行的"(Lewin & Volberda，1999)。组织环境具有层次性，可分为组织内部、组织、种群和群落，每一层次的演化既受到其他层次的影响，同时每一层次的演化又反过来影响其他层次(胡伟，2007）。

协同演化是关于组织与环境关系和反馈方式的一种研究（Baum & Singh，1994），是演化理论的前沿，有别于以往单一演化的理论分析模式。对于组织与环境的关系，以往学者们从经济学、管理学、生态学、社会学等不同的研究视角形成了权变学派、新制度学派、种群生态学派、资源依赖学派不同的研究观点，即被动适应和主动选择两种对立的观点。

协同演化理论改变了以往环境天择论和管理选择论的争论。协同演化理论既考虑到环境对于企业演化的制约与影响，又考虑到企业的能动性和改变环境因素的能力，将企业与环境的关系定义为“互相适应的、多向因果、多层嵌套的非线性关系”（Lewin 等，1999）。

协同演化分析需要符合以下要求：(1)针对历史情境进行跨期研究；(2)研究微观与宏观不同层次的多向因果关系；(3)研究交互、即时、时滞、嵌入等多种效应；(4)考察组织路径依赖的影响；(5)考察不同国家制度的影响；(6)考虑社会、经济、政治等宏观因素变化的影响（Lewin 等，1999）。在协同演化的逻辑分析框架下，可以引入不同的理论进行假设与模型研究，能够全面地、系统地对组织演化机理进行研究。

(二)京津冀区域经济生态系统的协同演化框架

基于协同演化理论，京津冀区域经济生态系统是一个由产业群落与其所处的自然和社会环境相互影响、相互作用形成的协同演化生态系统（图 8）。

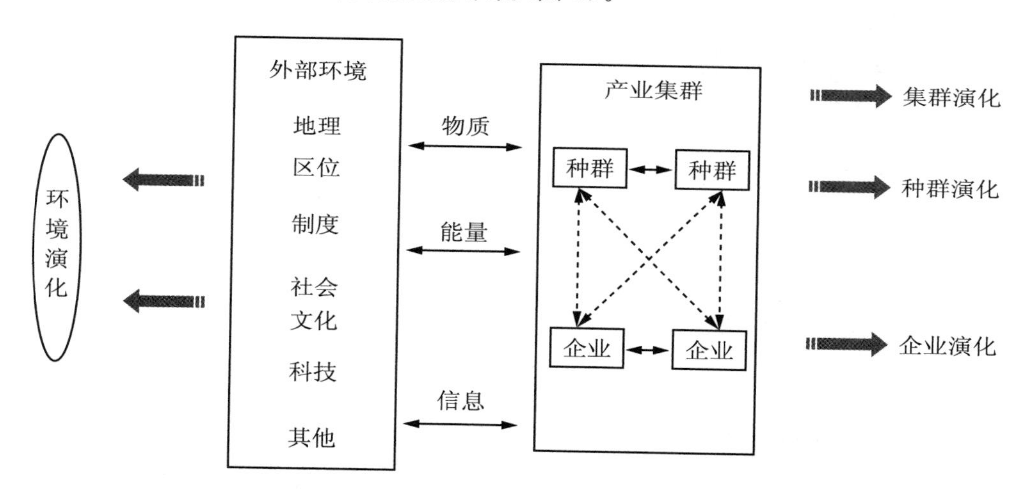

图 8　产业群落与外部环境协同演化概念模型

在微观层面上，产业种群内部企业个体在与环境的相互作用下，通过生态位的争夺和竞争实现自身的演化。企业个体的演化有利于种群规模的扩张，而种群的演化又使产业群落更加繁荣。

在中观层面上，区域经济系统内部产业之间的协同竞争行为与生物种群之间的协同竞争行为非常相似，区域经济系统发展过程的实质就是区域经济系统内各个产业之间竞争与协同作用的演化过程。在产业系统演化过程中，区域主导产业从无到有、从小到大产生、发展起来，并通过主导产业不断转换，将经济不断推向更高发展阶段(Rostow，1960)。主导产业形成后，便对产业系统的演化起支配作用(谷国锋，2006)。主导产业与非主导产业交互作用和发展，形成了有序的区域产业结构(郎国放等，2013)。

在宏观层面上，产业群落与外部环境之间通过物质、能量和信息的循环形成协同演化机制。外部环境体系内部各个环境因素综合作用，通过不同的关联和协同方式形成了作用于产业群落的环境体系。一般来说，特定的环境体系会形成一种潜在的发展模式，这种发展模式成为促进和决定区域内产业群落演化方向的主导力量。

在产业群落和环境体系的交换过程中，产业群落从环境体系中摄取相应的物质、能量和信息，以满足群落内部个体的生存和发展需要，实现进一步的优化；然后，产业群落通过输出物质、能量和信息给外部环境，促进环境体系的演化，共同进入一个新的、更高层次的稳定均衡状态。

(三)京津冀区域经济生态系统的协同演化机理

区域经济系统的协同发展是经济发展的内在要求和客观规律。京津冀区域经济系统协同发展，就是在一定条件下通过调节控制产业群落与环境体系的关联作用，形成区域内各产业和环境要素相互配合、相互协作的发展态势；进而主导整个区域经济系统的发展趋向，使整个区域经济系统由旧结构状态发展变化为新结构状态；从而实现经济要素合乎规律发展、区域内部与外部经济互惠共赢发展、区域经济社会全面协调可持续发展。

京津冀区域经济生态系统的协同演化具有多层嵌套的特点。京津冀区域经济生态系统的协同演化既是政治、文化、经济、人口、资源、科技、生态环境等因素之间的协同，也是各产业发展上的协同与优化，还包括环境要素与产业之间的协同，还是不同经济区域之间的互补与合作。京津冀区域经济生态系统协同演化的研究就是通过把握区域经济发展要素的特征，抓住区域经济系统内部各个要素之间的相互联系和相互作用关系的变化，揭示区域经济系统演变的趋势和规律。

在京津冀区域经济生态系统的协同演化过程中，主要的作用机制仍然是产业群落对环境体系的适应。尽管协同演化强调的是双方的相互作用，但从京津冀区域实际情况来看，在环境和产业群落之间，环境变化的力量是协同演化的主导力量。在区域经济发展的过程中，环境因素之间综合作用，通过不同的关联和协同方式，比如资源环境、投资消费、科技创新、人才就业、体制机制、社会矛盾等区域环境的基本因素的关联和协同方式不同，就会形成一个特定的环境体系。这一环境体系对应一种潜在的经济发展模式。这种经济模式成为促进和决定区域内产业群落演化方向的主导力量。从现实情况来看，京津冀区域协同发展的目的是通过政策的引导实现产业结构转型和优化升级，同时实现自然环境的改善及资源利用的可持续。而产业结构升级优化必须是以自然生态环境的改善和持续发展为前提的，这种环境因素体系就决定了京津冀地区的经济发展模式。但是，产业群落的发展必然会对环境的变化产生影响，这种影响往往是渐变的，最终结果是实现整个区域经济生态系统的均衡和稳定。

(四)京津冀区域协同发展的研究内容

京津冀地区的协同发展就是区域系统中各要素和谐地、合理地、最大限度地实现系统目标的发展(聂建华，2009)，这一目标必然是建立在深刻理解京津冀区域协同发展规律的基础上进行的。通过对京津冀区域经济生态系统协同演化规律的分析，可以总结出京津冀地区协同发展的研究内容和亟待解决的理论问题。

1. 京津冀地区总体经济发展模式

在京津冀区域经济生态系统的协同演化过程中，环境体系是主导力量。因此需要明确环境体系对应的经济发展模式。绿色增长模式是兼顾经济增长与资源环境保护的经济发展模式，能够在促进经济增长及发展的同时，确保自然资本能不断提供人类福祉不可或缺的资源和环境服务。这一发展模式符合国家对于京津冀地区协同发展政策的根本目的。

2. 环境承载力评价体系及环境政策框架

绿色增长经济发展模式的目的是在自然资源和生态环境的承载能力之内实现区域经济应获得的最大限度的发展。因此，首先需要建立京津冀地区环境承载力评价体系，明确目前环境承载力的现状。同时调查分析京津冀地区经济增长模式与资源环境使用间关系的现状和问题，在此基础上指定环境政策框架，提供实现绿色经济增长方式的资源环境发展框架和执行思路。

3. 绿色增长模式下的产业升级战略

通过运用产业与环境体系的协同演化规律，分析在绿色增长方式的资源环境发展框架约束下，京津冀地区产业结构升级和绿色转型问题，制定切实可行的产业绿色增长发展战略。

中国城市绿色增长效率、影响因素及战略路径——以丝绸之路经济带城市为例

赵 峥 刘 杨

>>一、引言<<

二千一百多年前，西汉张骞从长安前往中亚，开辟出横贯东西、连接欧亚的丝绸之路。当前，“丝绸之路经济带”的战略构想赋予了古丝绸之路新的时代内涵，为国家开发开放战略注入新的活力，具有十分重要的战略意义。从全球视角来看，构建丝绸之路经济带有助于我国开展中国特色外交，与周边国家形成“利益共同体”，营造更加良好的国际发展环境，为国内的改革发展创造更为有利的条件。从中国国内发展来看，构建丝绸之路经济带有助于完善沿海开放、沿边开放与向西开放的全方位开放新格局，进一步缩小区域发展差距，促进东西部区域经济社会的平衡发展。目前，丝绸之路经济带建设正在成为实践界与理论界关注的热点问题。丝绸之路经济带沿线相关地区也积极响应，纷纷出台发展规划，试图通过这一国家战略争取更多的发展空间和机遇。许多学者也进行了丝绸之路经济带的研究，在构建丝绸之路经济带的战略意义，完善丝绸之路经济带的合作机制，促进丝绸之路经济带发展的主要措施等方面提出了有价值的思路和建议，对认识和建设丝绸之路经济带做了有益的探索(王保忠等，2013；杨恕等，2014；胡鞍钢等，2014)。

尽管目前的研究与实践已经取得了积极的进展，但在丝绸之路经济带建设中仍然有两个重要的方面还需要得到更多的重视。具体来看，一是需要更重视丝绸之路经济带城市的发展。从空间经济理论来看，经济带主要是以交通运输干线为发展轴，以轴上经济发达的若干城市作为核心，发挥经济集聚和辐射功能，联结带动周边不同等级规模城市经济发展，形成一体化带状经济区域。历史上古丝绸之路的本质就是由各个重要节点城市构成的服务于亚欧之间的商贸和

物流通道，陕西的西安、咸阳、宝鸡，甘肃的天水、兰州、武威、金昌、张掖、酒泉、嘉峪关、玉门，新疆的哈密、吐鲁番、乌鲁木齐、石河子、伊犁等城市都曾在古丝绸之路发展过程中发挥着重要的作用。现代社会是城市的社会，区域互联互通更需要通过城市节点来实现，建设丝绸之路经济带同样要高度重视发挥沿线中心城市的聚集和辐射效应，提升城市承载力和竞争力，以城市经济带为基础建设区域经济带。

二是需要更重视绿色增长。绿色增长的核心是既要绿色又要发展，是在生态环境容量、资源承载能力范围内实现自然资源持续利用、生态环境持续改善、人们生活质量持续提高、经济社会持续发展的一种发展形态。2008年联合国已经开始在世界范围内推广绿色增长理念，得到了世界各国的广泛认同。我国也高度重视绿色增长和生态文明建设，并将其纳入国家发展中长期战略规划和新型城镇化规划中积极推进实施。丝绸之路经济带各地区虽然具有资源禀赋良好、文化底蕴深厚、发展潜力巨大等优势，但资源环境压力相对较大，主要指标仍然与全国平均水平存在差距。例如，2006—2012年，全国单位GDP工业废水排放量降幅达到61.55%，而丝绸之路经济带各城市的单位GDP工业废水排放量均值降幅为53.8%，低于全国水平7.73%。2012年，全国城市环境基础设施建设投资平均值为163.3亿元，而丝绸之路经济带城市的城市环境基础设施建设投资平均值为89.2亿元，相差近50%。在新的形势下，建设丝绸之路经济带不能简单理解为一轮项目投资和开发建设的盛宴，不能单纯走规模扩张、投资驱动、恶性竞争的粗放式发展道路，应是一次通过开放、开发实现区域绿色转型发展的战略机遇，走绿色增长道路。本研究主要以丝绸之路经济带沿线城市为研究对象，对丝绸之路经济带城市绿色增长水平进行分析，通过模型测度了丝绸之路经济带主要城市的绿色增长效率及其影响因素，并在此基础上提出了促进丝绸之路经济带城市绿色增长的对策建议。

>>二、丝绸之路经济带城市绿色增长效率<<

城市绿色增长本质上需要消耗尽可能少的资源，生产尽可能多的产出，同时排放尽可能少的废物，这不仅要求量的转变，更要求质的提升。在对丝绸之路经济带城市绿色增长基本现状分析的基础上，我们将进一步从绿色投入产出效率的角度探究丝绸之路经济带城市绿色增长的程度。

(一)城市绿色增长效率测度模型

本研究以非径向、非导向性基于松弛变量的方向距离函数模型(SBM－DDF模型)，构建以生产率理论为基础的城市绿色增长效率测度模型，并测度丝绸之路经济带重点城市绿色增长效率。

首先，我们把每个城市看作一个绿色增长的生产决策单位，并构造每一个时期生产的最佳实践边界。假设有 N 种投入 x，M 种期望产出 y 和 K 种非期望产出 b，且 $x=(x_1\cdots x_N)\in R_N^* x=(x_1\cdots x_N)\in R_N^*$；$y=(y_1\cdots y_M)\in R_M^* y_1\cdots y_M\in R_M^*$；$b=(b_1\cdots b_K)\in R_K^* b=(b_1\cdots b_K)\in R_R^*$。$(x_i^t\cdot y_i^t\cdot b_i^t)(x_i^t\cdot y_i^t\cdot b_i^t)$ 表示决策单元 i 在 t 时期的投入和产出，$(g^x\cdot g^y\cdot g^b)(g^x\cdot g^y\cdot g^b)$ 为方向向量，$(s_n^x\cdot s_m^y\cdot s_k^b)(s_n^x\cdot s_m^y\cdot s_k^b)$ 为投入产出达到生产效率前沿面的松弛向量。

那么，第 i 个城市绿色增长的生产最优实践边界如下：

$$\overrightarrow{S_v^t}(x_i^t\cdot y_i^t\cdot b_i^t\cdot g^x\cdot g^y\cdot g^b)=\mathrm{MAX}\left(\frac{1}{N}\sum\nolimits_{n=1}^{N}\left(\frac{s_n^x}{g_n^x}\right)+\frac{1}{M}\sum\nolimits_{m=1}^{M}\left(\frac{s_m^y}{g_m^y}\right)+\frac{1}{K}\sum\nolimits_{k=1}^{K}\left(\frac{s_k^b}{g_k^b}\right)\right)\Big/3$$

$$\text{s. t.}\quad x_{in}^t-s_n^x=\vec{\lambda}X.\ \forall n;\ x_{in}^t-s_n^x=\vec{\lambda}X.\ \forall n;$$

$$y_{im}^t+s_m^y=\vec{\lambda}Y.\ \forall m;$$

$$b_{ik}^t-s_k^b=\vec{\lambda}B.\ \forall k;$$

$$\vec{\lambda}\geqslant 0.\ \vec{\lambda}l=1;\ s_n^x\geqslant 0.\ s_m^y\geqslant 0.\ s_k^b\geqslant 0\vec{\lambda}\geqslant 0.\ \vec{\lambda}l=1;\ s_n^x\geqslant 0.\ s_m^y\geqslant 0.\ s_k^b\geqslant 0$$

根据 SBM－DDF 模型定理，当方向向量 $g_n^x=x_n^{\max}-x_n^{\min}$，$\forall n g_n^x=x_n^{\max}-x_n^{\min}$，$\forall n$ 且 $g_m^y=y_n^{\max}-y_n^{\min}$，$\forall m g_m^y=y_n^{\max}-y_n^{\min}$，$\forall m$ 时，有 $\overrightarrow{S_v^t}\in[0.1]$，且各种投入、期望产出和非期望产出都 $\in[0.1]$。据此，我们可以求得一个城市各种投入、期望产出和非期望产出对最优实践边界的偏离程度，从而能够衡量一个城市单位 i 在 t 时期的绿色增长无效率水平 $\overrightarrow{S_v^t}$。

进而，我们可以求得城市的绿色增长效率 UGDE：

$$\mathrm{UGDE}=1-\overrightarrow{S_v^t}$$

UGDE$\in[0.1]$满足效率值有界性与单调可排序性。当且仅当所有投入和产出松弛变量等于零时，目标函数等于零，此时 UGDE＝1，表示该城市处于最优实践边界。

(二)指标选择

按照上述绿色增长效率的测度模型，我们以环境保护部重点监测城市为样本库，选取丝绸之路经济带沿线西北五省区(陕西、甘肃、青海、宁夏、新疆)和西南四省区市(重庆、四川、云南、广西)的 24 个重点城市 2006—2012 年的投入、期望产出和非期望产出指标数据进行测算。本文选取的指标数据主要来源于《中国城市统计年鉴》《中国环境统计年报》《中国区域经济统计年鉴》、环境保护部数据中心和各省市统计年鉴及统计公报。

1. 投入变量的选择

考虑城市绿色增长的投入要素构成情况，本研究主要选择了资本、劳动力、技术和能源四个投入变量。

资本：城市的总资本存量可以较合适地反映城市绿色增长各方面资金投入。但由于国内没有可直接使用的资本存量统计数据，本研究采用永续盘存法来折算。

$$K_{m.t}=K_{m.t-1}(1-\delta_{m.t})+(I_{m.t}/P_{m.t})$$

其中，$K_{m.t}$ 和 $_{m.t-1}$ 分别表示各城市在 t 年和 $t-1$ 年估算的资本存量，$\delta_{m.t}$ 表示第 t 年的资本折旧率，$I_{m.t}$ 表示第 t 年的当年价固定资产投资，$P_{m.t}$ 表示第 t 年的固定资产投资价格指数。

劳动力：劳动力是绿色增长产出的基础。本研究主要选取各城市全市口径的从业人员指标来衡量城市绿色增长的劳动投入。

技术：技术决定了城市绿色增长的生产方式和效率，是影响城市绿色增长的关键因素。本文选取各城市财政预算中的科学技术支出指标衡量技术投入水平。

能源：城市绿色增长需要充分考虑能源利用水平。本研究根据各城市公布的单位 GDP 能耗值，换算各个城市的全社会能源消费总量，用以衡量各城市在绿色增长中的能源投入。

2. 期望产出变量的选择

地区生产总值足以衡量该地区经济增长的实际状况。因此，本研究选用各个城市以 2005 年为基期的实际地区生产总值表示城市绿色增长的期望产出。

3. 非期望产出变量的选择

城市的主要环境污染源是废水、废气、固体废物，因此本研究将从这三方面考虑城市绿色增长的非期望产出。

废水：城市废水来源主要有两个途径，一是生活污水；二是工业废水。为了评价全社会的废水产生量，本研究使用城市生活污水排放量和工业废水排放量的总量衡量废水排放。

废气：根据环境保护部监测数据，城市的主要废气为二氧化硫、氮氧化物和烟尘。因此本研究使用城镇生活二氧化硫排放量、城市生活氮氧化物排放量、城镇生活烟尘排放量、工业二氧化硫排放量、工业氮氧化物排放量和工业烟尘排放量的总量衡量废气排放。

固体废物：城市的固体废物来源包括工业固体废物和城镇生活垃圾。但城镇生活垃圾排放量的数据量级相对工业固体废物产生量几乎可以忽略不计。因此，本研究采用工业固体费用产生量衡量城市的固体废物排放。

(三)城市绿色增长效率测度结果分析

根据上述的模型和数据，本研究运用 Matlab7.0 软件测度了丝绸之路经济带 24 个重点城市的绿色增长效率(见表 3)。

表 3　2006—2012 年丝绸之路经济带各城市绿色增长效率均值及排序

城市	2006—2012 年效率均值	排序	城市	2006—2012 年效率均值	排序
成都	99.22%	1	金昌	96.55%	13
重庆	98.74%	2	泸州	96.38%	14
铜川	97.94%	3	西宁	95.85%	15
咸阳	97.56%	4	银川	95.73%	16
南宁	97.28%	5	宜宾	95.50%	17
北海	97.20%	6	兰州	94.80%	18
延安	97.20%	7	柳州	94.47%	19
宝鸡	97.00%	8	石嘴山	94.22%	20

续表

城市	2006—2012 年效率均值	排序	城市	2006—2012 年效率均值	排序
绵阳	96.93%	9	乌鲁木齐	92.31%	21
桂林	96.88%	10	曲靖	91.10%	22
克拉玛依	96.75%	11	昆明	90.67%	23
西安	96.68%	12	攀枝花	86.37%	24
平均值	95.56%		极差	12.85%	

我们发现，丝绸之路经济带城市绿色增长效率整体较低且存在明显差异。2006—2012 年，24 个测度城市的绿色增长效率均值都低于 1，说明没有一个城市位于绿色增长效率最优实践边界以上，整体发展效率偏低。从平均值看，24 个城市中有 16 个城市的绿色增长效率位于平均值以上，8 个城市处于平均值以下。24 个城市绿色增长效率的极差为 12.85%。从具体城市看，城市绿色增长效率均值排在前五位的城市分别是成都（99.22%）、重庆（98.74%）、铜川（97.94%）、咸阳（97.56%）和南宁（97.28%）。效率均值排在后五位的城市分别是石嘴山（94.22%）、乌鲁木齐（92.31%）、曲靖（91.10%）、昆明（90.67%）和攀枝花（86.37%）。同时，值得注意的是，丝绸之路经济带各区域内部城市绿色增长效率也普遍存在差距，而且部分省区内的差距还十分明显。就各省区内部而言，城市绿色增长效率排名差距最大的是四川（相距 23 位），其次是广西（相距 14 位）、新疆（相距 10 位）、陕西（相距 9 位）、甘肃（相距 5 位）、宁夏（相距 4 位）和云南（相距 1 位）（见表 4）。

表 4　丝绸之路经济带各省区内部城市绿色增长效率差异

省区	城市	2006—2012 年效率均值	排序	最大排名差距	省区	城市	2006—2012 年效率均值	排序	最大排名差距
四川	成都	99.22%	1	23	陕西	铜川	97.94%	3	9
	绵阳	96.93%	9			咸阳	97.56%	4	
	泸州	96.38%	14			延安	97.20%	7	
	宜宾	95.50%	17			宝鸡	97.00%	8	
	攀枝花	86.37%	24			西安	96.68%	12	
广西	南宁	97.28%	5	14	新疆	克拉玛依	96.75%	11	10
	北海	97.20%	6			乌鲁木齐	92.31%	21	
	桂林	96.88%	10		甘肃	金昌	96.55%	13	5
	柳州	94.47%	19			兰州	94.80%	18	
云南	曲靖	91.10%	22	1	宁夏	石嘴山	94.22%	20	4
	昆明	90.67%	23			银川	95.73%	16	
重庆	重庆	98.74%	2	0	青海	西宁	95.85%	15	0

>>三、丝绸之路经济带城市绿色增长效率的影响因素分析<<

从上文的分析结果可以看出，丝绸之路经济带城市绿色增长效率存在显著的差异。那么，如何理解这种城市间的绿色增长效率差异？具体是哪些因素导致了城市间存在绿色增长效率的差异？是我们需要进一步关注的问题。接下来，本研究将选取可能影响城市发展效率的因素进行回归分析并解释其中的原因。

城市化(URB)：城市化的本质是人口、产业在空间的优化配置与集聚，与绿色增长具有内在一致性，是城市绿色增长的重要影响因素之一。本研究从人口城市化、空间城市化、经济结构城市化三个方面来测度不同城市的城市化水平。具体而言，人口城市化指标选用“城市非农人口数占总人口数的比重”表示，空间城市化指标选用“城市市辖区建成区面积占市辖区总面积的比重”表示，经济结构城市化指标选用“城市非农经济生产总值占城市生产总值的比重”表示。而总体城市化数据由三种城市化指标进行标准化后加权而得，每种权重为1/3。另外，为考察城市化与城市绿色增长效率的非线性关系，本研究在回归时加入了城市化的二次型(URB^2)。

工业集聚(LQ)：城市是工业的聚集地，工业经济是一种规模经济和集聚经济，工业生产资料和劳动力的聚集还会带来人口、消费、财富和政治的集中，这正是城市形成与发展的必要前提。因此，工业集聚会对城市绿色增长效率产生影响。工业集聚程度通常以工业区位熵(LQ，Location Quotient)衡量。从城市的角度来看，可考察 j 城市 i 产业在该地区的地位与 j 城市所有产业在该地区的地位之间的差异，具体公式为：$LQ=(s_{ij}/s_i)/(s_j/s)$。LQ的分子指 j 城市工业GDP在该地区工业GDP中所占的份额，分母是指 j 城市的地区生产总值占地区生产总值的份额。

环境规制(Regulation)：环境规制是指政府通过强制性的环境制度安排，迫使企业达到环境标准而提高生产技术水平，从而实现技术创新，获得环境红利，环境规制将能够促进城市的环境保护与污染物防治，对城市绿色增长效率也有重要影响。本研究选取工业二氧化硫去除率来代表环境规制强度。

控制变量：除了城市化水平、工业集聚和环境规制以外，还有很多因素会对城市绿色增长效率产生影响，本研究主要考虑了四个方面的影响，并加入了相关的控制变量。第一，考虑城市经济发展水平(lnPerGDP)的影响：使用不变价格的人均GDP的对数来表示；第二，考虑外商直接投资水平(FDI)的影响：使用外商直接投资占城市GDP的比重来表示；第三，考虑城市人力资本水平(lnHR)的影响：使用万人在校大学生数的对数来表示；第四，考虑城市人口密度(lnPD)的影响：使用城市人口密度的对数来表示。

综合考虑以上影响因素，本研究采用Bootstrap方法进行回归分析。模型1、2、3分别在控制变量组下考察了城市化水平、工业集聚水平和环境规制水平对城市绿色增长效率的影响，模型4考察了全部指标与城市绿色增长效率的关系(见表5)。

表 5　绿色增长效率与各影响因素的关系估计结果

变量	模型 1	模型 2	模型 3	模型 4
URB	−0.068** (4.90)			−0.078** (3.88)
URB^2	0.546** (5.87)			0.718** (4.29)
LQ		2.609** (0.88)		3.757** (0.84)
Regulation			−0.615*** (0.05)	−0.579*** (0.06)
lnPerGDP	0.034*** (2.74)	0.044*** (3.45)	0.027*** (5.64)	0.032*** (2.14)
FDI	0.008 (0.81)	0.006 (−0.55)	−0.016 (0.97)	0.004 (0.65)
lnHR	−0.014 (−1.34)	0.021 (2.78)	−0.026 (−2.43)	−0.018 (−2.01)
lnPD	−0.287** (−5.67)	−0.378* (−6.34)	−0.306** (−6.05)	−0.187** (−3.47)
R^2	0.922	0.879	0.844	0.839

说明：***，**，*分别表示估计系数在1%、5%、10%的水平上显著，Bootstrap的次数为2000次。

结果显示，不同影响因素会对城市绿色增长效率产生不同的影响。

就城市化而言，在模型1和模型4中，URB的系数均为负、URB^2的系数均为正，这说明城市绿色增长效率与城市化水平呈现出明显的U型关系，即随着城市化的不断推进，城市绿色增长效率呈现出先下降后上升的趋势。这说明城市化初期的加速推进，人口产业空间的快速扩张可能会给当地生态环境带来显著的负面影响，但当城市化水平提高到一定程度，城市的聚集经济和辐射效应将逐渐抵消负面影响，并最终导致城市绿色增长效率的提高。

就工业集聚而言，回归结果显示工业集聚与城市绿色增长效率呈现显著的正相关关系。工业集聚可以降低资源的消耗，减少污染物排放，提高生产效率，提高城市绿色增长效率。

就环境规制而言，回归结果显示政府环境规制与城市绿色增长效率呈现显著的负相关关系，这与我们的一般理解并不一致。我们认为，环境规制事实上体现政府对市场主体环境行为的引导和干预，但是规制的力度是否合适则不好把握，因此，丝绸之路经济带城市政府环境规制与城市绿色增长效率的负相关关系可能是由于过度的环境规制抑制了市场机制的作用而产生的。

控制变量对城市绿色增长效率也产生不同的影响：(1)城市的经济发展水平与城市绿色增长效率呈现出显著的正相关关系，说明绿色增长是绿色与发展的高度结合，经济发展仍然是城市绿色增长的基础；(2)城市外商直接投资水平也有助于绿色增长效率的提高，但并不显著。城市外资一般注入城市内发展潜力高、生产技术领先的产业，促进了城市产业结构的优化和升级，因此间接地提高了城市绿色增长效率；(3)城市人力资本水平与城市绿色增长效率呈现负相关关系，但不显著，这可能是由于丝绸之路经济带多数城市还处于投资驱动型，尚未进入知识和创新驱动的发展阶段；(4)城市人口密度与城市绿色增长效率呈现显著的负相关关系，说明人口密度过高会抑制城市绿色增长效率的提高。

>>四、战略建议<<

(一)全面提升丝绸之路经济带城市绿色增长水平和效率，打造丝绸之路城市绿色增长带

重点在顶层设计和制度设计上做出统一安排，坚持生态底线，持续优化生态环境，丰富丝绸之路经济带城市绿色增长的具体内容，继续加大对丝绸之路经济带城市绿色增长的支持力度，避免丝绸之路经济带沿线城市为争资源、争政策而忽视城市绿色增长，鼓励各城市在功能定位、产业选择、空间布局方面体现绿色增长理念，强化资源节约集约利用，推动绿色增长实践，从整体上提升丝绸之路经济带城市绿色增长水平，以丝绸之路城市绿色增长带支撑和带动丝绸之路经济带建设。

(二)立足城市绿色增长非均衡特征，确定丝绸之路经济带城市开发开放的重点

具体而言，对成都、重庆等绿色增长效率较高的城市，应着力提升城市绿色增长质量，发挥资源环境和绿色产业优势，建设高端制造业、清洁能源、高技术产业、现代服务业基地，打造丝绸之路经济带的绿色增长极，构建国际绿色产业和技术合作的高端平台。而对于绿色增长效率较低的城市，应注重夯实绿色增长基础，加强绿色基础设施投入，加快绿色产业体系建设，将开放开发与经济发展方式转变结合起来，在国内外合作交流中实现转型升级。

(三)促进丝绸之路经济带区域内部城市绿色增长合作互动

丝绸之路经济带战略是一种新的制度安排和区域合作新模式，不仅需要外部合作更要内部合作，而且外部合作还要以内部合作为基础。这需要我们正视丝绸之路经济带区域内部城市绿色增长差距，在促进区域城市之间铁路、公路、航空、电信、电网、能源管道等基础设施的互联互通网络的同时，加强绿色增长合作机制建设，塑造地区城市专业化分工体系，完善区域城市生态环境保护联防联控制度，建立区域城市生态补偿、碳排放权交易、排污权有偿使用和交易、水权交易等机制，推进城市群生态环境规划、环境保护设施、管理监督机制、景观生态格局和环保产业发展的一体化，形成平等互利、合作共赢、统一联动的城市“绿色增长共同体”。

(四)优化丝绸之路经济带城市绿色增长的主要路径

丝绸之路经济带城市绿色增长需要走新型城镇化和新型工业化道路，继续提升城市化的水平和质量，完善工业向园区集中和污染企业淘汰退出机制，保持城市经济稳定增长，持续扩大对外开放。同时，要促进城市绿色治理体系和治理能力现代化，积极引入社会力量和市场化机制来完善绿色治理模式。进一步转变发展方式，优化人力资本配置，实现绿色增长由投资驱动向知识和创新驱动转变。保持城市资源环境承载力与城市人口规模匹配，防止人口过度集中引发“城市病”问题。

>>参考文献<<

[1]王保忠，何炼成，李忠民．新丝绸之路经济带：一体化战略路径与实施对策．经济纵横，2013(11).

[2]杨恕，王术森．丝绸之路经济带：战略构想及其挑战．兰州大学学报(社会科学版)，2014(1).

[3]胡鞍钢，马伟，鄢一龙．丝绸之路经济带：战略内涵、定位和实现路径．新疆师范大学学报，2014(2).

[4]王兵，唐文狮，吴延瑞等．城镇化提高中国绿色增长效率了吗．经济评论，2014(4).

[5] Fukuyama H. and W. L. Weber, A Directional Slacks-based Measure of Technical Inefficiency. Socio-Economic Planning Sciences, 2009, 43(4).

[6]Harberger A. C. On the Use of Distributional Weights in Social Cost－Benefit Analysis. Journal of Political Economy, 1978, 86(2).

城市的绿色发展需要系统的解决方案

金周英

>>一、城市绿色发展挑战之实质：文明转型<<

绿色发展需要系统的解决方案，转变思维模式，走出科技创新的误区，城市带来的管理问题，最后一定要协同作战。中国的城市发展进展很快，给经济发展做出巨大的贡献，但是和多数的发达国家一样，我国正在经历着所谓城市病，尤其是近年来塑造经济转型，城市病呈高发态势。现在城市发展领域不断出现新的概念，绿色城市、生态城市、未来城市、素质城市、智慧城市等，这些都是突出理想城市的某些特点和亮点，但是要真正解决未来城市的健康发展，问题仍然很多。城市作为人类文明的主要组成部分，城市病的根源，实际上是工业文明的发展模式在城市化中的表现。

>>二、转变思维模式<<

(一)战略规划需要软硬系统相对平衡

虽然，我国绿色发展的 RND 在国际上领先，但是绿色发展所需要的建设是一个软肋。目前，我国比较缺乏综合的发展战略、相互配套的法律制度政策、建设长效关联机制的能力、不能充分发挥政府组织力量等，所以需要在产业部署方面保持软硬系统相平衡。

(二)长远的观念

可持续发展是绿色发展的目标之一，不仅要考虑经济、社会、环境，还要考虑多种资本的增加，如物质资本、金融资本、自然资本、人力资本、社会资本等，在整个城市绿色发展中，我们要不断转变思路。

>>三、重新认识绿色发展中的科技创新<<

解决问题的手段有两种：一类是硬技术，它的核心来自自然科学知识；另一类是软技术，它根植于非自然科学、哲学、艺术，如竞争技术、制度设计等。因此，我们在考虑技术创新的时候，应该考虑这两个方面，其中，软技术的创新意义很大，如目前很多科技成果，很大一部分核心技术掌握在跨国企业中，转化科技成果是软技术的主要任务。

技术创新还包括软环境，它是在 20 世纪 90 年代提出来的，软环境包括人际网络、生态环境条件等。日本人曾提出，我们最大的悲剧是发明了科技，虽然我们把科和技放在一起，但是实际科和技是不一样的。本来技术是一个工具，但是现在我们把工具和目标搞混了，可持续发展是一个目标，技术是工具。

>>四、城市软技术和软实力<<

(一)城市规划与未来预测

日本很多机构都存在软技术的问题，我们把与城市发展技术相关的叫都市技术，目前，对这方面的研究较多。但是，我国很多专家在研究这方面时，比较注重建设设计、土地规划中硬技术的应用。目前，我国在做城市规划中，缺少对人口、能源、生态、环境的承载力、资源等方面长远的研究和预测。

(二)培育城市

这里面包括应急系统、防灾系统、水系统、上下水道等 11 个系统，通过对这 11 个系统的设计和运行使得整个城市活起来。同时，培育一个城市离不开城市管理，如何保持城市的特征是其关键。此外，制度创新和设计及文化环境的建设也很重要。

>>五、建立绿色发展的长效管理机制<<

建立一个绿色发展的长效机制，其管理系统包括七个层次：一是战略目标需要以大量研究为基础进行确定；二是经济、社会、资源、环境的协调发展，技术、项目管理；三是关键战略系统的协调或集成管理；四是全面的政绩管理系统，它是超越 GDP 的真实进步评测和管理；五是转变企业行为；六是公司、公民的三重责任审计系统，从财富500强到未来500强树立21世纪“好”企业榜样；七是教育、宣传、参与。

战略管理是不能割断的一条链条，必须将这七个环节加上跟踪管理、反馈、评估和及时调整战略的环节形成一种长效机制，才能提高实现战略目标的可能性。

>>六、政府、研究部门、企业、社会组织和公众协同作战<<

一个城市实现绿色发展、可持续发展，离不开政策、研究部门、企业、社会组织和公众的协同作战。政府主要起引导、协调及提供保障支持作用，不仅是制度机制，而且还要协调各部门的利益。

中国“智慧城市”建设的几点思考

宋 涛 刘 洋

城市是人类文明的结晶，城市让生活更美好。随着经济社会的不断发展，城市的功能也越来越强大。但是，伴随着城市的快速发展，我国开始出现日益严重的城市病问题。可以说，寻求城市的持续发展是在人类生存和发展受到严重威胁，使得人们不得不回过头来认真审视人类过去的行为和关于发展观念的情况下提出来的，是人类对发展模式进行反思的结果。要解决发展路上的各种问题，实现城市可持续发展，建设“智慧城市”已成为不可逆转的历史潮流。

>>一、建设“智慧城市”亟须理顺四组关系<<

2008 年 11 月，IBM 提出了“智慧地球”这一理念；2010 年以来，“智慧城市”一词正式出现，并引发了智慧城市建设的热潮。我认为，建设“智慧城市”势在必行，但要首先理顺以下四组关系。

(一)“智慧”不是“智能”，以人为本是智慧城市建设的出发点和落脚点

第一组关系，也是最重要的一组关系，即“人”与“技术”的关系。目前，我国普遍理解的“智慧城市”是一种城市的“智能化”，是城市发展中互联网、物联网的广泛运用和信息化的不断推广。但是请注意，“智慧”不是“智能”，“智慧城市”建设绝不仅仅是城市的智能化。技术装备可以引进和仿造，但人的素质和创新能力的提高绝非一朝一夕所能达到。试想，在中国一个所谓发达的大城市中，人们使用的都是国外的智能技术和产品，中国的百姓充其量就是一个熟练的技工和国外产品的消费者，怎能说进入到“智慧”的阶段？

因此，我们必须要注意，建设“智慧城市”的出发点和落脚点都是“人”。“人”是生产活动与

城市建设中最核心的要素，人的素质高低直接影响城市建设和发展的水平。党的十八届五中全会把“创新发展”作为发展的首要方面，建设智慧城市，首先要做到人的“智慧化”，而“智慧城市”的建设成果最终也要由“人”来享有，使城市中的人获得更美好的生活，促进城市的和谐、可持续发展。这就是“智慧城市”建设中的“以人为本”。

（二）理顺政府与市场的关系，激发市场的活力，发挥市场的决定性作用

目前，我国的“智慧城市”建设总体来说虽然还处在探索阶段，但各地对于建设“智慧城市”的热情却高涨异常，已经到了近乎危险的程度。细细想来，我国对于“智慧城市”的建设可以说是“剃头挑子一头热”——市场不热政府热。

一些地方政府对于什么是“智慧城市”理解得并不清晰，甚至认为把原有的产业规划、城区规划贴上“信息化”“云计算”“大数据”的标签就成了“智慧城市”的规划。很多地方政府缺乏“智慧城市”宏观指导，建设方向把控能力不强，甚至为了政绩考核，盲目跟风上项目，往往致使“智慧城市”成为空谈，造成资源的极大浪费，并滋生了大量的腐败现象和出现了大量的“豆腐渣”工程。

另外，在实际的建设过程中，由于“智慧城市”的建设工程大多具有公共物品（服务）的属性，即大多具有投资规模大、建设内容多、运行周期长、风险高等特点，鲜有企业愿意真正涉足其中，即使有，很多也是挂羊头卖狗肉，甚至有些企业美其名曰建设“智慧城市”，实则变相做起了房地产。

政府可以引导产业的发展方向，但却很难规划城市和社会的发展模式。因此，我认为中国“智慧城市”的建设发展需要理顺政府与市场的关系，培育一个成熟的市场机制，能真正发挥市场的决定性作用，而政府则应在制度保障和法律约束上发挥作用。

（三）“智慧城市”的建设要注意全面开花与典型示范的协调，宁缺毋滥

据了解，2015 年 4 月 7 日，住建部和科技部公布了第三批国家“智慧城市”试点名单，确定北京市门头沟区等 84 个城市（区、县、镇）为国家“智慧城市”2014 年度新增试点，河北省石家庄市正定县等 13 个城市（区、县）为扩大范围试点，加上 2013 年 8 月 5 日对外公布的 103 个城市（区、县、镇）为 2013 年度国家“智慧城市”试点，以及住房城乡建设部此前公布的首批 90 个国家“智慧城市”试点，我国“智慧城市”试点已达 290 个。

看到我国的“智慧城市”建设百城争鸣、全面开花，笔者却没有太多的欣喜，相反，笔者对此感到隐隐地担忧。在可以预见的时间内，很难想象一些远郊区县或经济发展较为落后的县市区，是以何种模式实现“智慧”的。“智慧城市”这顶帽子，难道是每个城市都能戴得起的吗？

发展“智慧城市”的前提是不能脱离各地发展实际的。我国目前相当一部分地区的发展基础相对落后，全面推行“智慧城市”时机尚未成熟。而且，目前对于“智慧城市”缺乏有效的考核指

标，还没有一定的标准来评价一个城市是否智慧。在这种情况下，笔者认为与其全面开花，不如有选择性地进行试点，允许和鼓励一些有条件的城市先行先试，跟上国际步伐，并形成示范和带动作用，最终通过溢出效应带动周边城市实现共同发展。另外，在“智慧城市”建设过程中，还要注意努力实现不同量级城市发展的相互协调，避免出现城市间差距过大、功能不匹配、发展灯下黑等现象。

(四)公共服务领域的共享发展是重点，兼顾私人服务领域的跨越式发展

我们知道，在生产活动中，区分“私人物品(服务)领域”和“公共物品(服务)领域”。在“智慧城市”建设中也是如此。

我认为，在当前的发展阶段，“公共物品(服务)领域”应当是我国“智慧城市”建设和发展的重点。党的十八届五中全会首次提出“共享发展”的理念，这是我国发展理念的巨大进步。地方政府应通过实行智慧政务，发展智慧产业，建设智慧城区，创建智慧交通和物流体系，形成智慧社会管理体系，培育智慧健康保障、安居服务和文化服务体系，最终形成完善的智慧公共服务体系，最大程度上做到“智慧城市”的发展成果由百姓共享。同时，为了激发创造性和满足高端市场的需求，可以兼顾智慧家园和智慧服务等高端私人服务领域的发展，实现我国在高端私人产品和服务领域的跨越式发展。

>>二、建设“智慧城市”与“五大发展”理念的有机融合<<

党的十八届五中全会通过的“十三五”规划建议，树立了创新、协调、绿色、开放和共享发展理念，“五大发展”理念为“十三五”时期“智慧城市”建设指明了方向，提出了新的目标和要求。中国的“智慧城市”建设需要积极实现与“五大发展”理念的有机融合，按照“五大发展”理念的要求来谋篇布局。

(一)创新发展是建设“智慧城市”的前提和首要任务

“创新”是一个广泛而全面的概念，不仅仅是单纯的科技创新。创新发展是“智慧城市”建设的前提，更是其建设的首要任务。党的十八届五中全会提出：坚持创新发展，必须把创新摆在国家发展全局的核心位置，不断推进理论创新、制度创新、科技创新、文化创新等各方面创新，让创新贯穿党和国家一切工作，让创新在全社会蔚然成风。因此，建设“智慧城市”，必须坚持创新发展，发挥科技进步和信息化的带动作用，构建产业新体系，培育发展新动力，城市发展全方位创新，尤其要大力提升绿色科技创新水平。优化技术创新环境，加强技术研发、应用试验、评估检测等方面的公共服务平台建设，着力推进企业与高校、科研院所的产学研合作，增进企业之间的合作，优化“智慧城市”技术创新的软硬件环境。重视人才培养，逐步提升全民信

息化素质，坚持以落实人才发展规划为主线，坚持人才优先，切实做好人才培养与全民信息化素质教育工作。这里，有一点是在“智慧城市”建设中需要格外注意的，即劳动力素质问题。中国城市建设中有庞大的劳动力大军，但目前中国的劳动力整体素质尚不高，在一定程度上制约着“智慧城市”的建设与发展。因此，坚持以人为本，加强劳动者的素质教育，努力将劳动力转化为符合时代和社会要求的人力资本，这对于中国未来一段时间内的“智慧城市”建设具有重要意义。

（二）协调政府与市场的关系，鼓励社会力量参与建设

推动“智慧城市”建设，要构建政府引导、多方参与管理的运营模式。“智慧城市”的建设发展需要理顺政府与市场的关系，坚持政府引导，鼓励社会力量参与建设。“智慧城市”建设是一项系统工程，政府作为“智慧城市”的直接参与者、规划者、管理者和中坚力量，对“智慧城市”的正常运行有重要意义，政府作为“智慧城市”建设的中坚力量，任何一项城市建设工程都需要政府的参与，政府要切实把握好自身定位，政府在统筹规划方面要发挥重要作用，要充分发挥政府在公共资源配置中的引导性作用，注重差异化发展，弥补市场失灵，加强体制、政策、经济、社会等各方面的协调和配合。按照“智慧城市”的发展规律，加快“智慧城市”建设运营模式的实践探索，建立多样化的“智慧城市”建设运营模式，要着力培育形成一个成熟的市场机制，能真正发挥市场的决定性作用，充分发挥政府、企业、市民等积极性。积极引导社会力量参与“智慧城市”建设，以市场需求为导向，对于智慧环保、智慧交通、智慧安全生产等基础领域引入社会资本参与建设，深入挖掘市场潜力，充分调动市场力量，用利益诱导、市场约束和资源约束的“倒逼”机制引导科技创新活动。

（三）探索破解城市病问题，推动城市绿色可持续发展

习近平总书记提出：既要金山银山，又要绿水青山；宁要绿水青山，不要金山银山；绿水青山就是金山银山。习近平总书记提出的这“两座山”之间是辩证统一的。我们要充分认识到，绿水青山可以源源不断地带来金山银山，绿水青山本身就是金山银山。我们种的常青树就是摇钱树，生态优势变成经济优势，形成了一种浑然一体、和谐统一的关系，这是一种更高的境界，体现了科学发展观的要求，体现了发展循环经济、建设资源节约型和环境友好型社会的理念。

目前，随着我国城镇化进程的快速推进，随之带来的交通堵塞、环境污染、城市贫富两极分化等“大城市病”开始显现，为此，人们开始反思以高投入、高消耗、高污染为代价的传统发展模式。传统发展观重发展的速度和规模，轻发展的效益和质量，不仅浪费资源，而且对生态环境造成极大地破坏，损害了人类持续发展的能力。而“智慧城市”的建设，正是有效破解城市病问题，提高城镇化质量的重要举措。“智慧城市”的建设要坚持资源集约和环境保护，推动城镇化朝着绿色可持续的方向发展。

在一定程度上讲，“智慧城市”是城市信息化高级形态，与工业化、城镇化、农业现代化、信息化高度融合，在城市的规划和管理中引入智慧技术，将技术创新与绿色发展有机结合，转向绿色技术创新。绿色技术创新是推动经济转变，确保经济能源与生态环境的共赢发展，加快形成资源节约型和环境友好型的经济发展模式的重要手段。通过对水、能源、土地等资源进行科学规划和智能化管理，可以有效缓解城市发展的资源瓶颈压力，解决资源总量不足、使用效率不高的问题，并有效提升城市基础设施和公共服务的效率，提高城市系统的自我调节能力，推进绿色发展趋势，真正实现城市让生活更美好。

（四）“腾笼换鸟”与“一带一路”相结合，开放发展

改革开放 30 多年来，中国发展日新月异，成就举世瞩目，一个成功经验就是：对内坚持改革，破除一切阻碍生产力发展的障碍和樊篱；对外融入世界经济大潮，在经济全球化和社会信息化的过程中拓宽生产力发展空间。将这两者结合起来的就是开放。当前，中国的经济进入新常态，对“智慧城市”建设而言，这既是一种巨大的压力，又是一个难得的机遇。中国的“智慧城市”建设对内要通过“腾笼换鸟”，最终实现凤凰涅槃；对外要通过“一带一路”战略，走出去与引进来紧密结合。

中国经济新常态要求中国经济“转方式、调结构”并向纵深推进。“供需错位”已然成为中国经济持续增长的最大路障。从长期看，经济增长取决于长期潜在增长率，也就是资本、劳动力和技术进步。所以要实现长期可持续增长，仅靠需求侧的政策是不足的。必须通过改革、经济结构调整和科技进步，来提高潜在增长率，也就是改善供给侧。从供给端来说，就是针对企业自身的改革。这主要是增强企业盈利能力，从而增强企业的预期和信心。具体的改革举措有化解产能过剩、减轻企业税费、降低企业融资成本、简放政权助力创业创新等。简单来说，就是通过政策手段帮助企业应对目前的局面。淘汰僵化竞争力不强的，培育有市场竞争力的新产业和新产品，优化产业结构，使供给端变得更有活力具有多样性。供给侧改革为主，“三驾马车”为辅，从源头上缓解目前的局面，继续推动中国经济新一轮发展。

从我国自身经济发展情况出发，习近平总书记提出了“腾笼换鸟、凤凰涅槃”。“腾笼换鸟”，就是要主动推进产业结构的优化升级；“凤凰涅槃”，就是要摆脱对粗放型增长的依赖，大力提高自主创新能力。可以说，腾笼换鸟是手段，凤凰涅槃是目标。在发展速度换挡期、发展方式转变期、经济结构调整期和增长动力转换期叠加的关键时期，只有通过老鸟出，新鸟进，并扎牢笼子才能实现中国经济的凤凰涅槃。对当前中国供给侧竞争力不足、存在大量“僵尸企业”等问题，我们必须有四个“一批”的发展思路：以壮士断腕的勇气，淘汰一批两高一低的产业；打破利益樊篱束缚，改造一批支柱性传统产业；充分利用“互联网＋”，升级一批具有竞争力的产业；借鉴工业 4.0 的模式，培育一批战略性新兴产业。“智慧城市”建设，正是发展和培育新鸟的契机与土壤。城市是经济发展的主战场，中国经济增长不能再像以前那样靠投资拉动，而必须

抓住经济“减挡期”加速化解产能过剩、推动产业转型升级。这也是“腾笼换鸟”的题中之义。

中国经济的转型升级，对内需要腾笼换鸟，对外则需要抓住“一带一路”的战略机遇，实现开放发展。党的十八届五中全会提出开放发展理念，并从七个方面对开放发展进行了战略部署：开创对外开放新格局，完善对外开放战略布局，形成对外开放新体制，推进“一带一路”建设，深化内地和港澳、大陆和台湾地区合作发展，积极参与全球经济治理，积极承担国际责任和义务。可以说，“一带一路”建设已成为中国新时期开放战略的一个重要标志，它承载着新时期中国打造全新对外开放格局的重任，也集中体现着开放发展理念在中国及其周边地区的具体实践。两年来得到60多个国家积极响应的“一带一路”建设，已成为当前中国坚持对外开放的新举措，也是开放发展理念最为集中的体现。“一带一路”倡议的提出，就是在新时期、新形势下中国全新开放理念的体现。中国“智慧城市”建设必须要抓住“一带一路”这个战略机遇期，引进来和走出去相结合，支撑我国城市的健康发展。

（五）着重加强公共服务产品的普及和推广，共享发展

党的十八届五中全会首次提出“共享发展”的理念，坚持共享发展必须坚持发展为了人民，发展依靠人民，发展成果由人民共享，这是我国发展理念的巨大进步。“智慧城市”建设的定位、目标和重点都要坚持以人为本，实现人民共享“智慧城市”建设的成果，因此，建设“智慧城市”要加强软件和硬件的同步建设，优先发展公共产品（服务）领域，实现共享发展。

加强“智慧城市”的硬件设施建设，大力发展城镇互联网、物联网，推进智能交通、智能建筑、智能电网等先进基础设施，加强涉及城市发展的公共领域的科技开发，推进建筑业、住宅产业、建材产业的技术更新，加大新型废弃物资源化技术的开发力度。加强智慧城市的软件设施建设，把老百姓满意度作为智慧城市建设的出发点和落脚点。地方政府应通过实行智慧政务，发展智慧产业，建设智慧城区，创建智慧交通和物流体系，加强构建完善的智慧公共服务体系，最大程度上做到“智慧城市”的发展成果由百姓共享。“智慧城市”把城市资源以及人们的经济社会活动架构在互联互通的信息网络上，在促进城市深入智能的同时，也使得城市运行安全和个人隐私保护面临更大的威胁，因此，特别要加快推进与信息安全相关的法律法规体系建设，加快制定和完善有关信息基础设施、电子商务、电子政务、信息安全、个人信息保护、知识产权保护等方面的法律法规，明确信息资源的责任主体和监管主体，为“智慧城市”创造良好的法制环境，从法制上保障其安全高效运行。

>>三、绿色科技是中国建设“智慧城市”的重要驱动力<<

建设“智慧城市”，需要资源节约型、环境友好型的科学技术体系，需要运用绿色科技解决经济发展中的新问题，这会对科技提出更高的要求，同时也为科技发展提供方向，绿色科技也

就在这一过程中应运而生，并逐渐成为“智慧城市”建设的重要驱动力。

绿色科技贯穿于产品的设计、生产、消费和处理全过程，绿色技术创新在原则理念上能最大限度减少工业技术中对环境造成的危害以及随之导致对人类健康的损害。传统的生产方式主要依靠在生产过程的末端安装废弃物净化装置，采用机械的、物理的、化学的和生物的方法，对废水、废气、废渣进行净化处理。这种方法将环境保护的重点放在生产的末端，对生产过程中产生的污染物控制力度降低。绿色科技驱动绿色发展强调从产品的研发、材料设计、生产、后期处理等各个过程，包括资源综合利用技术、清洁生产技术、废物回收和再循环技术、资源重复利用和替代技术、污染治理技术、环境监测技术以及预防污染的工艺技术等绿色技术支持，这些绿色技术是构筑绿色经济的物质基础，是绿色发展的技术依托。绿色科技着眼于绿色设计、绿色制造、绿色消费、污染处理的全过程，运用绿色技术从根本上消除造成污染的根源，实现集约、高效，无废、无害、无污染的绿色生产。

(一)绿色科技对“智慧城市”建设具有重要意义

目前，国外对于城市发展科技战略的研究范围广泛，其中，在城市发展的科技支撑战略、产业技术路径探索和绿色科技发展决策模拟三个方向的研究得到了广泛重视，各国在这些领域都展开了积极探索，一系列成果和政策相继出台，不断丰富人们对“智慧城市”发展科技战略的认识。

科技创新是城市发展的关键，尽管国内外学者的研究视角不尽相同，但是，绝大多数学者都认为科技创新带来的技术进步是城市发展的坚实基础，在“智慧城市”建设的大背景下，坚持完善科技创新体制，实施更加科学的科技创新战略才能进一步激发“智慧城市”的建设活力。进入新世纪以后，各国在城市发展的科技支撑战略方面展开了大量的研究和实践。2009 年 9 月，美国联邦政府发表了《美国创新战略(2009)》，将新能源技术开发和应用列为国家未来发展的重点领域，计划在未来十年内积极参与国际合作，充分利用全球可持续发展的浪潮，凭借强大的科技创新能力，全面提升美国在全球新能源产业中的竞争力。2009 年 6 月，日本政府公布了《未来开拓战略》，该战略将低碳革命作为重要支柱，推动日本实现绿色发展，提升国际竞争力。2010 年，欧盟公布了《欧盟 2020 战略》，该战略规划了欧盟在下一个十年中的发展重点，其中包括“通过提高能源使用效率和竞争力实现可持续发展”。上述各国的战略一方面满足了“智慧城市”建设的需求；另一方面释放了强大的科技创新潜力，刺激了经济增长。这显示出科技支撑战略对于经济社会发展具有广泛而深入的积极作用。

(二)发展绿色科技首先需要进行三个方面的创新

提升绿色科技水平是一个系统工程，既要有发展理念创新，又要有技术创新，要切实加强理念创新、体系创新、能力创新，促进绿色科技水平提升。

首先是发展的理念创新。提升绿色科技水平，要转变发展理念。传统经济增长模式下对资源的大量掠夺性开采和巨大的浪费，致使生态平衡遭到严重破坏，导致环境污染和一系列其他问题，城市的发展需要尽快实现向“绿色”跨越式转变。绿色科技是改变以传统工业技术为核心的粗放型发展方式的重要保证，有助于提高自然系统中的资源利用效率与环境治理能力，在促进经济增长的同时，确保维持良好的自然生态环境，绿色发展的这种理念无疑恰好符合人们对未来发展的期许和愿望。

其次是加强绿色体系创新。绿色科技是“智慧城市”建设的重要驱动力。要努力构建并逐步完善科技创新体系，建设以企业为主体、市场为导向、产学研相结合的技术创新体系，全面提升企业的自主创新能力，建立产学研创新体系，充分发挥科研院所、高等院校在促进产业结构调整和高新技术产业发展中的重要作用，构建特色各异区域创新体系也至关重要，区域创新体系要着重于区域与国家创新力量的有机结合，提升科技创新水平对“智慧城市”的支撑作用。

最后是提升科技创新能力。在“智慧城市”建设的大环境下，提高科技创新能力是客观需要的，要从科技投入和人才培养方面下大功夫。加大科技投入力度，尤其加大节能减排、清洁生产等方面的技术资金投入，设立研发、应用方面的专项基金，加大科技研发力度和科技成果转化力度。大力推动绿色科技的示范推广，在资源、能源、环境、先进制造等各领域开展绿色科技示范，通过示范效应将更多的科技研发成果转化到实际生产过程中。同时要加强科技人才培养，加强培育一批绿色科技创新人才和创新团队，为“智慧城市”的发展奠定良好基础。

（三）绿色科技为“智慧城市”建设提供有效支撑

绿色科技为“智慧城市”发展提供技术支撑，“智慧城市”建设必须以技术创新为前提。高成本和低收益、竞争力缺乏是绿色产业发展面临的主要障碍，“智慧城市”发展需要绿色技术创新，积极采用无害化的新工艺、新技术，实现少投入、低污染、高产出，尽可能把污染物的排放消解于生产过程之中；需要通过技术变革降低单位成本，提高经济竞争力，使资源的再利用有利可图。为了有效地解决资源能源危机和环境破坏问题，推进“智慧城市”建设，必须将技术创新与生态学结合起来，实现技术创新的生态化转变，转向绿色技术创新。绿色技术创新是推动经济转变的重要手段，确保经济能源与生态环境的共赢发展，加快形成资源节约型和环境友好型的经济发展模式，实现从传统粗放型的掠夺式发展走向节约型的和谐式发展道路，最终加快社会主义生态文明建设。

支撑传统发展模式的科学技术是一把“双刃剑”，既促进经济增长，也造成资源过度消耗和环境破坏，带来严重的资源环境问题，而传统发展带来的问题需要运用科技的进一步发展来解决，绿色科技就是解决这些问题的有效手段。绿色发展要求良好的社会制度环境作保障，这种良好的制度体系为技术的创新提供了可能，政府的制度创新和政策支持对绿色科技创新活动具有明显的激励效应和导向作用，同时，制度的创新能够在一定程度上降低企业创新活动的交易成本和风险、减少不确定性，促进企业积极参与科技创新活动。绿色科技重点关注的是技术水平的进步和应用，指对减少环境污染，减少原材料、自然资源和能源使用的技术、工艺或产品的总称。大力发展绿色科技，要求从企业生产方式出发，充分开发利用绿色技术，建造绿色企业，发展绿色生产，促进“智慧城市”建设。

“智慧城市”发展是一个动态发展的过程，城镇化是每个国家不可逾越的发展阶段，对整个经济社会有着巨大的影响，建设“智慧城市”其实就是实现从传统发展到绿色发展的最佳路径，因此，“智慧城市”的建设致力于提高城镇化效率，尤其是要实现资源合理利用和环境质量的提升。通过科技进步和技术创新，鼓励资源节约型和环境友好型产业的发展，抑制高污染、高能耗产业的扩张。将资源成本内化到企业的生产活动中，必将促使企业在生产过程中追求技术的更新和资源使用效率的提高；通过将环境污染的成本内化到企业的生产活动中，必将迫使企业寻求降低污染以减少成本的方法，这些都将促进经济增长的效率和质量。

>>参考文献<<

[1]辜胜阻，王敏. 智慧城市建设的理论思考与战略选择. 中国人口·资源与环境，2012(5).

[2]辜胜阻. 论国家信息化战略. 中国软科学，2001(12).

[3]杨再高. 智慧城市发展策略研究. 科技管理研究，2012(7).

[4]IBM. 智慧的城市在中国. IBM 公司官方网站，2011.

[5]蒋建科. 智慧城市建设别陷入更大信息孤岛. 人民日报，2012-05-21.

[6]钱大群. 以世博为契机推动智慧城市建设. 学习时报，2010-05-31.

[7]钱振明. 当代城市问题挑战传统城市管理. 苏州大学学报(哲学社会科学版)，2004(6).

[8]IBM. 发布“智慧的地球”战略. 计算机与网络，2009(Z1).

[9]王健伟，张乃侠. 网络经济学. 北京：高等教育出版社，2004.

[10]三百城砸三千亿争建智慧城市. 2012 年底达 400 个. 经济参考报，2012-07-19.

[11]王丽. 青岛市建设“智慧城市”的思考. 中国信息界，2011(6).

[12]王晔君. 中国电子信息领域对外技术依存度超 80%. 中国新闻网，http://www.chinanews.com/cj/2011/09-20/3339514.shtml，2011-09-20.

[13]史璐. 智慧城市的原理及其在我国城市发展中的功能和意义. 中国科技论坛，2011(5).

[14]IBM 商业价值研究院. 智慧地球赢在中国，http://www－900.ibm.com/innovation/cn/think/downloads/smart_China.pdf.

[15]IBM 商业价值研究院. 智慧的城市在中国，http://www.ibm.com/cn/services/bcs.iibv.

[16]杨清霞．怎样迈向智慧城市．决策，2009(12).

[17]李虹．物联网：生产力的变革．北京：人民邮电出版社，2010.

[18]张福生．物联网：开启全新生活的智能时代．太原：山西人民出版社，2010.

[19]梁勇．数字城市建设与管理．北京：中国农业大学出版社，2005.

[20]倪鹏飞．中国城市竞争力报告．北京：社会科学文献出版社，2003.

[21]钱志新．大智慧城市——2020 年城市竞争力．南京：江苏人民出版社，2011.

[22]宋涛，郭迷．城市可持续发展与中国绿色城镇化发展战略．北京：经济日报出版社，2015.

[23]宋涛．中国可持续发展的双轮驱动模式：绿色工业化与绿色城镇化．北京：经济日报出版社，2015.

北京市雾霾现状及其治理

刘一萌

>>一、北京市雾霾的状况和影响<<

(一)空气状况

近年来，我国华北、华东和华中等地区经常出现大范围连续雾霾天气，北京的雾霾受到更大关注。以美国驻华大使馆空气质量监测站从 2008 年开始记录的每小时空气质量数据为例，北京 PM2.5 每小时的平均浓度约 100 微克/立方米，比美国国家环境保护局(U. S. Environmental Protection Agency)设置的 15 微克/立方米的年标准高出 6 倍多。2013 年 1 月 12 日是北京自 2008 年以来污染最严重的一天，被驻京外国人士称为“空气末日”，当天的 24 小时平均 PM2.5 浓度曾经达到 569 微克/立方米。与美国环境保护局所设 24 小时 PM2.5 平均浓度 35 微克/立方米的标准相比，这一水平竟然超标 15 倍之多。在中国 500 个最大的城市中，仅仅不足 1%的城市达到世界卫生组织(WHO)推荐的空气质量标准，而中国在世界上污染最严重的 10 个城市中就占了 7 个。

雾霾是特定气候条件与人类活动相互作用的结果。雾是由大量悬浮在近地面空气中的微小水滴或冰晶组成的气溶胶系统，而霾则是空气中的灰尘、硫酸、硝酸等颗粒物组成的气溶胶系统。雾霾天气是一种大气污染状态，雾霾是对大气中各种悬浮颗粒物含量超标的笼统表述，尤其是 PM2.5(空气动力学当量直径小于等于 2.5 微米的颗粒物)被认为是造成雾霾天气的主要“元凶”。在高密度人口的经济及社会活动过程中，必然会排放大量细颗粒物。如果排放超过大气循环的能力与承载度，这些细颗粒物的浓度将不断积聚，在遇到静稳天气等不利于扩散的气象条件共同作用下，非常容易出现大范围的雾霾。

2015年环保部发布了2014年全国重点区域和74个城市空气质量状况。根据发布的报告，北京市的达标天数比例仅为47.1%，与2013年相比下降1.1个百分点，PM2.5年均浓度为85.9微克/立方米，与2013年相比下降4.0%。京津冀区域PM2.5、PM10、二氧化硫(SO_2)以及二氧化氮(NO_2)年均浓度分别为93微克/立方米、158微克/立方米、52微克/立方米以及49微克/立方米，超标比例分别为165%、126%、30%、23%；一氧化碳(CO)日均值第95百分位浓度为3.5毫克/立方米，臭氧(O_3)日最大8小时均值第90百分位浓度为162微克/立方米。与另外两个重污染区域即长三角以及珠三角区域相比，京津冀地区空气质量更差。在过去5年中，北京优良空气持续的时间只占到23%，约55%的时间处于一般污染状态(PM2.5浓度介于35～150微克/立方米)，约22%的时间处于严重污染的状况。5年中，有437次PM2.5大于35微克/立方米的污染过程，平均每周1.7次。每次污染过程的持续时间平均值约为70小时，将近三天。85%的污染过程达到了严重污染，每次严重污染的持续时间平均为25小时，比优良空气的平均持续时间长4小时。图9依据美国大使馆公布的2015年全年每小时PM2.5数值绘制，可以看到北京的PM2.5值经常超过100微克/立方米，甚至达到200微克/立方米，小时最高的PM2.5最高值能达到700多微克/立方米。

虽然北京并非中国空气污染程度最严重的城市，但北京的空气污染确实居于全国最严重污染的前列。北京地域比较大，城市规模大，人口数量多、密度高，且作为首都代表着中国的形象，因此影响很大。

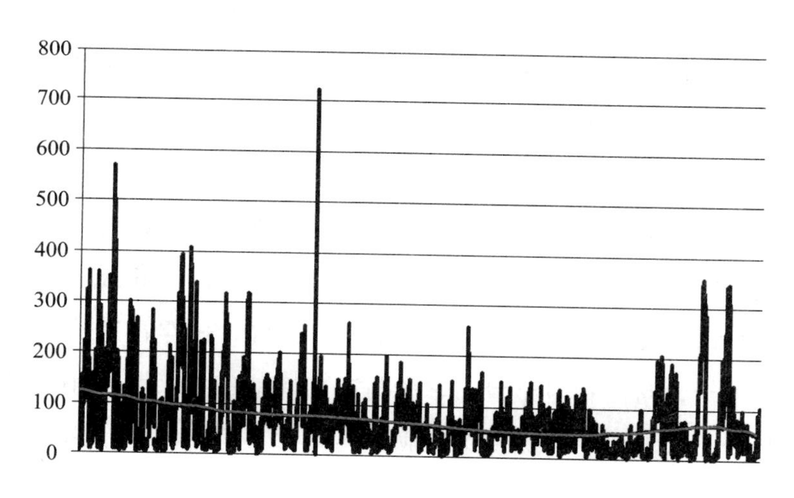

图9　北京2015年1月1日至12月31日美国大使馆PM2.5公开数据

(二)雾霾对居民健康的影响

霾对人体最大的影响在于呼吸系统。雾含有各种对人体有害的细颗粒、有毒物质达20多种，是普通大气水滴的几十倍。和雾相比，霾对人体健康的危害更大。霾中细小粉粒状的飘浮颗粒物直径一般在0.01微米以下，包括矿物颗粒物、海盐、硫酸盐、硝酸盐、有机气溶胶粒子、燃料和汽车废气等，它能直接进入并黏附在人体呼吸道和肺泡中。雾霾还使得传染病传播的风险变得更高。原因是：雾霾天气时，光照严重不足，接近底层的紫外线明显减弱，使空气中传染性病菌的活性增强；雾霾时气压降低，空气中可吸入颗粒物骤增，空气流动性差，有害细菌和病毒向周围扩散的速度变慢，导致空气中病毒浓度增高。雾霾天对人体心脑血管疾病的影响也很严重，会阻碍正常的血液循环，导致心血管病、高血压、冠心病和脑溢血，可能诱发心绞痛、心肌梗塞和心力衰竭等，使慢性支气管炎出现肺源性心脏病等。据北京市卫生局统计，每次北京有严重雾霾的时候，各大医院呼吸科的就诊患者会增加 20%～50%。

美国环保署 2009 年发布《关于空气颗粒物综合科学评估报告》，指出有足够的科学研究证明大气细颗粒能吸附大量致癌物质和基因毒性诱变物质，给人体健康带来不可忽视的负面影响，包括提高死亡率，使慢性病加剧，使呼吸系统及心脏系统疾病恶化，改变肺功能及结构，影响生殖能力，改变人体的免疫结构等。尤其需要引起重视的是，空气污染影响人类的生育能力，危害婴幼儿的健康。与成年时期暴露在污染环境里的群体相比，在胚胎和婴幼儿时期就受到高浓度空气污染物影响，成长后生育力有显著下降。

除了影响人类的生理健康，雾霾天还影响心理健康，不仅会导致人精神懒散、情绪低落，还会刺激或者加剧心理抑郁的状态。

(三)对环境和交通等的影响

雾霾天气阻碍陆面、空中和水面交通。雾霾天气能见度低，容易引发交通拥堵，甚至引起交通事故。从历年冬季雾霾天气发生交通事故的记录来看，在雾霾天气最容易发生的事故为追尾和连环事故，较为轻微的为刮擦事故。一方面，在雾霾天气，空气质量差，大气能见度变得更低，有时甚至不足 200 米，对行车不利。行车的标志、标线等交通安全设施辨别效果也很差，非常不利于驾驶员对于前方和道路环境做出正确的观察和判断。如果驾驶员看不清路标变更车道，极容易与邻车道车辆发生刮擦。还有行驶判断失误容易迷路，导致焦急的心态而不能集中精力驾驶，从而引发交通事故。另一方面，在雾霾恶劣天气，还存在道路方面的安全隐患。雾霾天气空气湿度明显增大，路面相对湿滑，车轮与路面间的摩擦系数减小，附着力降低，制动效能下降。特别是冬季，冰雾会在道路表面形成一层薄冰，使得制动距离延长、行驶打滑、制动跑偏等现象更容易发生，导致车辆失控。

雾霾还影响北京的空中交通，导致“飞机下不来，下来动不了”的情况。在严重雾霾天气下，能见度很低，飞往北京的航班纷纷返航，或者备降天津、石家庄甚至沈阳等机场，而已经降落的也常常被困在停机坪上无法移动。虽然在雾霾天能见度不好的情况下，可以采用盲降技术来提高航班起降效率，但在低能见度条件下着陆，大都是在能见跑道之前采用仪表进近方式，而在能见跑道之后，则转为目视进近方式。因此在低能见度条件下进近、着陆，最容易出现飞行偏差，还是很危险的。

(四)对经济和政治的影响

除了影响水陆空交通，雾霾天气还对供电系统、农作物生长等各方面均产生重要影响，雾霾天气对经济也有间接或直接的影响。雾霾天气使得北京成为一个对健康有害的旅游目的地，这大大损害了北京的形象，给北京旅游的品质造成了极大的负面影响，影响游客数量。作为肩负重大政治任务的首都，北京经常要举办各种重要活动，比如阅兵式或 APEC 会议等，为了确保天气良好，需要实施单双号限行，工业企业停、限产，土石方和建筑拆除工地停工等空气质量保障措施，从而对北京甚至周边地区的经济发展产生一定的负面影响。例如，为保“阅兵蓝”，北京对 1927 家工业企业采取了停、限产的措施，与 APEC 会议相比，停、限产增加了 15 倍左右。京津冀等七地近 9000 个建筑工地实行停工，甚至对北京周边的河北、天津、山西、山东等地也启动了空气质量保障措施，河北多个市区实行了单双号限行措施。

当然，雾霾天气对经济的发展也会产生一定程度的“正面”影响，例如，雾霾天气的发生促进了环保型企业的发展。雾霾也使人们认识到传统能源的弊端，从而转向了对环保能源的关注，尤其是新能源产品的需求量逐渐增大，还促使国家提升油产品的质量标准，有助于这些产品提高市场竞争力。另外，对医药行业的发展也产生了“正面”影响，包括刺激口罩、空气净化器和 PM2.5 监测设备等的销量。当然，这些除了促进提高产品质量和开拓新能源等方面外，在很大程度上还是为了抵消雾霾的负面影响。如果没有雾霾，这些活动的价值也就大大降低了。

(五)政府对大气污染防治高度重视

北京的空气质量问题不仅引起了全国人民乃至国际社会的高度关注，也引起了党中央和国务院的高度重视。2014 年 1 月 4 日，国家减灾办、民政部首次将危害健康的雾霾天气纳入 2013 年自然灾情进行通报。2014 年 2 月，习近平总书记在北京考察时指出：应对雾霾污染、改善空气质量的首要任务是控制 PM2.5，要从压减燃煤、严格控车、调整产业、强化管理、联防联控、依法治理等方面采取重大举措，聚焦重点领域，严格指标考核，加强环境执法监管，认真进行责任追究。北京市委市政府更是高度重视，痛下决心改善首都环境空气质量。

>>二、北京市雾霾产生的原因<<

(一)北京市大气污染的主要成分和源头

北京的城市规模很大，而且还在不断扩大，城市人口数量猛增，机动车数量、工矿企业数量和城市基础设施数量也大幅增加，这些都增加了废气的排放，工业生产、机动车尾气、建筑施工、冬季取暖烧煤等排放的有害物质很容易导致空气质量显著下降。一旦遇到大雾天气或者静稳天气，污染物就难以扩散，从而产生雾霾。只有研究清楚了微粒的化学成分，我们才能找到污染原因，从而进行有效地治理。

PM2.5 是大气污染治理的重点。PM2.5，即“细颗粒物”，具体来说是指环境空气中空气动力学当量直径小于等于 2.5 微米的颗粒物。2013 年 2 月，全国科学技术名词审定委员会将 PM2.5 的中文名称命名为“细颗粒物”。其化学成分主要包括有机碳(OC)、元素碳(EC)、硝酸盐、硫酸盐、铵盐和钠盐(Na^+)等。由于 PM2.5 可以较长时间地在空气中悬浮，因此，如果其浓度越高，则空气污染也越严重。地球大气的成分中，PM2.5 只是含量很少的组分，但其对空气质量和能见度均有非常重大的影响。与较粗的大气颗粒物比如 PM10 等相比，PM2.5 粒径小、面积大、活性强，容易附带重金属、微生物等有毒、有害物质，且在大气中停留时间长、输送距离远，因此对大气质量和人体健康有很大的影响。

国内外研究和治理经验表明，控制区域性 PM2.5 污染是一项难度非常大的系统工程，必须在综合分析基础上，提出有针对性的控制对策，才能有效缓解区域 PM2.5 污染。

PM2.5 包括一次排放和二次生成粒子两部分。以北京为例，二次生成粒子比例较高，尤其是在重污染时段，PM2.5 中二次生成粒子比例比一般时段有显著增加，占比高达 60%以上。NO_x 以及 VOCs 是 O_3 生成的前体物，O_3 生成增加了大气氧化性，又将空气中的 SO_x、NO_x、VOCs 转化为二次 PM2.5。北京最新的研究结果发现，二次生成粒子是目前 PM2.5 的主要贡献者，且比 2000 年有明显上升，主要成分为水溶性离子(占 53%)、地壳元素(占 22%)、有机质(占 20%)和碳(占 3%)，其他未知元素约占 2%，且 NO_3^-/SO_4^{2-} 的比例关系呈现增加趋势。水溶性离子中以 SO_4^{2-}、NO_3^- 和 NH_4^+ 为主，三者之和(SNA)占到 PM2.5 的比例约 50%，SNA 的浓度贡献是造成 PM2.5 污染的主要原因。因此，减少 NO_x 以及 VOCs 排放是改善北京空气环境质量的重要任务之一。

北京市 2013 年大气污染物排放各污染源贡献中，年排放 PM2.5 共 7.3 万吨，SO_2 9.4 万吨，NO_X17.7 万吨，VOC_S23.1 万吨。PM2.5 排放比例最大的为施工扬尘，占 32%；交通扬尘占 18%，生活源占 16%；其他污染源所占比例较小。SO_2 排放比例最大的为生活散烧，占 52%；集中供暖、其他工业及电厂分别占到 12%、11%和 10%；而工业供热、建材和炼油石化分别占 5%。NO_x 排放比例最大的为机动车，占 44%；生活散烧、电厂及非道路分别占 14%、13%和 11%；而建材、集中供暖和炼油石化分别占 7%、4%和 4%，其他工业和工业供热均占 2%。VOC_S排放比例最大的为机动车，占 33%；炼油石化占 24%；工业和集中供暖占 13%；餐饮和其他第三产业均占 9%；生活散烧、建筑涂装分别占 6%和 3%。

根据北京市 PM2.5 来源解析结果，区域传输贡献约占 28%～36%，本地污染排放贡献占 64%～72%。由图 10 可见，在北京本地污染贡献中，机动车、燃煤、工业生产、扬尘为主要来源，分别占 31.1%、22.4%、18.1%和 14.3%，餐饮、汽车修理、畜禽养殖、建筑涂装等其他排放约占 PM2.5 的 14.1%。北京市的重点工业源主要包括石化、电力和热力、水泥、工业涂装、印刷、医药和家具行业；生活源主要包括生活散烧、餐饮、汽修和其他三产；移动源主要包括机动车和非道路机械；无组织源主要包括交通、施工、建筑涂装、农药使用和其他扬尘等。

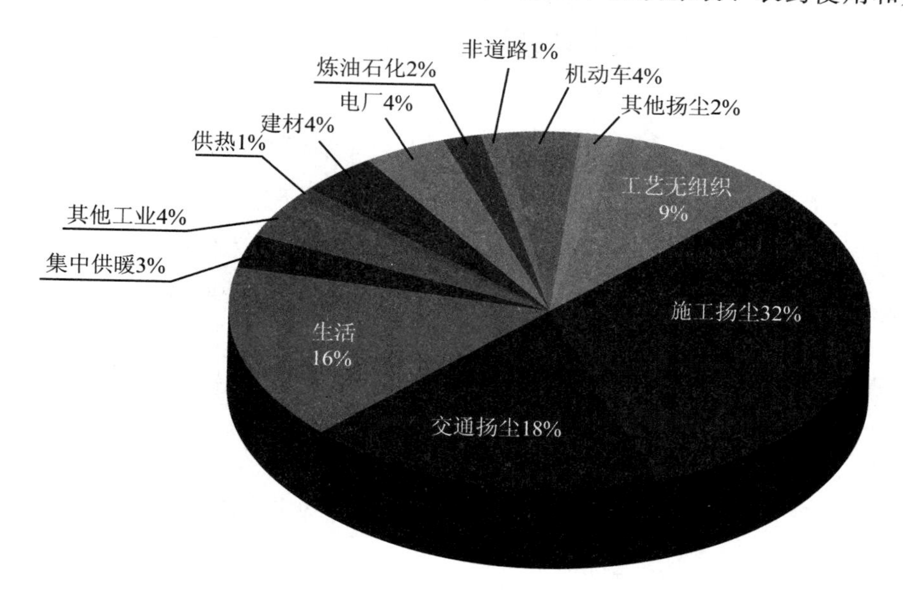

图 10　2013 年北京市 PM2.5 污染源构成

(二)北京的大气扩散条件和周边污染源

北京的大气扩散条件不利。首先，北京就像一张越摊越大的饼，城市“热岛效应”的强度很大。北京扩散风速也连年降低。北京只有在外来风力达到四级以上，各区县的风向才能一致，从而将弥漫在城市上空的污染空气刮走，但四级以上风力天气在一年中出现的频率很低。“热岛效应”的主要原因是，随着城市规模的显著增大，城市地表结构发生了显著变化。城市钢筋混凝土建筑白天吸收大部分太阳辐射热量，减弱了白天的纵向大气对流强度，到了晚间又释放蓄热，形成城市“热岛效应”与城市大气环流。城市规模越大，城市“热岛效应”与城市大气环流强度越大，城市大气环流强度越大，对外来季风的抵抗力越强。其次，从北京的地形和地理位置来看，也是十分不利的。每年秋末冬初雾霾偏多是北京特有的现象，这和北京三面环山的地形以及半湿润、半干旱气候特征有关，即西北高、东南低，西北、北部和东北方向有山环绕，东南方向是海，北京白天多是偏南风，容易造成污染物堆积。

PM2.5 污染区域性以及相关联区域污染传输也容易造成北京空气污染。PM2.5 的一次排放基本来源于工业排放和面源污染。北京近年来建设项目不断增长，是造成 PM2.5 浓度难以下降重要因素之一。在城市空气循环中，随着大气流通，北京周边城市间空气污染会逐渐流动，区域污染和本地污染会产生叠加。当然，北京的污染也可能传输到周边城市。如果再遇到大雾，就会与大雾附着在一起形成雾霾天气。可见，区域污染和本地污染叠加是形成北京雾霾天气的重要原因。

>>三、北京市大气污染治理历程和成效<<

近十几年来，北京在空气污染治理方面不断出台相关措施，采取了全面的治理办法。早在1999年，北京市政府就已经开始注意到大气污染治理的重要性，并公布了《北京市政府治理大气污染的28项措施》。2000年12月8日，北京市十一届人大常委会第23次会议通过《北京市实施〈中华人民共和国大气污染防治法〉办法》。2012年，北京市人民政府印发《2012—2020年大气污染治理措施》。

在2012年年底，环保部、发改委和财政部三部委联合发布《重点区域大气污染防治"十二五"规划》。不过，在2013年年初的大面积雾霾之后，中央高层认为之前低估了大气污染的形势，《重点区域大气污染防治"十二五"规划》设定的大气治理任务也比较保守，因此开始着手制定新的规划。同年9月12日，国务院发布《大气污染防治行动计划》，新规划的起止时间为2013—2017年。这是我国发布的第二个大气污染治理专项规划，也就是相传的大气"国十条"。

2013年，北京市为了改善空气质量，进一步贯彻落实国家《大气污染防治行动计划》，制定了《北京市2013—2017年清洁空气行动计划》。2014年1月22日，北京市第十四届人民代表大会第2次会议又通过了《北京市大气污染防治条例》。该文件分总则、共同防治、重点污染物排放总量控制、固定污染源污染防治、机动车和非道路移动机械排放污染防治、扬尘污染防治、法律责任、附则共8章130条。

自2014年3月1日开始，北京实施《北京市大气污染防治条例》并开展大气专项执法周行动。在3月至8月的执法周中，北京各区县环保部门共检查各类污染源单位8000余家次、市级环保部门共检查1000余家次，立案处罚环境违法单位615家，处罚金额1300余万元，违法单位及违法行为全部公开曝光。

北京市政府于2015年3月30日发布的《北京市空气重污染应急预案》规定：空气质量指数在200以上为空气重污染，依据空气质量预测结果，综合考虑空气污染程度和持续时间，将空气重污染预警由轻到重分为蓝、黄、橙、红4个级别。一级预警时，全市范围内依法实施机动车单双号行驶(纯电动汽车除外)，其中本市公务用车在此基础上再停驶车辆总数的30%。2013年发布的《北京市空气重污染应急预案(试行)》同时废止。

2015年12月30日，国家发改委和环保部会同有关部门共同编制的《京津冀协同发展生态环境保护规划》提出：到2017年，京津冀地区PM2.5年平均浓度要控制在73微克/立方米。到2020年，PM2.5年平均浓度要控制在64微克/立方米，比2013年下降40%。2016年1月1日施行新的《中华人民共和国大气污染防治法》在防治范围、防治对象、监管力度、惩罚力度上均较2000年修改版本严格，是继新《环保法》后的又一重要法律。

北京严格执行《北京市大气污染防治条例》，2015年全年压减燃煤600万吨，过去3年累计压减燃煤1100万吨，2015年相当于压减一年的燃煤量。目前，核心区已基本实现无煤化，城六区基本实现无燃煤锅炉，城乡接合部和农村地区基本实现优质燃煤全覆盖。1—11月，PM2.5累计平均浓度同比下降16.6%，大气污染治理取得阶段性成效。2015年，北京市两家老牌燃煤热电厂即石景山热电厂和国华热电厂也相继关停。这些都是本市治理大气污染和雾霾很扎实的举措。

虽然北京空气质量较之前有较大的改善，但目前PM2.5和PM10浓度太高，要达到国标限值，还需要长期不懈的工作。为进一步降低机动车排放带来的空气污染，北京市已制定第六阶段车用燃油标准草案，这可能是世界上最严格的机动车污染排放控制标准，估计将会在2017年开始实施。北京准备加强大气污染监测，在目前36个监测点基础上，增加一倍数量的监测点，并增加流动监测车，形成更为完整的监测网络。在治理大气污染方面将主要抓四个重点，即压煤、控车、减少工业污染、控制建筑工地各方面扬尘，并以四个重点为中心明确了2013—2017年84项重点任务，总投资达7700亿元。

以国家二级标准进行评价，在2006年之后北京市一直处于中度污染阶段，但总体有所好转，2008年最为接近大气质量标准。北京市大气环境质量在总体变化上呈现出污染物浓度逐渐降低趋势，反映出大气环境质量逐步得以改善的良好趋势。2015年11月9日，联合国环境署(UNEP)联合北京市环保局公布了《北京大气污染治理历程：1998—2013》评估报告的初步结果。评估结果表明，北京采取的三大领域控制措施：改善能源结构、治理燃煤污染，控制机动车排放及建立空气质量监测网，对北京市空气质量改善发挥了积极作用。

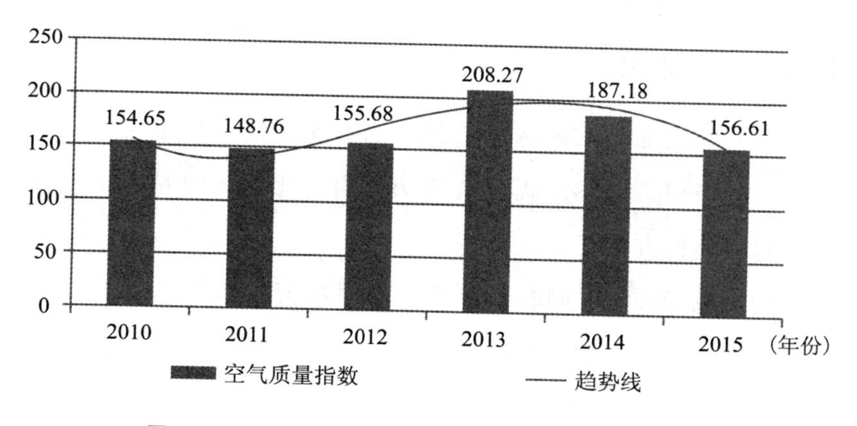

图11　2010—2015年北京第一季度空气质量平均指数

>>四、未来的治理方向<<

国际环保组织亚洲清洁空气中心在2015年11月16日公布了报告《大气中国2015：中国大气污染防治进程》，在对比2013年和2014年74个城市的数据后，认为中国大气防治效果已经初步显现。特别是发达城市，如北京，效果更大。不过，由于客观的气象条件是难以改变的，加之现有的减排力度和模式，北京可能较难达到大气“国十条”所定下的 2017 年的两个减排目标，即京津冀地区细颗粒物浓度比 2012 年下降 25%，北京市 PM2.5 的年均浓度控制在 60 微克/立方米。要实现这两个目标，北京必须进行能源消费结构和产业结构的变革性调整，以及环境法规的严格执行。同时，雾霾的治理还要在经济发展的基础上进行，而这是长期的过程。未来的治理方向主要体现在以下几个方面。

(一)转变经济发展方式，走新型工业化道路

在经济发展过程中，必须实现发展方式的转变。要从高能耗、高污染的发展方式逐步转变成低能耗、高效益的发展方式上来，继续降低第二产业的经济比重，提高第三产业的贡献比重。在保持经济增速和经济总量不出现明显下滑的前提下，同时实现经济发展方式的转变。对于高能耗、高污染的企业应该关门整顿，并促进这类行业生产方式的进一步转变，从而提高资源的利用效率。

要树立可持续发展的概念，坚定地走新型化、工业化道路，工业生产和环境保护两方面都不放松。对工业化生产中的污染环节，要加快技术革新和工艺优化，减少污染物的排放，促使企业加快能源结构转型。北京要大力发展金融、软件、旅游和文化创意等污染排放低的新兴产业，同时加快淘汰落后产能和工艺，深化工业污染治理，实行更严格的工业企业大气污染物排放标准，促使企业清洁生产。

(二)积极发展绿色交通，控制机动车污染

首先，要大力发展公共交通，鼓励绿色出行。包括加快轨道交通建设，优化公交网络，增强乘坐轨道交通和公交的吸引力，不断提高公共交通出行比例。同时，加快自行车道和步行道建设，鼓励市民采用绿色出行方式。

其次，要实施机动车总量控制，同时积极推广使用新能源汽车，鼓励单位和个人使用新能源汽车尤其是纯电动汽车，尽量扩大纯电动出租车。另外，还可以考虑压缩燃油汽车的摇号指标。

再次，采取经济鼓励措施，加快淘汰高排放老旧机动车的速度。

最后，加强在用车辆的污染控制。通过继续实施工作日高峰时段机动车按车牌尾号限行、老旧高排放车辆区域限行和适时征收机动车排污费等手段，降低在用车辆使用强度。

(三)优化能源结构，发展低碳经济

优化能源结构，大力发展清洁能源，控制北京地区的燃煤总量，构建以电、气为主的能源体系。要不断增加北京市电力、天然气等清洁能源的供应量，加快输变电线路及燃气管网等基

础设施建设，继续加大各类燃煤设施清洁能源改造力度，将北京市建成以使用电和天然气等清洁能源为主的城市。同时，应该大力鼓励和推进风电和光伏发电。

发展低碳经济，要在全社会内形成低碳经济的发展模式。首先，要提高工业生产过程中废气、废热资源的利用效率，以减少对生态环境的破坏。其次，要建立完善的低碳经济推行机制，对一些达不到低碳生产、低碳排放的企业进行强制停业整顿。最后，应通过宣传增强人们的环保概念，并加强对低碳企业的政策和资金支持，鼓励进行低碳产品的研发。

（四）绿色施工和道路保洁，遏制扬尘污染

首先，应该明确扬尘污染控制属地的责任。

其次，切实控制工地的扬尘污染。要大力推行绿色文明施工管理模式，控制施工工地土石方作业面积，减少裸露作业面。建筑施工工程和全市土石方施工现场须全封闭作业，尤其是五环路以内更要严格执行；落实工地边界无尘责任区；实施渣土运输车辆资质管理，实现渣土全密闭化运输，杜绝遗撒。

最后，应提高道路保洁标准，控制交通扬尘污染。道路须进行机械化吸尘保洁作业，城市主干路及施工工地周边道路须实行冲刷保洁作业，降低路面尘负荷，实现道路不起尘。

（五）加强生态建设，增加环境容量

首先，加大绿化力度。进一步推进“山区绿屏、平原绿网、城市绿景”三大生态屏障建设，重点提高平原地区绿化水平，增强环境的自净能力。

其次，扩大水域面积。包括湿地公园、滨河公园要积极建设，结合南水北调工程的实施，增加城市生态用水，减少扬尘，扩大环境容量。

最后，实施生态修复。加强对各类关停废弃矿区的治理，恢复生态植被和景观，要使开采岩面得到有效治理。

>>参考文献<<

[1]百度百科：词条“北京市空气重污染应急预案”，“细颗粒物”，“雾霾”，“PM2.5”.

[2]北京市人民政府．北京市2013—2017年清洁空气行动计划．北京日报，2013-09-13.

[3]北京市人民政府．北京市2012—2020年大气污染治理措施，2012.

[4]北京市人民政府．北京市政府治理大气污染的28项措施．北京晚报，1999-03-11.

[5]第一财经，北京市发改委：北京大气污染治理取得阶段性成效，第一财经APP，http://app.yicai.com/4731093.shtml，2015-12-26.

[6]国家发改委、环保部．京津冀协同发展生态环境保护规划，2015.

[7]蓝澜. 京津冀协同解决大气污染 预计 2020 年 PM2.5 浓度降 40%. 人民网，http://bj.people.com.cn/n2/2015/1231/c233354－27437456.html.

[8]缪海，王广. 浅谈雾霾天气对道路交通安全的影响及管理对策. 齐鲁法制网，http://www.qlfz365.cn/Article/kjww/201511/20151118084837.html，2015-11-18.

[9]首都科技发展战略研究院. 2015 首都科技创新发展报告. 北京：科学出版社，2016.

绿色产业篇

借助白酒产业绿色元素推动城市绿色发展——四川省泸州市调研报告之一[①]

李晓西

泸州自古以来就以盛产白酒而闻名，拥有着两千多年的酿酒历史，是中国浓香型白酒的发源地。依靠得天独厚的自然条件，泸州拥有“浓香鼻祖”泸州老窖和“酱香典范”郎酒两大中国名酒，其传统酿酒技艺已被列入国家首批非物质文化遗产名录，是国内唯一拥有两大知名白酒品牌的城市。

据统计，2009 年到 2013 年全市酒业占规模以上工业的比重分别为 43.7%、45.5%、50.8%、64.2%、69.1%，呈逐年上升趋势，5 年共上升了 25.4 个百分点。2013 年，酒业占比同比增长 13%，超过全市平均增速 1.7 个百分点，对全市工业的贡献率高达 79.2%，极大拉动了当地的工业增长，成为泸州工业快速发展的中坚力量。目前泸州有大小酒厂 700 多家，不同品牌的酒 1000 多种，而比较知名的品牌就有近 200 个。

依托传统酿酒产业优势，泸州市建立了总规划面积 82 平方公里的白酒产业园区，培育和发展基酒酿造 40 万吨、基酒储存 100 万吨、累计实现产值和服务性收入近 1000 亿元。可以说，泸州工业及城市经济的快速发展就是依赖酒业的快速发展，良好的品牌信誉、深厚的历史文化、精湛的工艺技术、雄厚的规模财力成为泸州白酒不断发展壮大的重要产业基础。充分发挥白酒产业内在优势与产业基础，围绕白酒产业链条向产业外围延伸扩展，带动激活已具有一定基础的关联产业，是泸州市绿色产业未来发展的关键。

(一)借助酿酒微生物与生物科技促进传统医药产业向生物医药产业转型

生物医药产业作为高技术产业之一，是国际公认的 21 世纪最具发展前景的高新技术产业之

① 2015 年 8 月 22—26 日，城市绿色科技发展战略北京重点实验室原主任李晓西教授率课题组赴泸州调研。成员有西华大学边慧敏书记、西南财经大学发展研究院晏凌副院长、院长助理王玉荣老师、北京师范大学经济与资源管理研究院岳鸿飞博士等。

一。从全球生物医药的发展实践看，当前世界已有 100 多个生物技术药物上市销售，另有 400 多个品种正处于临床研究阶段。生物技术药物已连续多年保持 15%以上的增速，是全部药品销售收入增速的两倍以上。2010 年，国务院印发《关于加快培育发展战略性新兴产业的决定》，将培育发展战略性新兴产业作为当前推进产业结构升级和加快经济发展方式转变的重大举措，生物医药被列为重点发展领域之一，并作为传统医药工业实现产业升级的重点方向。

泸州通过白酒产业促进当地生物医药产业的发展基于二者在核心技术上的相通性。酿酒的关键技术来自发酵微生物选育与培养，明代泸州特曲老窖池泥中计有的 400 多种微生物，至今仍有 200 多种未被探索，这些给生物技术的研究和发展提供了巨大的空间。当前，泸州老窖公司已应用现代生物技术开展传统发酵与酿造工艺改进，探索未知微生物种群，利用人工老窖池泥培养新型微生物。在这些微生物的探索与培育中，必将存在有益于人类身体健康、可用于治愈人类疾病的微生物种群。伴随着化学新药创制难度的增大，由微生物引发的生物技术药物将成为创新药物的重要来源，并为泸州的医药产业带来核心竞争力。

以酒业激活生物医药产业，可充分发挥当地白酒产业的雄厚基础，实现优势互补与良性互动。目前，泸州医药产业与省内其他城市相比，企业规模小，产业集聚程度低，资金短缺，科研成果产业化困难，生产能力不能充分发挥，成为制约企业发展的重要问题。医药产业是典型的高投入、高风险、高回报产业，市场进入门槛高，金融投资机构少，一般投资者进入困难。这些都使得企业缺乏有效的资金投入来促使高新生物医药技术的开发与研制。泸州的白酒产业经过百年发展，拥有雄厚的财力基础和较高的融资信誉与担保，较其他产业相比融资更为容易便捷，是支持医药产业发展的最强最优产业。医药产业拥有更为专业的人才队伍与科研力量，在医药产业团队的帮助下，泸州白酒也可发展“医疗酒”“保健酒”，满足人民群众日益提升的健康需求。

除技术上相通性与经济上的互补性以外，医药产业作为白酒产业首选的激活产业部门，具有较好的产业基础与强烈的转型需求。泸州素有“中医之乡、中药之库”的美称，拥有天麻、五倍子、佛手、黄檗、杜仲、安息香等 1444 种中药材，适合种植的药材近 3000 个品种，是全国重要的中药材产地之一。借助得天独厚的自然条件，泸州自 2010 年以来，在国家“十二五”重点扶持战略性新兴产业政策的大力支持下，把医药产业作为泸州工业突破和未来发展的重点方向，以期实现泸州经济转型升级。截至 2013 年年底，全市共有医药生产企业 18 家，其中规模以上企业 8 家，2013 年行业资产总额 8221 万元，同比增长 38.4%，医药产业累计完成投资 30 501万元，同比增长 310.3%，高出全社会固定资产投资增速 281.2%。

2011 年，泸州在泸县经济开发区建设四川最大的单产业园区，园区按照建设生态化、集约化、专业化现代医药产业园的发展思路，已初步形成现代中药、生物制药、化学原料药三大产业体系。园区以核心载体医药产业园为依托，集合了当地生物制药、科技孵化的关键资源，同四川大学、成都中医药大学、泸州医学院、中国中医研究院等知名院所合作，集中鼓励引导医药企业与泸州医学院等专业院校合资合作研发，搭建产、学、研合作平台，推动医药行业的技术创新。此外，园区还专门设立了医药产业发展专项基金，用于建设集研发、孵化、检测、中试、报批、融资等为一体的医药产业综合服务平台，对入驻企业从贷款贴息、上市融资、专利品牌、人才引进等方面给予扶持奖励，并在税费、用地、水电气等方面给予优惠。目前，园区已培育科瑞德制药、锦云堂制药、普仁医药等10余家医药生产、销售企业。2012年，全县医药产业实现产值6亿元，税收8000余万元。

医药单产业园将成为白酒产业激活医药产业的主阵地。依靠生物科研资源的集聚优势，白酒产业可重点融入医药产业化学制药、生物制药两大主业，借助白酒产业微生物资源与资金优势，引导园区内专业技术与人才团队，朝酿酒微生物的医药价值方向探索创新，激活医药产业园区生物制药的外延发展空间，在园区内部加大现代生物医药占以中药为代表的传统医药产业比重，使园区内医药产业产品种类得到丰富和完善，拥有完全自主知识产权、核心竞争力、高附加值的创新型产品。同时，还可实现白酒产业园区与医药产业园区的高度互通与融合，通过优惠条件，鼓励两大园区间的多方合作。

（二）依托酒城文化打造泸州旅游产业核心品牌

随着人们收入和生活水平的提高，旅游产业作为现代经济和社会发展的新兴朝阳产业拥有着不断扩大的市场空间，在国民经济中发挥着越来越重要的作用。因具有刺激消费、扩大内需、繁荣经济、增加财政收入的现实意义，旅游业拥有“无烟工业”的美誉，是新型的重要绿色产业部门。

泸州旅游资源十分优越。四川盆地南沿和云贵高原北缘过渡带赋予了泸州复杂多样的地形地貌与生态环境。市域内地质、地貌、植被、水体等自然构景要素复杂多样。市域内拥有地球上同纬度、低海拔罕见的合江佛宝亚热带原始常绿阔叶林，有被专家誉为地球北纬28度线上唯一保存完好的亚热带黄荆原始森林，生态旅游资源得天独厚。长江流域最清洁的大河——赤水河流经市区，此外还有四川省规模最大、最为典型的低山风光地貌——丹霞地貌。泸州拥有A级景区18个，位居全省第三，4A级旅游景区5个，国家3A级旅游景区5个，国家2A级旅游景区8个，全国红色旅游经典景区1个，全国休闲农业与乡村旅游示范点4个，省级乡村旅游示范区2个，省级旅游示范乡镇15个，省级旅游示范村29个，国家森林公园1个，国家级自然保护区2个。

2013年泸州市旅游总收入143.03亿元，接待游客211万人，2001—2013年泸州市旅游总收入年均增长率达25.8%，旅游业增加值占GDP的比重从2003年的3%增长至2013年的6.7%。按照国际通行标准，产业增加值占GDP比重达到5%以上，即被称为支持产业。按此标准，旅游产业已成为泸州经济增长的支柱产业，在经济增长中占有重要地位。

尽管泸州拥有极为优越的旅游资源，但严重缺乏具有核心竞争力和吸引力的精品拳头景区，开发档次较低，文化内涵不足，品牌影响效益不大。多数景区仅处在初步开发利用状态，还是以传统观光旅游为主，吸引的游客仅是短时间游玩观光，不能长时间停留，既不利于消费也不利于发挥旅游业的相关产业带动作用。走马灯式的观光缺少主题内涵与景区特色，极易给游人带来视觉疲劳，无法留下深刻印象。因此，泸州旅游产业的当务之急在于加快打造泸州精品拳头景区，将文化主题融入旅游产业。

泸州有着两千多年的酿酒历史，是闻名遐迩的“中国酒城”。酒城文化理应成为泸州最具重量的品牌资源，并应借此打造围绕酒城文化主题开展的旅游产业。位于城区的国宝窖池始建于明朝万历年间。它是中国现存建造最早、持续使用时间最长、保存最完好和唯一被作为全国重点文物保护单位的酒窖池，也是全国首批工业旅游示范点。位于古蔺县赤水河峭壁上的郎酒天然储酒库——天(地)宝洞，有“酒中兵马俑”之称，已被载入世界吉尼斯纪录。

人们一来到泸州就会想到老窖与白酒，这种已在人们心中根深蒂固的泸州文化形态，将成为泸州旅游最重要品牌与吸引力。借助打造“中国白酒金三角”的东风，泸州应充分发挥现成的品牌效益，打造经营好“中国酒城·醉美泸州”的主题旅游品牌。泸州应依靠泸州老窖、郎酒两大白酒企业，连同百余家酒厂，联手打造国际白酒文化节，使其成为泸州旅游产业飞跃发展的重要引擎；而在地方符号的基础上，将酒产业、酒文化、酒体验浓缩到城市旅游产业之中，使观光游变为酒城深度游、酒文化主题游、白酒体验游。与此同时，其他景区与名胜区也要大力挖掘同白酒相关联的旅游资源，配合酒城文化主题，重点体验酒城特色。泸州酒城旅游业的发展也将极大促进当地的白酒消费，带动白酒产业发展，同时依托主要白酒企业建立当地龙头旅游企业集团，充分统筹结合白酒与旅游资源，实现两大产业互利双赢。

当前，景区交通是制约泸州旅游产业发展的突出瓶颈。从高速公路、国省干道到主要旅游景区及景区之间的通道建设十分滞后。从市区到黄荆、太平、佛宝、尧坝等主要景区，以及自怀、叙永县城等景区间旅游连接线均未达到旅游通道要求，严重制约旅游产业发展。围绕酒城文化打造精品旅游线路，将调动白酒产业及民营资本投资到市政交通路网乃至沿线基础设施，促进本地社会发展，减少财政支出压力。

(三)围绕白酒文化挖掘泸州文化产业资源

文化产业也是促进经济实现绿色增长的重要产业。泸州作为拥有 2000 多年历史的文化名城，文化底蕴深厚。红军长征最负盛名的“四渡赤水”战役有“三渡”发生在泸州；地处汉民族与少数民族的边界地带，汇聚了包括苗、彝、回等 12 个少数民族文化；明清时代建筑风格的名镇群坐落泸州市中；古建筑、古寺庙等历史遗迹众多。美学大师王朝闻、文艺大师凌子风、国画大师蒋兆和均出自泸州。白酒文化、生态文化、红色文化、民俗文化、长江文化、宗教文化等文化资源丰富汇集泸州城。

然而长期以来，泸州文化产业发展十分涣散，没有抓住核心资源形成优势汇聚之势，产业群龙无首且特色不明。泸州最大的文化根基来自白酒文化，自古以来美酒与文学就总是相伴出现，古今中外多少文人骚客以酒会友，以酒会诗，留下无数墨宝与佳话。泸州应牢牢抓住白酒与文学艺术之间的内在联系，以白酒为基础筹划大型文化交流活动，通过汇聚社会名流与艺术大师，点活当地文化产业，实现白酒与文学的对接。

泸州是汉族和少数民族的交汇处，汇聚了多种少数民族，少数民族文化与白酒文化的结合又是泸州文化产业发展的重要方向。在少数民族的文化传统和大型节日中，许多通过美酒烘托营造节日气氛，这种美酒与民族活动间的内在联系也正是酒城文化独特的优势。依靠白酒产业与酒城文化举办少数民族大型活动，既弘扬了文化传统，又结合白酒打出本地文化品牌，这些均可成为本地文化产业发展的重要内容。

依托泸州酒城文化实现与国际洋酒文化交流对接，打造国际酒文化之都。当前，泸州白酒产业园区已初具规模，名酒名园、酒镇酒庄项目已建成营业。在此基础上，泸州可加大开放力度，引进国际洋酒企业与洋酒文化，举办国际酒文化节，从宣扬我国白酒文化，展示国际洋酒文化中，寻找文化契合与融合之处，丰富本地酒文化产业。

泸州文化产业资源紧紧嵌入当地旅游产业当中，借助旅游产业得以推广和宣扬，然而旅游产业中的文化资源并未得到充分挖掘和利用。例如，黄荆老林景区不仅是生态资源的观光地，也是古代皇帝保护的资源宝地，具有丰富的文化历史故事，景区名称若变为“皇禁宝林”，将大大增加景区吸引力与文化内涵。张坝桂圆林是本地唯一盛产桂圆的林园，而折桂寓意金榜题名，比喻高中状元，基于折桂寓意，在桂圆林中设立折桂园，将文化要素融入景区当中定能增加景区影响力。诸如此类，泸州第一窖、乾坤酒堡等泸州特殊景区，一定要用心挖掘潜在的文化资源，以文化产业支撑当地旅游产业。

(四)依托白酒产业带动本地粮食种植、农作物加工等产业发展

绿色产业的最终落脚点还是要回到拉动居民收入水平，提高本地劳动就业率的方向上来。泸州人口城镇化率为43.29%，一多半的人口常住乡村，以农业种植为主要生产方式，全市农作物总播种面积481 227公顷，占全市辖区面积的40%，从农村人口与农用土地面积上看，农业在泸州的经济社会中占有绝对比重。

白酒产业作为泸州核心的优势产业，带动激活了当地农业产业发展，增加了农民收入，而且对本地的社会发展与经济建设具有格外重要的意义。白酒的酿制离不开高粱、玉米、小麦等粮谷原料。白酒产业的壮大最先带动的就是粮食种植产业，这种紧密的上下游产业关系给白酒工业反哺本地农业带来了必然性。

当前，泸州已建成的白酒产业园中规划了100万吨有机高粱种植园，以期匹配白酒生产的原料供应，依靠名酒名园打造名村名镇，加速农村城镇化步伐，引导农民种植高粱等酿酒原材料，引领本地农业向产业化方向发展，促进本地农业经济发展。同时，园区引进中粮集团、中远物流等国内知名企业，配合本地粮食的收购与运输，多方位支撑农业发展。

泸州白酒产业拥有雄厚的产业基础与经济实力，拥有较强反哺农业发展的实力。白酒销量与需求的增加，将直接带动谷原料的需求，给农业的粮食种植带来巨大的市场空间，增加农民收入，提升就业率。白酒产品作为农业典型的产业链延伸，极大地带动农作物加工产业的生产，增加传统农业附加值，是对农业本身的延伸与拓展。与此同时，白酒产业可依靠自身实力，帮助本地实现新农村建设，通过支持农机装备、扩大种植面积等方式加速当地农业朝机械化、现代化方向发展。本地种植的粮食与当地酒业实现点对点对接，极大地降低了因市场需求变动、价格调整带来的粮食堆压等风险。此外，白酒产业可利用自身资源，加快优质酿酒粮食品种的培育与研发，给予粮农更易种植、产量更多的粮食品种，使泸州的农业与农民以白酒产业担保和支撑，拥有更加优越的发展与致富环境。

在现有科学技术的支持下，白酒产业与农业的结合发展将成为循环经济的典型代表。高粱、玉米等粮谷秸秆粉碎后，可用作建筑填充材料，经酿制发酵后形成的酒糟可用作生物质发电。这些均可以优惠的价格服务农村发展，供农民生产和生活使用，将循环经济的效益发挥到最大化。

(五)依靠白酒产业集聚优势，促进配套服务业发展

泸州作为盛产白酒的中心城市，拥有较为明显的产业集中优势。其白酒产业园区除酿制和储存白酒以外，还规划建设了国家固态酿造工程技术研究中心、国家酒类加工食品质量监督检测中心、国家酒类包装产品质量监督检验中心和中国白酒交易中心四大国家功能中心，可充分发挥相关配套服务业的发展。其中，中国白酒交易中心成为“中国白酒商品批发价格指数”发布的重要平台，实现传统产业与现代金融业的结合。

依靠现有产业集中优势，将泸州打造成中国白酒产业综合服务的核心城市，是泸州未来调整经济结构，推动产业升级的另一举措。白酒产业是典型的第一、第二、第三产联动产业。酿酒的原材料来自农业种植的谷物，经过工业加工酿制形成白酒，再经装瓶、印制、包装、物流等配套服务成为最终的消费产品。在此过程当中还会涉及机械制造、玻璃制造、调制研发、酒品质检等环节，产业链条较长，带动效应显著，涉及的服务领域范畴广泛。泸州依靠白酒产业链将拓展一大批白酒服务行业，提升本地第三产业占比。

在白酒产业综合服务的基础上，未来泸州将更容易吸收和引进一大批白酒酿制、调制、甄别、检验等优秀人才，增强“酒城”核心竞争力。在“中国白酒金三角”中扮演连接内外的重要角色。除综合服务外，泸州还可成为白酒研发、新酒发明的重要基地，将白酒的研发与医药、文化、旅游等产业相结合，利用已有品牌不断向外围扩散。同时，利用现有白酒产业园区的优越条件，开展品酒师、酿酒师培训班，成为白酒教学科研中心。

中国工业碳排放绩效的区域差异及影响因素研究——基于省域数据的空间计量分析[①]

韩　晶　王　赟　陈超凡

科学合理地测度我国不同区域碳排放绩效及实证分析影响碳排放绩效的各个因素对于推动经济可持续发展具有重要意义。文章首先通过 DEA-Malmquist 指数对 2005—2011 年全国 30 个省市的工业碳排放绩效进行测算，然后采用空间自相关检验和空间散点图分析碳排放绩效的空间集群状况，最后建立空间滞后模型和空间误差模型对工业碳排放绩效的影响因素进行研究。研究发现：第一，我国碳排放绩效水平总体呈现上升态势，但三大区域之间存在较大差异，东部绩效最高，中部次之，西部最低，差异主要来自技术进步的差距；第二，我国碳排放绩效存在显著的空间相关性，具有高水平区域集中，低水平区域聚集的特点；第三，经济发展、对外开放、要素禀赋对碳排放绩效具有正向冲击，能源结构、产业结构对碳排放绩效的影响不稳定，不同影响因素的作用效果在东、中、西部之间存在差异。

>>一、前言<<

随着全球气候变暖，气候异常现象不断出现，国际减排呼声日渐高涨。中国作为最大的发展中国家，既面临着温室气体减排国际新框架的艰难谈判和不同利益集团在政治外交上的博弈，同时也面临着国内资源生态环境承载力不足的巨大压力和挑战，减排压力尤为突出。发展低碳经济的核心是提升碳排放绩效，而科学合理地测度我国不同区域碳排放绩效及实证分析影响碳排放绩效的各个因素对于促进工业低碳转型、推动经济可持续发展具有重要意义。

对于碳排放绩效的测算研究，多数学者已由最初的单要素测算思路向全要素测算转变，如

---

① 基金项目：教育部新世纪优秀人才支持计划“中国工业绿色发展水平测算与绿色转型机制设计”(项目编号：NCET-13-0052)，国家社科基金项目“我国制造业应对碳关税的预警机制与系统策略研究”(项目编号：12CJY037)。

Zaim & Taskin(2000)、Zofio & Prieto(2001)采用DEA模型对OECD国家和地区二氧化碳排放绩效进行了测算与评价。王群伟等(2010)借鉴Zhou(2010)的方法，在综合考虑能源、资本、劳动力等相关要素的基础上，构造了一种可考察动态变化的DEA-Malmquist二氧化碳排放绩效指数。华坚等(2013)在剔除了环境变量和随机误差的基础上，利用三阶段DEA方法和线性数据转换函数法来评价中国省际区域的二氧化碳排放绩效，为真实测度二氧化碳排放绩效提供了可行的方法。刘玉飞和石奇(2013)利用含有非合意性产出的DEA模型构建了工业碳排放绩效指数，测度了我国五大区域2005—2010年工业碳排放绩效水平。随着对碳排放问题研究的逐步深入，学者们开始关注影响碳排放绩效的诸多因素。如徐国泉(2006)、Ma&Stern(2007)运用碳排放因素分解法发现，能源强度、能源结构和经济增长对中国的CO_2排放具有重要影响。杜立民(2010)基于省级面板数据分别在静态和动态面板数据模型框架下，考察了重工业比重、城市化水平等因素的影响，结果显示重工业比重、城市化水平和煤炭消费比重都对我国的CO_2排放具有显著的正影响。陈诗一(2011)对改革开放以来中国工业两位数行业碳排放强度变化的主要原因进行分解，发现能源强度降低或者能源生产率的提高是碳排放强度波动性下降的直接决定因素，能源结构和工业结构调整也有利于碳排放强度降低。查建平等(2013)从工业结构、能源结构等七个维度出发，运用面板数据模型定量分析了各因素对工业碳排放绩效变化的影响。

综上，国内外学者对碳排放绩效和其影响因素的研究是广泛而深入的，但在研究方法上仍存在一定的改进空间。首先，对碳排放绩效的空间分布状况进行分析的文献尚少，而准确把握碳排放绩效在各省域的分布格局和集群状态有利于不同地区更有针对性地提升碳排放绩效；其次，目前的研究多数采用传统的面板模型分析不同因素对碳排放绩效的影响，鲜有文献引入空间面板进行分析。传统的面板回归通常假定各个地区的碳排放绩效是相互独立的，这显然与现实存在偏离，但若仅采用某一年的截面数据进行空间回归，估计结果就会存在较大的偶然性且没有考虑追赶效应。因此，空间面板模型更能准确把握各个因素对碳排放绩效的空间冲击，从空间角度探究不同因素的影响方向和影响程度。基于此，本文在采用DEA-Malmquist指数对2005—2011年我国30个省份碳排放绩效测算的基础上，运用空间相关分析和空间面板模型深入研究碳排放绩效的区域差异及其影响因素，以期为提升工业碳排放绩效、发展低碳经济提供更为真实、准确的依据。

>>二、中国工业碳排放绩效的测算研究<<

(一)测算方法与变量选择

本研究采用DEA-Malmquist指数法对中国工业碳排放绩效进行估算。在VRS的假设条件下，可将Malmquist全要素生产力指数分解为技术效率变化(Effch)和技术变化(Tech)两个部分，而技术效率变化又可进一步分解为纯技术效率变化(Pech)和规模效率变化(Sech)。

在测算过程中，笔者选取劳动力投入、工业资本存量及能源消费为投入要素指标，选取工业总产值及二氧化碳排放量为产出要素指标，各变量及指标的选择见表6。

表6 指标体系建立

一级指标	二级指标	三级指标
投入指标	劳动力投入(万人)	工业从业人员年平均数
	工业资本存量(亿元)	永续盘存法估算
	能源消费(吨)	终端能源消费总量
产出指标	工业总产值(亿元)	各地区工业总产值(价格调整)
	二氧化碳排放量(吨)	使用IPCC数据

1. 投入指标

①劳动力投入。劳动力的投入以各地区工业从业人员年平均数来表示。②工业资本存量作为地区的资本投入指标，由于其无法直接从各类统计年鉴中获得，因此采取永续盘存法进行估算(单豪杰，2008)。其计算方法是：$K_t=I_t+(1-\delta)K_{t-1}$，其中$K_t$为该地区第$t$年的工业资本存量，$I_t$为该地区第$t$年的投资，$\delta$为该地区的资产折旧率。本研究以2004年为基年，将2004年的固定资产净值年末数作为初始资本存量K_0，以各年份固定资产投资价格指数对投资进行价格平减，剔除价格波动的影响。由于缺少分地区工业固定资产投资数据，本研究参考王春华(2001)的方法，利用第t年的工业固定资产原值减第$t-1$年的工业固定资产原值得到I_t，并统一将资产折旧率设定为11.86%。③能源消费。以原煤、天然气、焦炭、柴油、汽油等能源的工业终端消费总量为基础，统一折算成标准煤作为能源投入。

2. 产出指标

①工业总产值。以各地区工业总产值表示，其为合意性产出，以2004年为基期，根据每年的PPI指数进行平减，消除价格因素影响。②二氧化碳排放量。其为非合意性产出，由于不能从统计年鉴中直接获得，因此采用国际上普遍使用的计算方法，其公式为：$C=\sum E_j \times K_j$，式中，C单位为吨，表示碳排放量；E_j单位为吨标准煤，表示能源消费量；K_j单位为吨/吨标准煤，表示第j种能源的碳排放系数。碳排放系数较为常见的方法是使用联合国公布的IPCC数据，为使碳排放量计算结果更加全面、合理，本研究选取了原煤、石油、天然气、汽油、煤油、柴油等15种主要能源进行碳排放测算，见表7。同时，二氧化碳排放量作为非期望产出的处理方法，大多采用投入处理法和方向性距离函数法。由于在特定生产过程中非期望产出与劳动力、资本等资源的投入不可能总是保持同比例的关系，而距离函数法求得的绩效值受方向向量的影响很大，且目前没有公认的确定方向向量的方法，若方向选择不正确，绩效测算结果就会不准确(华坚，2013)。因此本文采用Seiford & Zhu(2002)提出的线性数据转换函数法对生产过程中的二氧化碳排放量进行处理，使用此方法的前提是在规模报酬可变(VRS)条件下求解效率，否则会出现线性无解的可能。其处理过程为：设我国第i省份第j年度的碳排放量为Z_{ij}，$Z_{ij}=$

$(Z_{i1}, Z_{i2}, \cdots, Z_{ij})^{T}>0$，$(i=1, 2, \cdots, n)$。取 $\eta=MAX(Z_{ij})+C$，其中 C 为任意大于零的常数，本研究此处取值为 1。通过线性数据转换后，碳排放量可以表示为 $Z_{ij}^{*}=-Z_{ij}+\eta$。Z_{ij} 由越小越好的非合意性产出转换为越大越好的合意性产出 Z_{ij}^{*}，继而可以采用 DEA 思想进行研究。

表 7　能源种类的碳排放系数表

能源种类	碳排放系数(t/t 标准煤)	能源种类	碳排放系数(t/t 标准煤)
原煤	0.7559	燃料油	0.6185
洗精煤	0.7559	其他石油制品	0.5857
焦炭	0.8550	液化石油气	0.5042
其他焦化产品	0.6449	天然气	0.4483
原油	0.5857	焦炉煤气	0.3548
汽油	0.5538	炼厂干气	0.4602
煤油	0.5714	其他煤气	0.3548
柴油	0.5921	—	—

资料来源：《2006 年 IPCC 国家温室气体清单指南》。

本研究选取 2005—2011 年全国 30 个省(市)的有关数据为样本，由于西藏及港澳台地区部分数据缺失，因此不纳入考察范围。各指标数据均来源于各年份《中国统计年鉴》《中国能源统计年鉴》及《中国工业经济统计年鉴》，以及各省市有关统计年鉴和统计公报数据。

(二)测算结果与分析

1. 各省(市)碳排放绩效差异分析

基于 DEA-Malmquist 指数方法，得出在 VRS 条件下各省(市)碳排放绩效值见表 8，限于篇幅，研究中只列出 2005—2011 年各个省份 Malmquist 绩效指数及其分解项的年平均值。

表 8　2005—2011 年全国各省份年均 Malmquist 绩效值及其分解

地区	技术效率变化	技术变化	纯技术效率变化	规模效率变化	Malmquist 绩效
北京	1.001	1.079	1.001	1.000	1.079
天津	1.000	1.044	1.000	1.000	1.044
河北	0.972	0.985	0.978	0.993	0.954
山西	0.958	0.999	0.957	1.001	0.964
内蒙古	1.047	1.106	1.044	1.004	1.157
辽宁	0.991	1.004	0.997	0.993	0.991
吉林	1.041	1.050	1.041	1.001	1.088
黑龙江	0.980	0.946	0.992	0.990	0.924
上海	1.003	1.034	1.000	1.003	1.035
江苏	1.019	1.038	1.000	1.019	1.054
浙江	0.998	0.960	0.998	1.000	0.958
安徽	1.038	0.999	1.033	1.004	1.023

续表

地区	技术效率变化	技术变化	纯技术效率变化	规模效率变化	Malmquist 绩效
福建	1.025	0.937	1.023	1.002	0.955
江西	1.054	0.927	1.057	0.997	0.971
山东	0.988	1.021	1.000	0.987	0.996
河南	0.981	0.944	0.980	1.002	0.919
湖北	1.025	1.058	1.030	0.999	1.082
湖南	1.032	0.933	1.036	0.996	0.955
广东	1.018	0.958	1.000	1.018	0.975
广西	1.040	0.949	1.044	0.995	0.956
海南	1.000	0.952	1.000	1.000	0.952
重庆	1.014	0.932	1.023	0.993	0.932
四川	1.004	0.956	1.005	1.002	0.944
贵州	1.084	0.919	1.081	1.001	0.982
云南	1.002	0.982	1.009	0.992	0.971
陕西	0.995	1.030	0.995	1.000	1.010
甘肃	1.032	0.966	1.035	0.996	0.998
青海	1.000	0.911	1.000	1.000	0.911
宁夏	1.022	0.883	1.020	1.001	0.891
新疆	0.925	1.109	0.928	0.999	1.024
全国平均	1.010	0.987	1.010	1.000	0.990

表 8 显示，2005—2011 年，碳排放绩效值大于 1，即全要素碳排放绩效得到改善的省份有 10 个，分别是内蒙古、吉林、湖北、北京、江苏、天津、上海、新疆、安徽和陕西。其中内蒙古碳排放绩效年均增幅达到 15.7%，技术进步增长率达到年均 10.6%。原因可能是内蒙古在“十一五”期间积极进行产业升级，不断促进技术进步推动了碳排放绩效水平的提高。北京、上海、湖北、内蒙古、江苏、吉林 6 个省份的绩效提高来自于技术效率和技术进步的双重贡献。天津、陕西、新疆碳排放绩效提高主要归功于技术进步，而安徽省碳排放绩效提高主要归功于技术效率的提高。碳排放绩效的低值省份为宁夏、黑龙江、河北、湖南、四川、河南等。其中宁夏碳排放绩效值最低，呈现绩效下降趋势，说明宁夏的节能减排技术进步较为缓慢；河北、黑龙江、河南 3 个省份受到技术效率和技术变化两方面的拖累。湖南、四川、河南等省份碳排放绩效下降的主要原因是技术变化指数的下降。

2. 三大区域碳排放绩效差异分析

根据 Malmquist 指数测算方法，我们得到 2005—2011 年东、中、西三大区域的碳排放绩效均值及其分解结果见表 9。从全国总体来看，2008 年碳排放绩效开始呈现出不断提高的趋势，这可能是因为奥运会的举办，政府加强了对环境的监管、加大高能耗产业的整改力度，对碳排放绩效的提高产生了正面影响。从三大区域历年的碳排放绩效值和年均值来看，区域间碳排放绩效存在一定的差异。东部最高，中部次之，西部最低。东部地区总体上碳排放绩效得到了改善，技术效率和技术进步均对碳排放绩效的改善起到了正向推动作用。中部地区的碳排放绩效总体上呈现恶化现象，虽然技术效率的不断提高对碳排放绩效的改善起到了积极影响，却受到技术退步的拖累。西部地区的全要素碳排放绩效总体来看也呈现恶化趋势，这与技术创新水平相对落后有关。因此，东、中、西三大区域全要素碳排放绩效指数的差异主要来自于技术进步的差距。

表 9　三区域 Malmquist 碳排放绩效的平均值及其分解结果

年份	东部地区			中部地区			西部地区		
	技术效率变化	技术变化	Malmquist 绩效	技术效率变化	技术变化	Malmquist 绩效	技术效率变化	技术变化	Malmquist 绩效
2005—2006	0.997	0.858	0.853	0.986	0.800	0.786	1.050	0.805	0.837
2006—2007	1.014	0.976	0.988	0.998	0.937	0.934	0.959	1.004	0.962
2007—2008	0.970	0.984	0.954	1.022	0.964	0.983	1.097	0.871	0.949
2008—2009	1.055	0.989	1.042	1.075	0.990	1.060	1.012	1.058	1.064
2009—2010	0.950	1.173	1.111	0.917	1.185	1.084	0.878	1.144	1.003
2010—2011	1.021	1.026	1.047	1.084	1.015	1.096	1.094	0.976	1.061
平均值	1.001	1.001	1.001	1.014	0.982	0.991	1.015	0.976	0.979

注：东部地区包括北京、天津、河北、辽宁、上海、江苏、浙江、福建、山东、广东和海南 11 个省份；中部地区包括山西、吉林、黑龙江、安徽、江西、河南、湖北、湖南 8 个省份；西部地区包括重庆、四川、贵州、云南、陕西、甘肃、宁夏、青海、新疆、广西和内蒙古 11 个省份。

>>三、中国工业碳排放绩效的空间相关分析<<

为了进一步探究我国各省份碳排放绩效的空间分布格局和集群状况，本研究以 30 个省份为空间单元，选取 2005 年和 2011 年两年各省份碳排放绩效值作为衡量指标，运用全域空间相关性指数 Moran's I 及 Moran's I 散点图对各省份的碳排放在空间上是否存在自相关及集群现象进行检验。

Moran's I 指数定义如，

$$\text{Moran's I} = \frac{\sum_{i=1}^{n}\sum_{j=1}^{n} W_{ij}(Y_i - \bar{Y})(Y_j - \bar{Y})}{S^2 \sum_{i=1}^{n}\sum_{j=1}^{n} W_{ij}}$$

其中，$S^2 = \frac{1}{n}\sum_{i=1}^{n}(Y_i - \bar{Y})$，$\bar{Y} = \frac{1}{n}\sum_{i=1}^{n} Y_i$，$Y_i$ 表示第 i 地区的碳排放绩效值，n 为地区总数。

Moran's I 的取值范围为(−1，1)，若其数值大于 0，说明存在空间正自相关，数值越大说明空间分布的正自相关性越强；若其数值小于 0，说明空间相邻的单元之间不具有相似的属性，数值越小则说明各空间单元的差异性越大；若其数值为 0，则说明该空间服从随机分布。

利用Geoda空间软件计算出2005年及2011年Moran's I指数值为0.3155、0.3725，并绘制出Moran's I散点图12、图13。可以看出，我国各省份的碳排放绩效在空间上呈现出正的自相关性，表明碳排放绩效分布并非是随机的，而是具有空间上的依赖性。Moran's I散点图将各省的碳排放绩效分为四象限的空间相关模式，用以识别各个省份与其他临近省份之间的相互关系。第一象限表明高水平地区被同是高水平地区包围；第二象限表明低水平地区被高水平地区包围；第三象限表明低水平地区被同是低水平地区包围；第四象限表明高水平地区被低水平地区包围。第一、第三象限为正的空间自相关关系，表示相似碳排放绩效省份之间的空间关联；而第二、第四象限为负的空间自相关关系，表示不同碳排放绩效省份之间的空间关联。

Moran's I=0.3155

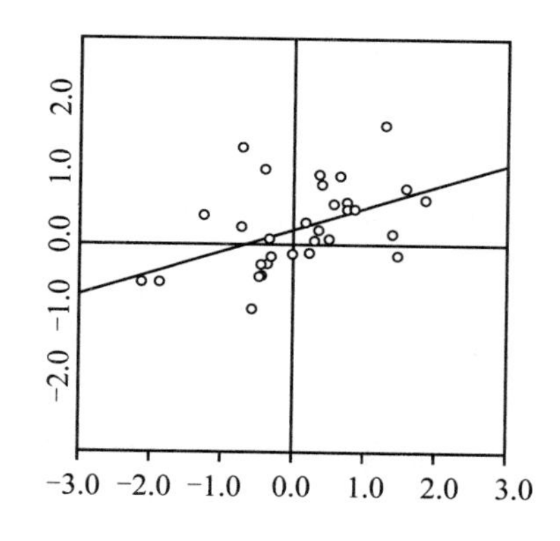

图12　2005年碳排放绩效Moran's I散点图

Moran's I=0.3725

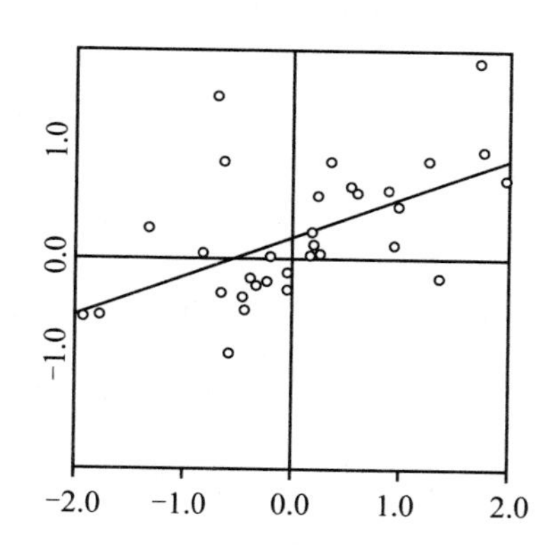

图13　2011年碳排放绩效Moran's I散点图

根据散点图可以发现：2005年，有23个省份表现出正向的空间相关关系，占样本总数的77%，反映出碳排放绩效具有高水平区域集中、低水平区域聚集的特点。其中14个省份位于第一象限如北京、山东、江苏、甘肃等；9个省份位于第三象限如云南、广东、广西、贵州等；7个省份表现出不相似的空间分布；其中5个省份位于第二象限如辽宁、西藏、重庆等；2个省份位于第四象限即新疆、四川。2011年，25个省份表现出正向的空间相关关系，集中在第一、第三象限的省份占样本数的83%，表明碳排放绩效水平高的地区在空间上相互集聚，碳排放绩效水平低的地区也形成了低水平的聚集圈。其中15个省份位于第一象限如北京、山东、安徽、河南等；10个省份位于第三象限如广东、福建、湖南等；同时，5个省份表现出不相似的空间分布，其中4个位于第二象限如重庆、辽宁等；1个位于第四象限即新疆。比较两年的散点图可以看出，位于第一、第三象限的省(市)数量增多，位于第二、第四象限的省(市)数量减少并趋于稳定，说明我国碳排放绩效的空间聚集程度逐渐增强，具有高水平区域集中、低水平区域聚集的特点。因此，Moran's I散点图再次证明了碳排放绩效存在显著的空间依赖性。

>>四、中国工业碳排放绩效的影响因素分析<<

(一)空间面板模型的设定

碳排放绩效测算结果及空间相关分析显示，中国工业碳排放绩效水平存在区域差异性。为更好地研究各个因素在空间上对碳排放绩效的影响程度，本研究建立空间面板模型研究碳排放绩效的影响因素，根据空间项的不同冲击方式，主要分为两种模型：空间滞后模型(SLM)和空间误差模型(SEM)。本研究建立的空间面板模型如式(1)、(2)。

空间滞后模型主要探讨某一地区变量是否对周围地区有扩散或溢出效应，本研究建立 SLM 模型表达式为：

$$Y_{it}=\rho W_y+X_1 pgdp_{it}+X_2 nyjg_{it}+X_3 cyjg_{it}+X_4 dwkf_{it}+X_5 ysbf_{it}+\varepsilon_{it} \tag{1}$$

其中，Y_{it}为第 i 个省市第 t 年的碳排放绩效，ρ 为空间回归估计系数，反映了样本观测值的空间依赖性，即相邻区域的观测值。W 为 $n\times n$ 阶空间权重矩阵，一般为邻近矩阵或距离矩阵，W_y 为空间滞后解释变量，代表临近地区的因变量观测值，反映了空间距离对各空间单元之间的作用；ε 为随机误差项向量；X 为 $n\times k$ 阶解释变量矩阵。

与空间滞后模型不同，空间误差模型中的空间依赖作用主要存在于误差项中，SEM 模型主要用来反映因地区间所处的相对位置不同，其相互作用存在差异，其数学表达式为(2)：

$$Y_{it}=X_6 pgdp_{it}+X_7 nyjg_{it}+X_8 cyjg_{it}+X_9 dwkf_{it}+X_{10} ysbf_{it}+\mu_{it},\ \mu_{it}=\lambda W_z+\varepsilon_{it} \tag{2}$$

其中，Y_{it}为第 i 个省市第 t 年的碳排放绩效，X 为 $n\times k$ 的外生解释变量矩阵，W 为 $n\times n$ 阶的空间权值矩阵，ε 为随机误差项向量，μ 为正态分布的随机误差向量，λ 为因变量向量的空间误差系数。

(二)变量选取及数据来源

本研究以前文测算的我国各省份工业碳排放绩效为被解释变量，从经济发展水平、产业结构、能源结构、要素禀赋、对外开放水平五个维度出发，对碳排放绩效影响因素进行研究。各变量代理指标的选择如下：经济发展水平($pgdp$)，以人均 GDP 表示；能源结构($nyjg$)，以原煤消费量占能源消费总量的比重来表示；产业结构($cyjg$)，以第三产业增加值占 GDP 的比重表示；对外开放水平($dwkf$)，用各地区进出口贸易总额占 GDP 的比重来表示；要素禀赋($ysbf$)，用资本—劳动比来表示，以工业资本存量除以工业从业人员年平均数得到。各指标数据均来源于各年份《中国统计年鉴》《中国能源统计年鉴》及《中国工业经济统计年鉴》，实证研究以及各省市有关统计年鉴和统计公报数据。

(三)测算结果及分析

基于MATLAB空间计量工具箱，得到表10、表11给出的全样本下基于固定效应的SLM、SEM的拟合结果。表12是基于中国东、中、西部区域差异性的空间SLM、SEM估计结果。

根据SLM和SEM两类模型的估计结果可以看出，在SLM模型中控制固定效应模型的空间参数ρ均显著为负，而在SEM模型中控制固定效应模型的空间参数λ均显著为正，这表明在省域之间，一个地区碳排放绩效对其他地区的影响更多地体现在一个地区整体的结构性误差冲击中。SEM中的拟合优度系数R^2均大于SLM模型，因此整体上来说，SEM的拟合程度强于SLM，是更加符合客观实际的选择。在SEM模型中，空间依赖作用主要体现在随机误差项中，这种结构性的差异恰恰就是省域之间各影响因素对碳排放绩效影响的差异。

表10 空间滞后模型(SLM)估计结果

	nonF	sF	tF	stF
constant	0.92829*** (7.468)			
pgdp	0.000005*** (4.896)	0.000005** (2.204)	0.000005*** (4.893)	0.000005** (1.949)
nyjg	0.254488*** (3.446)	0.019227 (0.090)	0.251380*** (3.060)	−0.32954* (−1.44)
cyjg	−0.15523 (−1.01)	0.433631 (0.796)	−0.16227 (−0.95)	1.147873** (1.957)
dwkf	0.000004 (0.554)	0.000019 (0.737)	0.000007 (0.748)	0.000022 (0.787)
ysbf	0.008885** (6.671)	0.00940*** (4.078)	0.010395*** (8.125)	0.01109*** (4.544)
ρ	−0.236068**	−0.236068*	−2.313764**	−0.236068*
R^2	0.2482	0.3766	0.0192	0.2075

注：基于固定效应的SLM、SEM模型又根据空间效应和时间效应两类非观测效应的不同控制，分为4种，即无固定效应(nonF)、空间固定效应(sF)、时间固定效应(tF)、既有空间又有时间的固定效应(stF)。*，**，***分别表示在10%、5%和1%水平上统计显著，系数下括号内为T值。表11、表12解释同表10。

表11 空间误差模型(SEM)估计结果

	nonF	sF	tF	stF
constant	0.725323*** (12.48)			
pgdp	0.000003*** (4.039)	0.000004** (1.956)	0.000004*** (4.339)	0.000004* (1.815)
nyjg	0.215876*** (3.140)	0.231737* (1.286)	0.217095*** (2.908)	−0.15171 (−0.75)

续表

	nonF	sF	tF	stF
cyjg	−0.03772 (−0.28)	0.486726 (0.995)	−0.07059 (−0.47)	1.040774** (1.991)
dwkf	0.000005 (0.722)	0.000002 (0.088)	0.000006 (0.830)	0.000013 (0.493)
ysbf	0.006971*** (5.974)	0.00637*** (2.988)	0.008685*** (7.767)	0.00898*** (4.033)
λ	2.852026***	0.34299***	1.344579*	0.148991 *
R^2	0.4715	0.6027	0.2885	0.4228

表 12　分地域各因素对碳排放绩效影响的 SEM 模型估计结果

	东部			中部			西部		
	sF	tF	stF	sF	tF	stF	sF	tF	stF
pgdp	−0.000001 (−0.2729)	0.000002*** (2.33994)	−0.000001 (−0.44151)	0.000015** (2.267881)	0.000001 (0.164362)	0.000016*** (2.529419)	0.000003 (0.650541)	0.000005** (2.239972)	0.000001 (0.16771)
nyjg	−0.147589 (−0.5830)	0.102480 (0.933836)	−0.143237 (−0.49402)	−0.771357* (−2.44313)	0.176125* (1.310287)	−1.08587*** (−3.59093)	0.221621 (0.682861)	−0.027451 (−0.20313)	−0.285976 (−0.868594)
cyjg	−1.218058* (−1.4608)	−0.041561 (−0.28066)	−0.517683 (−0.57539)	1.487409* (1.359367)	0.299061 (0.590065)	2.118811** (1.828404)	2.247705* (2.428201)	1.989789*** (2.919564)	3.74068*** (4.116586)
dwkf	0.000031* (1.4694)	0.000009* (1.486785)	0.000021 (0.994536)	−0.000038 (−0.08883)	−0.000195 (−0.53586)	−0.000316 (−0.79794)	0.000602* (1.686618)	0.000861*** (3.466072)	0.00119*** (3.229429)
ysbf	0.0174*** (3.3159)	0.010224*** (4.199282)	0.017099*** (3.102389)	0.007104 (1.244819)	0.020631*** (4.111803)	0.011188** (2.306649)	0.005828** (2.070489)	0.004935*** (2.734170)	0.00777*** (2.967483)
λ	0.4790***	0.334969***	0.369982***	−0.215006	−0.120042	−0.516011*	0.081973	−0.326009*	−0.407025 *
R^2	0.7730	0.6061	0.6637	0.6392	0.4758	0.5687	0.5100	0.1595	0.2885
LogL	78.689824	64.929433	69.339657	51.797739	39.753037	51.108723	58.679834	45.074765	52.681389

注：限于篇幅，表中为列出 nonF 的计量结果。

经济发展水平(*pgdp*)系数均显著为正，说明对工业碳排放绩效提升起到促进作用。通过经济发展水平的提高，可以带动整个地区投资能力的增强，从而为碳排放绩效水平的提高提供更好的物质保障，同时经济发展的层次越高，越有利于经济结构的转变。能源结构(*nyjg*)对碳排放绩效的空间影响不稳定，但系数值在(stF)模型下为负，这说明能源结构对碳排放绩效的冲击更多地体现在时间和空间的双重效应下。产业结构(*cyjg*)对碳排放绩效影响不稳定，但在既有空间又有时间的效应(stF)情况下为正且显著，说明在既考虑空间又考虑时间情况下产业结构产生的碳排放绩效空间溢出效应显著。其原因主要是区域产业结构调整升级过程中，高耗能、低能效、高排放的状况得到了明显改善，某一区域在推动产业结构实现高度化及合理化的过程中，可能会引起邻近区域的模仿，促使不同区域的碳排放绩效提高。对外开放水平(*dwkf*)系数均为正但不显著，说明对外开放水平的提高会在一定程度上促进碳排放绩效水平的提高，但效果并不十分明显，这表明今后各省在加强对外合作的过程中还需更多引进国外高新技术从而提升自身的产业层次。要素禀赋(*ysbf*)系数均为正且十分显著，说明资本—劳动比越大，碳排放绩效水平越高，同时该因素在地区间空间溢出效应较大，这可能是资本密集型企业不断发展过程中积极进行技术创新并且推动了节能减排技术在地区间的流动，促进了地区的碳排放绩效水平提高。

由于SEM模型估计结果优于SLM模型，因此表12在全样本的基础上，对中国东、中、西三大区域进行了空间SEM估计。

通过比较R^2和LogL值可知，东部地区模型的拟合效果强于中部、西部。总体而言，不同因素对碳排放绩效的影响在三大区域之间存在差异。

与全样本估计结果不同的是，经济发展水平(*pgdp*)对碳排放绩效提高冲击作用最强的是中部地区，然后是西部地区，最后是东部地区。说明中部、西部地区仍处在经济发展与碳排放之间“倒U型”环境库兹涅兹曲线的上升区段，而东部地区已逐步跨越前一阶段趋向于下降阶段；能源结构(*nyjg*)对碳排放绩效提高冲击作用最强的是中部地区，东部和西部地区效果不明显且影响不稳定。中部省份大多数是中国的工业重镇，通过升级能源结构、减少原煤数量的消耗，可以促进碳排放绩效的提高。产业结构(*cyjg*)系数在东部地区均为负，中部和西部地区均为正。说明东部地区随着第三产业的迅速发展，交通运输业、房地产业成为碳排放量较大的行业，而这些行业的碳排放绩效提高技术尚不成熟，因此第三产业比重提高会降低碳排放绩效。而中、西部地区由于基础产业都以第二产业为主，近年来不断发展第三产业，减少高能耗、高污染工业企业的数量，因此第三产业比重提高有利于提高碳排放绩效水平。对外开放水平(*dwkf*)在东部地区的影响系数均为正数且在空间固定效应和时间固定效应情况下通过1%显著性水平检验。中部地区系数均为负，西部地区系数显著为正。说明东部地区在加强对外合作过程中，通过先进管理、技术外溢和污染转移促进了碳排放绩效提高，且区域外溢效应明显，地区相邻省份相互模仿、促进，由此拉动了整个地区的碳排放绩效水平。西部地区通过减少承接高污染、高耗能产业，积极引进先进技术，提高了碳排放绩效水平。而与此相反的是中部地区在承接产业转移时对高污染、高能耗产业承接较多，对先进技术吸收不够，因此对碳排放绩效产生负面影响。要素禀赋(*ysbf*)在三大区域系数均为正且多数显著。就东部而言，资本向工业系统内部高新技术产业流转，市场化水平、软制度环境、人才及知识资源、激烈的市场竞争与优良的外在环境提升了东部地区资本深化质量，在东部地区产生明显的技术扩散效应，对工业碳排放绩效提升起到正向影响。虽然中部地区主要产业是资本密集型工业，但近年来中部地区不断摸索煤炭深加工技术，采用集约式开采和生产煤炭，从而促进了资本深化程度，使要素禀赋因素对碳排放绩效水平提高产生积极作用。而西部地区虽然发展水平落后、工业基础薄弱且缺乏高质量资本，但在承接东部产业转移过程中积极引进高新技术促进产业升级，进而使得西部在提高碳排放绩效水平方面起到正向影响。

>>五、主要结论及政策启示<<

本研究首先对我国 30 个省份工业碳排放绩效进行测算，再运用空间相关分析方法对各省份碳排放绩效的空间分布格局和空间动态跃迁进行了探究，最后采用空间误差模型(SEM)和空间滞后模型(SLM)实证分析了影响碳排放绩效的各个因素在空间上对碳排放绩效的冲击方向和冲击程度，得到的主要结论及政策启示如下。

第一，DEA-Malmquist 指数测算结果表明我国碳排放绩效水平总体呈现上升趋势，从 2008 年开始持续显著提高。2005—2011 年碳排放绩效得到改善的省份有 10 个。从年均值来看，三大区域之间碳排放绩效差异较大，东部地区工业碳排放绩效水平最高，中部次之，西部最差。东部地区总体上碳排放绩效得到了改善，中、西部地区差强人意，三大区域碳排放绩效差异主要来自于技术进步的差距。由于东部绩效水平较高，而中、西部地区工业仍有较大的减排潜力，因此国家在工业碳排放政策制定过程中，要考虑不同地区碳排放绩效的差异与特点，因地制宜采取措施。东部地区经济发展水平较高，应以技术发展为牵引力，进一步深化产业结构调整，发展知识密集型产业，并加强对碳排放规制的力度，有效地提高碳排放效率；中、西部地区经济基础相对薄弱，经济增长更多的是依赖资源的投入而不是技术效率的提升，因此在改善碳排放绩效水平上，一方面政府应通过政策措施加大对节能减排基础设施的投入，大力推广节能减排适用性技术；另一方面应利用自身的资源优势，通过技术改造和升级，提升能源的使用效率，缩小与东部地区技术层面的差距。

第二，碳排放绩效的空间相关分析表明，我国碳排放绩效存在空间相关性，空间聚集程度逐渐增强，一省的碳排放绩效不仅受本省自身特点的影响，还受相邻省份碳排放行为的影响。因此，三大区域间应加强跨区域的技术合作与交流，东部沿海地区是高新技术密集地区应充分发挥示范和扩散效应，加快先进技术向中、西部转移速度，有针对性地带动和协助内陆地区进行技术革新。中、西部省份应努力走出“低水平集聚中心”，打破行政地域垄断，加强与东部沿海省份的合作，借鉴和吸收优质的改革成果并制定适合自身的低碳发展战略，逐步调整经济结构和生产模式。

第三，SLM 和 SEM 模型的全样本估计结果表明，碳排放绩效影响因素中，要素禀赋、对外开放水平、能源消费结构、产业结构、经济发展水平对碳排放绩效水平有显著影响。不同影响因素对不同地区的影响程度不同。说明我国在制定碳排放政策时要考虑结构性因素对碳排放绩效作用的复杂性及对不同区域影响的差异性。首先，各地区应积极发展当地经济，为提高碳排放绩效水平提供物质保障。同时应加快经济发展方式和考核方式的转变，在经济考核指标中引入碳排放绩效水平的考核，引导和促进低碳经济的发展。其次，在加强对外开放过程中要不断完善外资引进政策，合理提高引入“门槛”，杜绝高排放、高能耗、低效率产业。最后，应进一步深化资本水平，同时倡导清洁生产，促进产业升级和能源结构升级。东部地区应继续保持自身发展优势，深化产业结构战略性调整；中、西部地区应紧紧抓住国家优化产业布局，调整能源供应结构等带来的发展机遇，加快清洁能源产业发展。

>>参考文献<<

[1]王群伟，周鹏，周德群．2010：我国二氧化碳排放绩效的动态变化、区域差异及影响因素．中国工业经济，2010(28).

[2]尤建新，陈震，张玲红．2013：我国连续性全要素 CO_2 排放绩效空间差异及成因研究：基于 SequentialMalmquist－Luenberger 指数分析．预测，2012(31).

[3]刘玉飞，石奇．2013：区域间工业碳排放绩效差异的再检验——基于中国 30 个省市面板数据的研究．湖南商学院学报，2013(20).

[4]查建平，唐方方．2012：中国工业碳排放绩效：静态水平及动态变化——基于中国省级面板数据的实证分析．山西财经大学学报，2012.

[5]华坚，任俊，徐敏．2013：基于三阶段 DEA 的中国区域二氧化碳排放绩效评价研究．资源科学，2013(3).

[6]单豪杰．2008：中国资本存量 K 的再估算：1952—2006．数量经济技术经济研究，2008(10).

[7]续竞秦，杨永恒．2013：我国省际能源效率及其影响因素分析——基于 2001—2010 年面板数据的 SFA 方法．山西财经大学学报，2012(34).

[8]冯锋，马雷．2011：外部技术来源对我国工业企业创新绩效影响及区域差异性研究——基于 SFA 方法的面板数据分析．中国科学技术大学学报，2012(42).

[9]杜克锐，邹楚沅．2011：我国碳排放效率地区差异、影响因素及收敛性分析——基于随机前沿模型和面板单位根的实证研究．浙江社会科学，2011(11).

[10]李胜文，李新春，杨学儒．2010：中国的环境效率与环境管制——基于 1986—2007 年省级水平的估算．财经研究，2010(2).

[11]陈诗一．2011：中国碳排放强度的波动下降模式及经济解释．世界经济，2011(4).

[12]潘雄，锋舒涛，徐大伟．2011：中国制造业碳排放强度变动及其因素分解．中国人口、资源与环境，2011(21).

[13]徐国泉，刘则渊，姜照华．2006：中国碳排放的因素分解模型及实证分析：1995—2004．中国人口、资源与环境，2006(16).

[14]杜立民．2010：中国二氧化碳排放的影响因素：基于省级面板数据的研究．南方经济，2010(11).

[15]王春华．2001：我国工业部门固定资产的折旧、存量及其回报率的测算．北京：北京大学中国经济研究中心.

[16]刘勇，李志祥，李静. 2010：环境效率评价方法的比较研究. 数学的实践与认识，2010(40).

[17]李国志，王群伟. 2011：中国出口贸易结构对二氧化碳排放的动态影响——基于变参数模型的实证分析. 国际贸易问题，2011(1).

[18]左丹. 2013：基于空间面板模型的我国二氧化碳排放库兹涅茨曲线研究. 西南财经大学.

[19]查建平，唐方方，郑浩生. 2013：什么因素多大程度上影响到工业碳排放绩效——来自中国(2003—2010)省级工业面板数据的证据. 经济理论与经济管理，2013(1).

[20]仲云云，仲伟周. 2012：中国区域全要素碳排放绩效及影响因素研究. 商业经济与管理，2012(1).

[21]史丹，吴利学，傅晓霞. 2008：中国能源效率地区差异及其成因研究——基于随机前沿生产函数的方差分解. 管理世界，2008(2).

[22]查建平，郑浩生，唐方方. 2012：中国区域工业碳排放绩效及其影响因素实证研究. 软科学，2012(26).

[23]Zhou P. Ang B. W. Han J. Y，2010. Total Factor Carbon Emission Performance：A Malmquist Index Analysis. Energy Economics. 32(1).

[24]Fare，R. Grossko S. Pasurka Jr. C. A 2007. Environmental Production Functions and Environmental Directional Distance Functions. Energy. 32(7).

[25]Fare，R. Grossko S. Norris M. Zhang Z，1994. Productivity Growth，Technical Progress and Efficiency Change in Industrialized Countries. American Economic Review. 84(1).

[26]Wang Can，Chen Jining，Zou Ji，2005. Decomposition of Energy-related CO_2 Emission in China：1957—2000. Energy. 30：73-83.

[27]Ma. C & DI Stern，2007. China's Carbon Emissions 1971—2003. Rensselaer Working Papers in Economic.

中国工业废气治理中的技术效应、规模效应与结构效应

林永生[①]

>>一、前言<<

绿色发展是党的十八届五中全会以及我国“十三五”发展规划纲要的建议稿中提出的“五个发展”新理念之一，即创新发展、协调发展、绿色发展、开放发展、共享发展。未来五年乃至更长时间，向污染宣战、向贫困宣战是摆在我国各级政府面前的重要任务。工业废气是大气污染的重要组成部分，可能其并非一国环境主要污染源，但社会各界对于环境治理的争论大多始于工业领域，反对加大环境治理力度的人们通常认为绿色意味着成本，进而会造成工人失业、企业生产积极性受挫、产品价格上升，等等。所以，有必要从理论上厘清在经济增长的情况下是否也能同时实现污染物减排。工业废气减排，乃至更广泛意义上的环境污染治理并不是一个自发的过程。20世纪90年代，Grossman等(1993)提出环境库兹涅茨曲线(EKC)，认为污染与收入水平之间遵循倒U型曲线关系。随后，Arrow等(1995)、Bruyn(1997)、张红凤等(2009)开始探讨其背后的机制与成因，结构变化、技术进步、需求模式改变和更有效的政府政策法规等被认为是污染下降的主要原因，因此，对各国政府而言，采取有效的环境政策就成为治理大气污染、促进环境保护和可持续发展的必然要求。Bovenbergm等(1995)、Arguedas等(2010)、Muller等(2009)、林伯强等(2010)、李永友等(2008)、陈诗一(2011)的文献论证了环境政策工具的有效

① 感谢中央高校基本科研业务经费专项、国家统计局一般项目“我国经济发展中的环境效应测度研究”(2013LY095)、北京市高等学校青年英才计划入选项目“中国工业污染物减排的分解效应研究”(YETP0256)对本项研究的资助，文中疏漏由作者承担。本文是作者在其已发表的“大气污染治理中的规模效应、结构效应与技术效应”(《北京师范大学学报》社会科学版，2013年第3期)一文基础上，增加了2011年、2012年、2013年的所有相关数据，重新做了相应的实证分析，并结合当前新形势进行了适度改写。

性，这些理论研究成果大多聚焦于剖析现有环境政策工具箱里可能的政策组合及其作用机理，属于由因推果，而追本溯源、直接从污染治理的效果出发剖析成因的相对较少，前者的好处在于可以评估现有政策的有效性；后者的好处在于能够以问题出发为导向，有助于探索新的政策工具或政策组合。基于工业领域的废气排放数据，袁野等(2011)、周静等(2007)、马玲等(2006)、刘胜强等(2012)、李小平等(2010)、Adam(1999)、Gilbert(2008)、陈六君等(2004)、Levinson(2009)已经开始尝试运用投入产出法或分解法剖析工业污染的成因，这些研究成果大致可分为两类：一类侧重于分析经济增长、结构调整、技术进步、污染治理投资等某一个或几个方面对工业污染，尤其是废气排放的影响；另一类侧重于研究某个特定地区、一个或少数几个特定行业废气污染的分解效应。与现有理论文献相比，本文具备以下三个特点：一是将整个工业领域的废气排放作为研究对象，不再局限于某个特定地区或少数几个特定行业；二是对传统意义上大多用于研究能源使用和污染问题的分解分析法进行了修改，具体表现为，直接从工业污染物的定义恒等式出发进行效应分解分析，而不是把工业污染物排放量先细分为各个子行业污染排放量之和，然后再进行效应分解；三是重新定义和诠释了规模效应、结构效应和技术效应，既有的研究成果多从产值、份额、污染强度这三个指标变化量的角度分别定义三大效应，通常认为规模效应不利于污染减排贡献度而技术效应则对污染减排贡献很大。为了消除单位不统一的影响，本研究尝试从变量变化率的角度定义三大效应，并且认为三大效应都可以对污染物减排产生积极的贡献，只是不同历史时期由于变量变化率的方向有别，进而对相应时期的污染减排影响有所不同，这个结论对进一步完善我国的环境经济政策具有重大意义，本研究就此给出了相关对策建议与思考。

>>二、模型与指标数据选取<<

工业污染等于工业增加值乘以工业污染强度，见式 1：

$$P = V \times \phi \qquad \text{式 1}$$

其中 P、V、ϕ 分别表示工业污染物排放量、工业增加值、工业污染强度，为了进一步把经济中的产业结构因素纳入模型之中，本文将工业增加值 V 进行分解，如式 2 所示，

$$V = GDP \times V/GDP = GDP \times \lambda \qquad \text{式 2}$$

式 2 中，λ 为工业增加值占 GDP 的份额，把式 2 代入式 1，得到式 3，

$$P = GDP \times \lambda \times \phi \qquad \text{式 3}$$

若要分解出污染物排放量变化的具体影响因素，需要对式 3 进行全微分，如式 4 所示，

$$dP = \phi \times \lambda \times dGDP + GDP \times \phi \times d\lambda + GDP \times \lambda \times d\phi \qquad \text{式 4}$$

式 4 中，dP、dGDP、dλ、dϕ 分别表示工业污染物排放量的变化量、GDP 变化量、工业份额变化量、工业污染强度变化量，也就是说，工业污染物减排程度受到经济总量、工业占 GDP 份额和工业污染强度三个变量的变化幅度影响。在其他条件不变的情况下：GDP 的增减反映整

个经济规模的变化情况，经济衰退往往意味着大量企业倒闭，工业生产萧条，减少能源消耗，进而工业污染物排放量会相应降低；工业份额的变化反映经济结构的调整情况，如果工业增加值占 GDP 比重降低，通常意味着第三产业较为发达，经济结构相对轻型化，也会使得能源消耗及污染物排放量降低；工业污染强度的变化反映了工业生产在多大程度上实现了清洁高效生产，是否采用了节能环保型的技术和设备，如果工业污染强度降低，就意味着工业领域的节能环保技术进步，进而工业污染物排放量会降低，基于此，文中把 GDP 变化量、工业份额变化量、工业污染强度变化量对工业污染物减排的影响，分别称为规模效应、结构效应、技术效应，为了消除式 4 中变量单位不统一的影响，进而具体量化分析三种效应，本文拟采用变量变化率的数据，反映在模型中，即式 4 两边同时除以式 3 描述的工业污染物排放总量，得到式 5，

$$\frac{dP}{P}=\frac{dGDP}{GDP}+\frac{d\lambda}{\lambda}+\frac{d\phi}{\phi} \qquad 式 5$$

从式 5 可以得出，工业污染物变化率在数量上等于规模效应、结构效应、技术效应三者之和。

选择什么样的指标表示工业污染物排放量？在中国官方统计口径中，工业污染通常包括工业废气、工业废水、工业固体废弃物，即“工业三废”。由于工业废水和工业固体废弃物分别为液态和固态，这两类工业污染物的空间流动性以及治理难度通常远小于工业废气，而且就环境保护而言，人们最为关注的还是空气质量。基于此，这里选择用工业废气排放量代表工业污染物排放量。不同国家关于工业废气的统计数据有所不同，自 20 世纪 70 年代以来，美国国家排放物清单（National Emission Inventory，NEI）每年定期公开发布 4 种主要大气污染物的排放量，即二氧化硫（SO_2）、二氧化氮（NO_2）、一氧化碳（CO）、挥发性有机化合物（volatile organic compounds，VOCs）。中国国家统计局每年定期发布的工业废气排放数据主要包括三大类，即二氧化硫（SO_2）、工业烟尘、工业粉尘。[①] 表 13 给出了 1990—2013 年我国三类工业废气排放量、GDP 以及工业结构份额的数据。

表 13　中国三类工业废气排放量、实际 GDP 及工业结构份额（1990—2013）　　单位：万吨

年份	二氧化硫	烟尘	粉尘	三类废气总量	GDP(亿元)	工业份额(%)
1990	1494	1324	781	3599	6626.6	44.1
1991	1165	845	579	2589	7081.9	43.1
1992	1323	870	576	2769	7662.5	41.6
1993	1292.4	880.4	616.5	2789.3	8823.9	41.1
1994	1341.4	806.8	582.7	2730.9	10644.1	41.1

① 二氧化硫是最常见的硫氧化物，大气主要污染物之一，为无色气体，带有强烈刺激性气味，由于煤和石油通常都含有硫化合物，因此工业二氧化硫主要是在煤和石油燃烧过程中产生；工业烟尘主要是指企业厂区内燃料燃烧产生的烟气中夹带的颗粒物；工业粉尘是指在生产工艺过程中排放的能在空气中悬浮一定时间的固体颗粒，如钢铁企业的耐火材料粉尘、焦化企业的筛焦系统粉尘、烧结机的粉尘、石灰窑的粉尘、建材企业水泥粉尘等，不包括电厂排入大气的烟尘。

续表

年份	二氧化硫	烟尘	粉尘	三类废气总量	GDP(亿元)	工业份额(%)
1995	1405	837.9	638.9	2881.8	12103.5	40.7
1996	1363.5	758.3	561.5	2683.3	12881.4	39.6
1997	1362.6	684.6	548.4	2595.6	13076.6	37.6
1998	1593	1175	1322	4090	12960.4	37.7
1999	1460.1	953.4	1175.3	3588.8	12795.4	36.6
2000	1612.5	953.3	1092	3657.8	13055.5	35.7
2001	1566	852.1	990.6	3408.7	13323.5	35.1
2002	1562	804.2	990.6	3356.8	13403.5	33.9
2003	1791.6	846.1	1021.3	3659	13750.4	32.7
2004	1891.4	886.5	904.8	3682.7	14702.9	31.8
2005	2168.4	948.9	911.2	4028.5	15279.3	31.7
2006	2234.8	864.5	808.4	3907.7	15861.0	30.3
2007	2140	771.1	698.7	3609.8	17072.4	30.0
2008	1991.4	670.7	584.9	3247	18397.9	29.5
2009	1865.9	604.4	523.6	2993.9	18286.3	29.2
2010	1864.4	603.2	448.7	2916.3	19500.3	28.0
2011	2017.2	1100.9	—	3118.1	21022.2	27.5
2012	1911.7	1029.3	—	2941	21441.6	27.4
2013	1835.2	1094.6	—	2929.8	21806.8	26.9

注：数据源自历年《中国环境统计年鉴 2014》《中国统计年鉴 2014》。

从表 13 中可以发现，1990—2013 年的 24 年间，中国三类工业废气排放量变化幅度很大且增减不一，主要表现为二氧化硫排放量略有增加，烟尘和粉尘排放量则明显下降。如果从更短的时间范围来看，尤其是 2005 年以后，三类工业废气排放量均大幅下降，这可能是因为我国在“十一五”“十二五”的国民经济与社会发展规划中均提出了关于节能减排的约束性指标有关。图 14 刻画了中国三类工业废气排放量的变化趋势。

如图 14 所示，过去 24 年间，中国三类工业废气排放量波动很大且增减不一。尽管 1997 年，国家扩大了对工业“三废”排放的统计范围，即由原来的对县及县以上有污染物排放的工业企业，扩大到对有污染排放的乡镇工业企业的统计。因此，反映在工业废气排放数据上，1998 年，三类工业废气排放量迅速增加，创历史新高，但这三类工业废气增幅不一，排放量较之 1997 年大幅增加的只有工业烟尘(增长 71.63%)和粉尘(增长 141.06%)，而工业二氧化硫排放量仅增加 16.9%，不能把统计口径扩大作为解释这种排放量陡增的唯一原因。1998 年以后，工业烟尘和粉尘排放量逐年下降，而二氧化硫排放量则继续增加，直到 2006 年达到历史最高点 2234.8 万吨后才开始有所下降。

总体来看，1990—2013 年，中国工业二氧化硫排放量增加 22.83%，工业烟粉尘排放量下降 48%，三类工业废气排放总量下降 18.59%。需要强调的是，表 13 中只有 1990 年的二氧化硫和

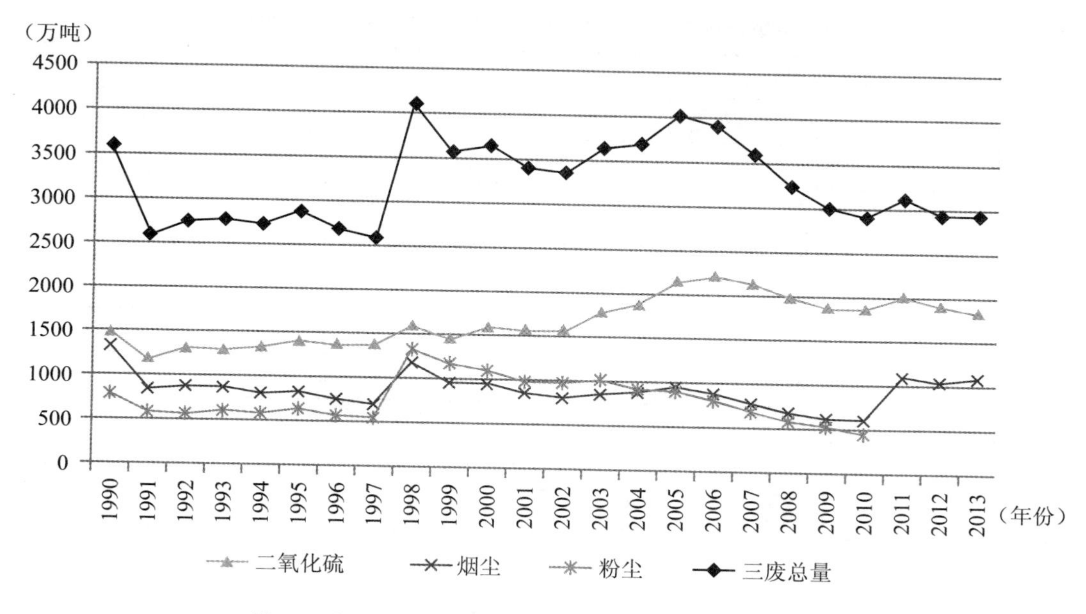

图 14　中国三类工业废气排放量变化趋势(1990—2013)

注：数据源自表 13。

粉尘数据包括了生活排放量，故较之其余年份会有所扩大，如果从 1991 年为起点来看，在过去 23 年的工业废气排放总量中，只有工业烟粉尘的排放量有所下降，工业二氧化硫以及三类工业废气排放总量均不降反升，但年度间的排放总量变化明显。

>>三、实证检验<<

本研究采用规模效应、结构效应、技术效应来解释中国工业废气排放量的变化。测度技术效应是经济学中颇富争议的研究领域之一，学界对此大致持两类观点：一类是把技术作为内生变量，运用内生增长理论研究其影响和决定因素；另一类是把技术作为外生变量，用可以观察到的人均产量增长率减去人均占有资本变化率与产出中的资本份额乘积的差，即所谓“索洛剩余”，这也是过去几十年理论界关于增长和生产力研究的核心。这里尝试运用以下三个步骤测度并拓展解释技术效应与中国工业废气减排问题。

步骤一：基于式 5 的理论模型，采用索洛测度技术进步贡献率的方法，将技术效应视为剩余变量，用工业废气排放总量的变化率减去 GDP 变化率和工业份额变化率，从而得到工业污染强度的变化率，并将其视作中国工业废气减排过程中的技术效应。依据表 13 中右侧三栏的数据，即三类工业废气排放总量、不变价 GDP、工业份额，可计算得出 1991—2010 年中国工业废气排放总量变化率(污染治理)、GDP 变化率(规模效应)、工业份额变化率(结构效应)，结合式 5，又可得到工业污染强度的变化率(技术效应)，详见表 14。

表 14　中国工业废气排放量变化率及其效应分解(1991—2013)

单位:%

年份	废气排放量变化率	规模效应	结构效应	技术效应
1991	−28.06	6.87	−2.27	−32.67
1992	6.95	8.20	−3.48	2.23
1993	0.73	15.16	−1.20	−13.22
1994	−2.09	20.63	0.00	−22.72
1995	5.53	13.71	−0.97	−7.21
1996	−6.89	6.43	−2.70	−10.61
1997	−3.27	1.52	−5.05	0.27
1998	57.57	−0.89	0.27	58.20
1999	−12.25	−1.27	−2.92	−8.06
2000	1.92	2.03	−2.46	2.35
2001	−6.81	2.05	−1.68	−7.18
2002	−1.52	0.60	−3.42	1.30
2003	9.00	2.59	−3.54	9.95
2004	0.65	6.93	−2.75	−3.53
2005	9.39	3.92	−0.31	5.78
2006	−3.00	3.81	−4.42	−2.39
2007	−7.62	7.64	−0.99	−14.27
2008	−10.05	7.76	−1.67	−16.15
2009	−7.79	−0.61	−1.02	−6.17
2010	−2.59	6.64	−4.11	−5.12
2011	6.92	7.80	−1.79	0.90
2012	−5.68	2.00	−0.36	−7.31
2013	−0.38	1.70	−1.82	−0.26

注：数据源自表 13，技术效应等于废气排放量变化率减去规模效应和结构效应，三大效应的符号为“+”说明使工业废气排放量增加，符号为“−”说明其使工业废气排放量下降。以 2010 年数据为例，2010 年中国工业废气排放量较 2009 年下降 2.59%，其中规模效应为 10.3%，结构效应为 1.07%，技术效应为−13.96%，说明 2010 年的工业废气排放完全是工业领域采取了节能环保型的技术设备或生产制造工业，从而使得废气排放量下降 13.96%，而经济总量变化和结构调整对废气减排毫无贡献，反而是使得废气排放量分别增加 10.3%和 1.7%。

从表 14 可知，1991—2013 年的 23 年中有 14 年的工业废气排放量较上一年明显下降，2006 年以来，只有 2011 年的工业废气排放量同比上升，其余年份均稳步下降；除了 1998—1999 年受国内大面积洪灾和国企、住房、教育、医疗等多领域的市场化取向改革影响，2009 年受全球金融危机影响，1978 年计算的我国实际 GDP 增速略有下降以外，其余年份均持续增长，规模效应始终为正，说明在其他条件不变的情况下经济总量变化使得工业废气排放量显著增加；有 21 年的工业份额同比下降，说明第三产业相对发展更快，绝大多数年份中的经济结构调整有助于降低工业废气排放总量；除 1998 年可能因经济形势严峻，政府为了确保当年 8%的 GDP 增速目标，适度放宽了企业排污过程中的有关技术标准和要求，引致了当年较为粗放的工业增长外，其余的多数年份里工业废气减排过程中的技术效应为负，也说明企业在制造过程中采用了节能环保型的技术设备和生产流程(如大量火电厂安装脱硫设施),从而使得工业废气排放总量显著下降。因此,可以初步认为,我国的工业废气减排主要归功于技术效应,结构效应次之,规模效应对废气减排的贡献为负。

步骤二:借鉴当前国内外对能源强度的测度方法,即用单位GDP所耗费的能源量表示经济中的能源强度,本研究使用单位工业增加值所对应的废气排放量表示工业中的污染强度,然后将工业污染强度的变化率(模拟数据)与步骤推算出的技术效应(推算数据)进行对比,进而判断是否可以用单位工业增加值所应对的废气排放量作为工业污染强度指标的近似值。图15给出了两种数据的拟合状况。

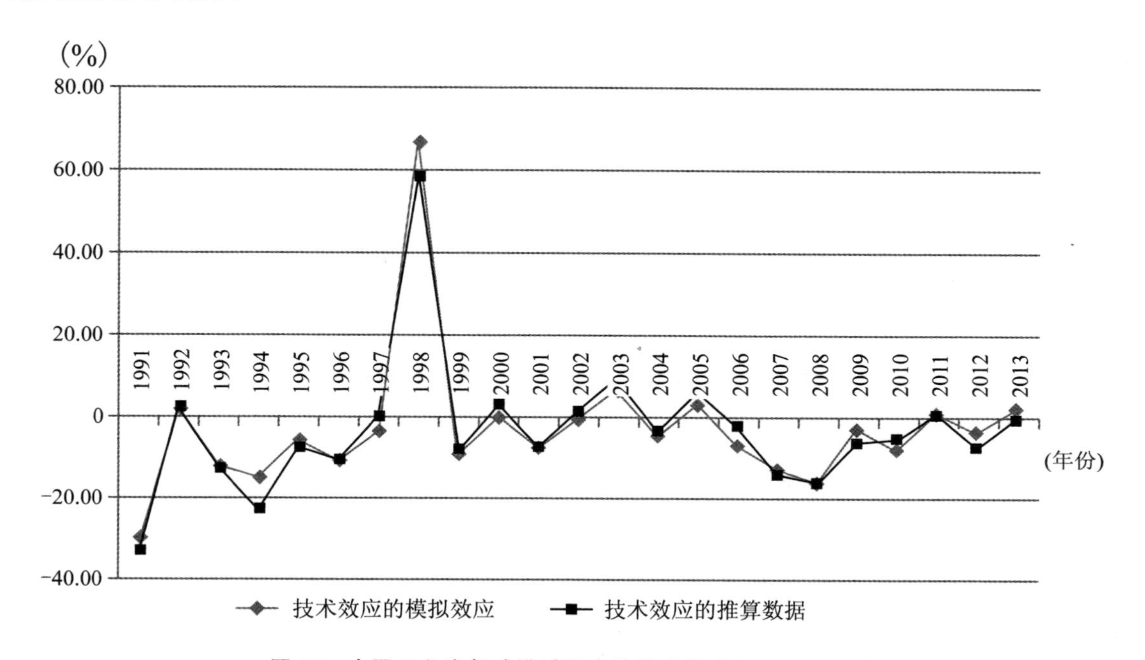

图15 中国工业废气减排过程中的技术效应(1991—2013)

注:技术效应的推算数据来源于表14。技术效应的模拟数据根据表13和历年《中国统计年鉴》相关数据计算整理,具体方法是,用表13中三类废气总量除以用1978年不变价计算得出的相应年份工业增加值,从而得到对应年份的工业污染强度,然后计算工业污染强度的变化率即可。其中1998年数据是因为自1997年底开始国家统计局扩大了对工业三废的统计口径,表现为当年三类工业废气排放量迅速增加,进而在工业增加值不变或稳定增长的调价下,工业污染强度也迅速增加。

如图15所示,技术效应的模拟数据与推算数据无论数值大小,还是变化趋势,基本保持一致。1991—2013年的23年间,技术效应的平均推算数据为－3.3%,平均模拟数据为－3.18%,两者仅相差约0.1个百分点,因此,可以用单位工业增加值所应对的废气排放量衡量工业污染强度,然后用工业污染强度的变化率衡量技术效应。

步骤三:尝试回答这样的问题,如果步骤二的验证结果是肯定的,那么从过去23年的时间跨度来看,规模效应、结构效应、技术效应分别能够从多大程度上解释中国工业废气排放量的变化,实际上,也就是运用时间序列数据、采用多元回归的方法、定量测度三大效应对工业废气治理的贡献度问题,设定如下回归模型,见式6:

$$y=\beta_0+\beta_1 X_1+\beta_2 X_2+\beta_3 X_3+\varepsilon \quad \text{式 6}$$

式 6 中，y 为被解释变量，是指中国工业废气排放量的变化率。X_1、X_2、X_3 为解释变量，分别代表规模效应(实际 GDP 变化率)、结构效应(工业份额变化率)、技术效应(工业污染强度变化率)。β_0、ε 分别表示截距项和随机误差项。β_1、β_2、β_3 分别表示规模效应、结构效应、技术效应对国内工业废气减排的边际贡献份额。结合表 14，同时用步骤 2 中技术效应的模拟数据代替表 14 中的技术效应(推算数据)，① 使用 Eviews5 计量分析软件，得出结果如下，见表 15。

表 15　模型检验结果

	模型系数	参数显著性检验值	模型 R^2 值	模型 F 检验值	模型 P 值	模型 DW 值
β_0	1.698	0.673	0.986	373.270	0.000	0.781
β_1	1.004	4.052*				
β_2	0.553	2.312**				
β_3	1.094	33.072*				

注：* 表示在 0.01 水平上显著相关，** 表示在 0.05 水平上显著相关。

如表 15 所示，$\beta_3>\beta_1>\beta_2$ 说明在中国工业废气减排过程中，技术效应贡献度最大，规模效应次之，结构效应最低。β_2、β_3 均通过了 1% 显著性水平的 T 检验，β_2 通过 5% 显著性水平的 T 检验；模型整体通过 1% 显著性水平的 F 检验。拟合优度，即 R^2 值为 0.986，接近于理想水平 1，说明三大效应可以解释中国工业废气排放量变化的 98.6%。DW 值为 0.781，较之理想水平 2 偏低，同时，截距项系数 P 值为 0.511，尚未通过显著性检验，说明模型存在轻度序列相关，这是因为影响工业废气排放量的因素有很多，包括国际贸易、政策变量等，比如可以在上述三个因素保持不变的条件下，通过增加对污染密集型产品的进口显然可以降低国内工业污染，因此仅让经济规模、产业结构以及工业污染强度进入回归方程作为解释变量，肯定会因漏掉部分解释变量而存在序列相关。由于本文侧重估算三大效应对工业废气治理的贡献度，所以在分析过程中抽去了其他相关因素。总的来看，此模型检验结果基本理想。

>>四、相关对策建议与思考<<

工业废气减排是中国空气污染治理的重点。尽管在过去 24 年中，以二氧化硫、烟尘、粉尘为代表的工业废气排放量年度之间变化很大，尤其自进入“十一五”以后，呈现出逐年递减的特征，但目前的工业废气排放总量较之 24 年前并没有明显降低，反而略有回升。根据模型和实证检验的结果可以看出，在工业废气治理过程中，技术效应贡献度最大，规模效应次之，结构效应的贡献度最低。针对中国的工业废气治理，本研究提出三点对策建议和思考。

---

① 如果采用技术效应的推算数据，直接用被解释变量(y)减去两个解释变量(x_1、x_2)得到第三个解释变量(x_3)，那么这个多元回归模型显然存在解释变量之间的多重共线性以及向量自回归问题，故文中采用技术效应的模拟数据，而且根据步骤二的结论，二者拟合效果很好，差异并不显著。

第一，提出并落实单位 GDP 或工业增加值污染强度指标，发掘技术效应对工业废气治理的贡献。计量模型中的 β_3 即为技术效应对工业废气减排的贡献度，如果以单位工业增加值污染强度变化率衡量的技术效应变化 1 个百分点则会使工业废气排放量的变化幅度增加 1.09 个百分点。无论是政府主导，还是市场驱动，若能引导企业致力于增加对节能环保类技术设备的研发投资，生产制造方式变得更为清洁，从而大幅降低单位工业增加值的污染强度，这是未来加强工业废气治理的根本。考虑到很难在短期实现技术进步，当前更为急迫的是推广和落实单位 GDP 或工业增加值污染强度指标，尤其是纳入对地方领导人的政绩考核体系中去。我国提出"十二五"期间要实现单位 GDP 二氧化碳排放强度下降 17%的目标，但问题在于，我国提出单位 GDP 二氧化碳排放强度指标的初衷主要是为了积极应对全球气候变化，参与全球气候谈判，并非是为了加强国内的环境污染甚或是大气污染治理，因为即便是空气中的污染物，除了二氧化碳以外，还包括二氧化硫、烟尘、粉尘、一氧化碳、氮氧化物，等等。因此，本研究建议与单位 GDP 能耗指标相对应，提出并落实单位 GDP 或工业增加值污染强度指标，同时引导地方政府、企业和居民的最优决策，切实推进节能减排。

第二，把适度放缓经济增速作为可持续发展的重要着力点。平衡好经济增长、环境保护、资源节约三者之间关系，是可持续发展的基本要求。计量模型中的 β_1 即为规模效应对工业废气减排的贡献度，值为 1。这就意味着，在尚未实现工业结构优化和技术升级的条件下，环境与经济无法共赢，互为悖论。经济规模加速扩大会直接造成工业废气排放量迅速增加，即如果 GDP 增速上升 1 个百分点，会使工业废气排放量同幅增加。由于存在规模效应，经济增速放缓客观上利于环境保护。长期以来，人们通常认为对于一个像中国这样拥有超过 13 亿人口的大国而言，经济增长速度至少要保持 8%以上才能够保证社会创造出相应的就业岗位匹配新增的就业人口，否则，失业形势会异常严峻进而影响社会稳定，正是基于这样的判断，每次政府面临经济增速下滑，便会匆忙出台一系列致力于"稳增长"的应急性政策措施，结果稳住了经济但代价高昂：一是失去了调整和优化经济结构的时机；二是政府主导的投资项目较之于市场主体效率低下，间接导致产能过剩；三是一些大型项目，如铁路、公路和机场建设等，造成了严重的资源浪费和环境污染。实际上，中国近年来因环境问题造成的群众性事件频发，环境污染已经远远超过失业，成为影响社会稳定的重要潜在因素之一。因此，在当前尚未实现经济结构明显优化和技术升级的背景下，政府需要适度放缓经济增速，而不是把"稳增长"作为调控政策的主基调。一个比较好的迹象就是，我国各级政府也已经逐渐认识到国内经济增长步入"换挡期"，已经逐渐适应了"新常态"，已经逐渐学会了在保护中发展。

第三，以产业结构"轻型化"促经济增长"清洁化"。计量模型中的 β_2 即为结构效应对工业废气减排的贡献度，其他条件不变的情况下，如果以工业份额变化率衡量的结构效应变化 1 个百分点则会使工业废气排放量的变化幅度增加 0.55 个百分点。这就意味着，即便是经济增速和技术水平不变，仅仅通过产业结构的内部调整也能降低工业废气排放量，促进经济增长"清洁化"。产业结构要以"轻型化"为调整方向，具体而言有两个路径：一是在现有工业份额中，降低以高污染、高能耗为主要特征的重化工业比重，增加轻工业份额；二是大力发展第三产业，尤其是生产性服务业，从而降低工业增加值占 GDP 的比重。目前，国内通常提及的“调结构”过多关注了产品市场领域的需求结构，也就是调整拉动经济增长“三驾马车”的比重，实现需求结构的再平衡，主要是不断降低对投资和出口的依赖，刺激并扩大内需。因此，可持续发展框架下的经济结构调整需要赋予更多的内涵，除了调整需求结构以外，还需从生产的角度推进产业结构的“轻型化”，这也是目前我国各界大力倡导的供给侧结构改革的重要内容之一。

>>参考文献<<

[1]陈诗一．边际减排成本与中国环境税改革．中国社会科学，2011(3)．

[2]陈六君，王大辉，方康福．中国污染变化的主要因素——分解模型与实证分析．北京师范大学学报(自然科学版)，2004(4)．

[3]李小平，卢现祥．国际贸易、污染产业转移和中国工业 CO_2 排放．经济研究，2010(1)．

[4]李永友，沈坤荣．我国污染控制政策的减排效果——基于省际工业污染数据的实证分析．管理世界，2008(7)．

[5]林伯强，刘希颖．中国城市化阶段的碳排放：影响因素和减排策略．经济研究，2010(8)．

[6]林永生，马洪立．大气污染治理中的规模效应、结构效应与技术效应．北京师范大学学报(社会科学版)，2013(3)．

[7]刘胜强，毛显强等．中国钢铁行业大气污染与温室气体协同控制路径研究．环境科学与技术，2012(7)．

[8]马玲，蒋大和．上海市能耗与 GDP 大气污染的协整关系研究．环境科学与技术，2006(9)．

[9]袁野，张静等．工业废气与经济发展的过程分解模型研究．安徽农业大学学报，2011(5)．

[10]张红凤，周峰，杨慧，郭庆．环境保护与经济发展双赢的规制绩效实证分析．经济研究，2009(3)．

[11]周静，杨桂山．江苏省工业污染排放特征及其成因分析．中国环境科学，2007(2)．

[12]A. Lans Bovenbergm and Sjak Smulders，1995，Environmental Quality and Pollution-Augmenting Technological Change in A Two-Sector Endogenous Growth Model，Journal of Public Economics，57：369-391.

[13] Arik Levinson，2009，Technology，International Trade，and Pollution from US Manufacturing，American Economic Review，99(5)：2177-2192.

[14] Arrow K. Bolin B and Costanza R，et al.，1995，Economic Growth，Carrying

Capacity, and the Environment, Science, 268: 520-521.

[15]Carmen Arguedas. , Eva Camacho and José Luis Zofío, 2010, Environmental Policy Instruments: Technology Adoption Incentives with Imperfect Compliance, Environment Resource Economy, 47(47): 261-274.

[16]De Bruyn SM, 1997, Explaining the Environmental Kuznets Curve: Structural Change and International Agreements in Reducing Sulphur Emissions, Environment and Development Economics, 2(4): 485.

[17]Grossman G M and Krueger A B, 1993, Environmental Impacts of a North American Free Trade Agreement, Garber P M, The US-Mexico Free Trade Agreement. Cambridge MA: MIT Press, 13-56.

[18] Metcalf Gilbert E, 2008, An Empirical Analysis of Energy Intensity and Its Determinants at the State Level, Energy Journal, 29(3): 1-26.

[19] Nicholas Z. Muller, and Robert Mendelsohn, 2009, Efficient Pollution Regulation: Getting the Prices Right, American Economic Review, 99(5): 1714-1739.

[20]Rose Adam, 1999, Input-Output Structural Decomposition Analysis of Energy and the Environment. In Handbook of Environmental and Resource Economics, ed. Jeroen C. J. M. van den Bergh, 1164-79. Cheltenham, UK: Elgar.

发展循环经济，升级传统产业
——镇江经济开发区“绿色企业”调研报告

邵　晖　王　颖　温梦琪

镇江经济技术开发区(以下简称“开发区”)位于镇江市东郊，地处长三角中心地带、长江与大运河黄金十字水道交叉点，呈带状分布，具有依托城市和港口的双重优势。开发区成立于1992年6月，2010年4月经国务院批准升级为国家级经济技术开发区。在2011年9月国家商务部发布的2010年国家级经济技术开发区投资环境综合评价通报中，开发区在全国128个国家级开发区中名列第24位，在新升级的36个国家级开发区中名列第2位。

开发区初步形成了化工、造纸、汽车零部件、电子信息、船舶制造及配套产品制造、光伏、生物医药等制造业产业集群，上述七大行业相关企业年度总销售收入占开发区工业企业总额的80%。开发区已成为全球单厂规模最大的高档铜版纸生产基地、中国最大的工程塑料粒子基地、中国最大的汽车发动机缸体生产基地、中国最大的可调螺旋桨生产基地，并被授予“国家级沿江绿色化工产业基地”和“国家级光电子与通信元器件产业基地”称号。开发区规划设立14个专业园区，其中包括国际化学工业园、光伏产业园等7个制造业园区，港口综合物流园和临江产业增值物流园2个物流园区；工程技术创新园、镇江软件园、大学科技园等4个现代服务业园区；另设有一个资源化和无害化产业园区。

开发区注重循环经济的发展。从“十一五”期间开始，开发区逐步建立循环经济发展体系，不断加强与高校、科研院所及相关企业的合作交流，探索循环经济发展方式与途径，编制了《镇江经济开发区发展循环经济实施方案》，指导开发区探索发展循环经济的路径，提出建成一个适合本区经济发展的循环经济体系。开发区内部分典型企业在发展中贯彻循环经济的理念，通过技术改造、生产管理措施的完善等各种方式方法，在减少污染物排放、水循环利用、副产品综合利用、降低单位产品能耗、水耗、资源消耗等方面取得了一定的成效。2015年1月15－16日，中国绿色发展指数调研组之一赴开发区进行“绿色企业”调研，共走访三家典型企业，包括金东纸业(江苏)股份有限公司、镇江江南化工有限公司和中节能太阳能科技(镇江)有限公司。

>>一、金东纸业——发展造纸业的绿色循环经济模式<<

造纸业是镇江主导产业之一，金东纸业(江苏)股份有限公司(以下简称“金东纸业”)位居镇江造纸业龙头，是开发区的重点企业之一。提到造纸厂，人们的第一印象都是两高一资(高耗能、高污染、资源性)，但是金东纸业却是以绿色造纸为目标。传统的白纸黑水企业如何实现清洁生产和节能降耗，成为此次调研的主要目的。

(一)金东纸业概况

金东纸业1997年5月由印尼金光集团所属的金光纸业(中国)投资有限公司与镇江金达工贸有限公司共同投资兴建，占地5.33平方公里，员工5200余名，总投资34.3亿美元。经过多年发展，主要生产包括高品质铜版纸在内的各类文化用纸，年产铜版纸200万吨以上。它是目前世界上单厂规模最大的铜版纸生产企业、中国500强企业、中国纳税500强企业、中国进出口额500强企业；在同行业中率先通过了ISO 14001环境管理体系认证；先后荣获“首批国家环境友好企业称号”“国家工业旅游示范点”“国家创建‘资源节约型、环境友好型’企业试点企业”“国家重点行业清洁生产示范单位”“江苏省节能工作先进单位”“江苏省能源计量工作示范单位”“江苏省节能减排科技创新企业”等节能环保荣誉，成为中国纸业比肩世界的标杆企业。

金东纸业拥有世界顶尖的现代化造纸设备，包括2条纸机生产线、2条涂布生产线和1条机内涂布生产线，全进口自德国和芬兰。金东纸业同时也十分重视环保节能，环保投资共计15.1亿元人民币，涵盖水、气、渣等废弃物的处理。公司拥有日供水9.95万吨的水厂以及日处理量7.5万吨的废水处理厂；自备热电厂有4台400吨/小时循环流化床锅炉，总装机容量29万千瓦，脱硫效率达85%以上；建设了重质碳酸钙和轻质碳酸钙厂等配套工程；粉尘治理方面配备防尘罩、防尘棚、洒水喷淋设施，固废处置基本达到100%综合利用。

(二)循环造纸与资源综合利用

在造纸行业中，林浆纸一体化是实现绿色造纸的重要环节，从植树造林到环保制浆，然后生产出优质的纸品，在生产过程内形成一个以纸养林，以林促纸，林纸结合，林浆纸协同发展的绿色大循环。20世纪90年代开始，金东纸业的集团公司“APP中国”将林浆纸一体化理念带入中国，并在海南建立了示范性基地。我国出于对林木资源保护的考虑，长三角地区禁止建立林场、浆厂，只能建立纸厂，因此镇江的金东纸业无法实现林浆纸一体化的大循环，故提出自己的内部循环模式，即在造纸工艺过程中尽可能对废弃物进行循环利用，从而实现清洁生产和资源高效利用(图16)。

1. 水资源综合利用

金东纸业实施了多项省水减废的清洁生产项目，效果显著。利用白水回收机回收的白水可在生产过程中用于泡浆；采用膜处理技术开发建设了7000吨/天造纸废水回用系统，净化后的水质量高于纯净水，可用作炉水，有一定的经济效益；利用"中水回用网络"将造纸废水处理后提供给绿化灌溉、消防、景观、公厕等场所使用。通过一系列的水回用，内部循环利用率达95%，吨纸耗水量已由建厂初期的15吨降至目前的7.56吨/吨纸，远远优于10吨/吨纸的世界领先水平。

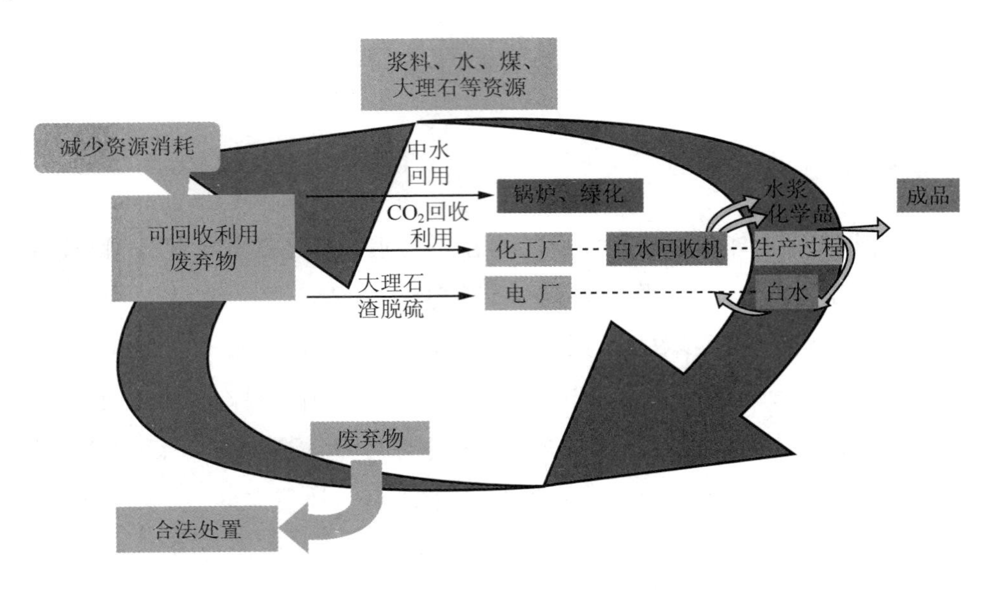

图16　金东纸业循环造纸示意图①

2. 废烟气再利用

金东纸业回用处理后的自备电厂燃煤烟气，利用其中的二氧化碳通过化工厂合成轻质碳酸钙，作为造纸填料；利用造纸过程中重质碳酸钙产生的部分大理石渣，投入电厂循环流化床锅炉进行烟气脱硫。明显减少了二氧化碳、二氧化硫、烟尘的排放总量，近三年减少二氧化碳排放26万吨、二氧化硫排放690吨。

3. 锅炉烟气余热回收利用

金东纸业利用专业技术回收锅炉烟气余热，加热除氧器补水，降低低压蒸汽消耗，从而降低煤炭消耗，并可减少二氧化碳、二氧化硫、二氧化氮排放量。每年节约7000大卡标煤5597吨，减少二氧化碳排放1.5万吨，二氧化硫排放90吨，二氧化氮排放51吨。

4. 固体废弃物综合利用

公司采用造纸污泥回收并添加适当填料生产纸盖板，提高了造纸污泥综合利用附加值，降低企业外购纸板的成本，也减少了公司固体废弃物的产生。

5. 其他第三方处理的废弃物

危险废弃物禁止造纸厂自行处理，如工厂使用的机油、润滑油等列入国家危废目录的废弃

① 该图引用自金东纸业调研座谈会材料。

物，必须交由市场上有资质的第三方合法处理。其他类别废弃物，如自备电厂产生的粉煤灰全部由具有相关环保资质的厂商综合利用，主要用来筑路、生产水泥、砌块砖，年利用量约20万吨。

金东纸业清洁生产处于行业先进水平，资源综合利用突出，回收再利用的环保措施使金东纸业每年直接获益1亿多元。金东纸业作为国家万家节能低碳行动企业，“十二五”期间须完成15万吨标煤的节能量目标，每年须完成3万吨的标煤节能量。近年来吨纸综合可比能耗持续下降，目前吨纸综合能耗为436千克标煤/吨纸，远低于世界先进铜版纸吨纸综合能耗550千克标煤/吨纸的水平，处于同行业国际领先水平。

(三)节能降耗的实践与措施

在金东纸业循环造纸的模式下，公司对清洁生产和节能减排建制立项，积极开展各项活动，发掘员工智慧，激励员工参与，不断努力降低能耗水平，提升企业的绿色竞争力。

1. 健全的节能减排组织和考核制度

公司上下高度重视节能减排工作，节能也是降低成本的有效途径，早已成为企业全员的共识。公司于2004年设立了节能委员会，2007年将节能委员会与清洁生产委员会合并为节能与清洁生产委员会，从组织上进一步强化公司节能减排、清洁生产和节约用水工作。节能与清洁生产委员会由公司副总经理挂帅，执行机构是环保能源部，负责制定年度节能目标和规划，监督各部门的能源利用情况，对主要用能部门实施能耗考核。生产部、整理部、工务部等主要部门由经验丰富的技术管理人员担任兼职的节能与清洁生产委员。每月10日前召开节能与清洁生产例会，分析、总结上月度节能措施执行情况，找出能耗差异原因，布置当月重点工作，让能源工作深入持久常抓不懈。2013年公司会议记录电子化追踪系统上线，节能会议记录发布后，各项工作落实责任人，并在规定时限内汇报进度情况，提升了节能工作的执行力。2013年年底公司开展GB23331能源管理体系建设，能源管理体系与质量管理体系和环境管理体系深度整合，完善了相关管理制度和作业指导书，并于2014年9月顺利通过外审，获得认证证书。

2. 全员参与加大节能工作管理力度

公司提出向管理要节能，减少不必要的用能浪费，降低设备空转能耗。①开展员工技术改善活动小组，即员工小组攻关活动。公司各部门围绕提升品质，节能减排，减少故障率等方面的具体问题开展小组攻关活动，小组活动期限一般为4—6个月，最长为12个月。各小组每月举行会议，提交进度报告，结束后提交结案报告，公司对小组活动每月发放经费，结案后视成果大小给予相应奖励。每年还举行2次小组成果大赛。2014年团队攻关小组共计33个，实现效益5023万元。②设立员工提案网络。公司鼓励员工积极参与企业经营管理，开发员工发明创造潜能，培养团队精神，以提高产品质量，优化工作流程，减少浪费，降低成本，为企业创造更大的效益。每年收到员工合理化建议上万条，采纳率 70%以上，凡被采纳的视成果予以金、银、铜点子奖、纪念奖和鼓励奖。2014 年节能减排合理化建议采纳 230 条，实现年效益 900 万元。③开展班组小指标竞赛。公司生产部门各运行班组对生产设备重要参数设定小指标竞赛，每月开展评比，对获得第 1 名的班组进行精神和物质奖励。如自备热电站设立蒸汽温度、压力、厂用电率、蒸汽排空量、烟气过氧量、飞灰、底灰含碳量等小指标，通过活动优化运行控制能力，提升设备效率，减少能源浪费，年节约标煤 2000 多吨。④深入推进科技创新。公司鼓励部门和员工开展创新活动，生产、工务、研发和信息部门每年组织研发项目和专利研究，开展造纸系统能量优化、造纸污泥综合利用、生物质燃料利用、现场余(废)热利用，太阳能发电等项目的研发和可行性评估，不断提高能源和资源利用效率。职工在解决现场问题的过程中将改善设计、开发的工具等加以分析、研究、归纳、总结为可以形成专利申报、操作法冠名等的将获得奖励。在发掘自身人才优势的同时，公司与北京大学、南京林业大学、华南理工大学等科研院校合作，开展锅炉底灰利用、能量系统诊断与优化、中浓磨浆等一系列研究与成果应用；依托公司博士后工作站和公司内部各专业研究室，开发低碳环保铜等新纸品。2014 年开展科技研发项目 33 项，专利申请量 72 件，其中 54 件获得专利授权。

对上述活动中积极参与、成果显著的部门、班组和员工，公司积极推荐申报造纸行业协会、省、市工会组织的“工人先锋号”“职工节能减排优秀成果”“职工合理化建议”以及优秀质量小组/信得过班组等荣誉评比活动。公司三号纸机、整理部先后获得了“工人先锋号”荣誉称号；2014 年有 8 个小组获得了省优秀质量小组，7 个小组获得了省信得过班组荣誉；“设计变型枕木组降低枕木损耗”获得江苏省十佳“职工合理化建议”；聂俊软密封阀门分解法获得江苏省十佳“先进操作法”；背辊清洁、镜面铜、制浆废水处理专利获得江苏省十佳“技术创新成果”；造纸工艺 IR 热气回收利用以及干燥能效提升项目获全国造纸行业节能减排优秀技术创新成果二等奖；造纸废水污泥综合利用项目获全国造纸行业节能减排职工优秀技术奖三等奖。

3. 实施节能减排改造工程、主动履行企业社会责任

“十一五”期间公司节能工作主要集中在相对容易见成效的节电领域，而“十二五”期间节能工作更具有挑战性，重点在造纸工艺上的改进，如实施造纸工艺段余热回收利用、能量系统优化、电机变频节能、绿色照明等技术改造项目。

2014 年公司投入 5540 万元人民币，用于改造纸机干燥部的余热利用、涂布段能效提升与优化，节能量达到 1.8 万吨标煤/年；投资 2091 万元锅炉烟气余热利用，排烟温度从 145℃降到 115℃左右，回收余热用于加热除盐水，可将除盐水从 60℃加热至 80℃～95℃进入除氧器，节能量 1.33 万吨标煤/年。2013 年 9 月投资 2.1 亿元实施脱硫脱硝除尘工程，对自备热电站四台循环流化床锅炉逐一实施改造，于 2014 年 11 月完成全部改造，大气污染物排放达到最新、最严的标准要求，项目完工投运后每月烟气排污费减少了 50 余万元。这些项目的实施为完成“十二五”期间节能量的目标奠定了坚实的基础。

4. 高度重视科研创新，鼓励自主研发

金东纸业同时也是高新技术企业，十分重视自主研发和科技创新。每年公司都会有自主研发项目，以及大量的专利申请。2014 年实施自主研发节能降耗项目 20 余项、获得发明专利和使用专利 5 项；2013 年金东纸业自主研发的环保医疗用影印用纸，获得了第 41 届日内瓦国际发明展金奖，该产品可以替代目前医疗影印使用的塑料胶片。

（四）金东纸业未来的绿色发展规划

未来的绿色发展重点在节能减排，在规划中，金东纸业主要着力于探索结构节能、管理节能和技术节能手段。结构节能指在能源结构上侧重运用生物质能源、太阳能，目前公司正在实施仓库屋顶 20MW 光伏发电站建设，结合生物质燃料应用，造纸污泥燃料化开发等，将进一步减少化石燃料造成的大气污染和碳排放；在产品结构上开发低能耗、环保纸种。管理节能包括设备管理规范化等，以及建立数字化、可视化的管理平台，如电力需求管理、能源管理中心，将制度与节能更深入地融合起来。技能节能主要是用高效新型设备替代传统设备，如继续加强余热、废热的回收利用等。

虽然金东纸业的一些能效指标领先于国内外同行，但要全面实现绿色造纸和零排放，还需要不断的探索与研发，始终将企业清洁生产、节能降耗、资源利用贯穿全部生产经营中，真正成为绿色生态工厂。

图 17　排放废水养鱼

图 18　检测空气质量的动物饲养区

>>二、江南化工——企业循环化生产，变废为宝<<

位于开发区化学工业园区的镇江江南化工有限公司（以下简称“江南化工”）在大力发展循环经济，推进资源综合利用方面非常典型。该公司先后被评为江苏省高新技术企业、省民营科技企业、省标准化良好行为 4A 级企业、省清洁生产先进企业、省节水型企业、省信息化与工业化融合试点企业。

江南化工成立于1979年，是一家以生产销售草甘膦除草剂和有机硅为主业的企业。2013年10月通过资产收购方式，整体收购了江苏利洪硅材料有限公司全部资产，实现从农药化工向化工新材料产业的转型。主要产品草甘膦化学除草剂年产能5万吨，有机硅硅氧烷产能3万吨，其生产能力和技术水平均位于同行前列。在江南化工的发展中，企业始终倡导清洁生产、循环经济理念，围绕资源综合利用，走出了一条以草甘膦为核心、以氯资源循环为产业特色的绿色化工之路，产品生产过程中产生的盐酸、氯甲烷、甲缩醛等副产物均能得到循环利用。2013年通过资源综合利用节约成本19 290万元，2014年全年实现节约成本16 522万元。

(一)回收利用废弃氯甲烷，实现氯资源的循环

氯甲烷是该公司主要产品草甘膦、亚磷酸二甲酯生产过程中的副产物之一。如果能将生产过程中产生的废弃物氯甲烷进行回收，就能实现企业内部氯元素的循环，达到资源综合利用，降低生产成本，实现清洁生产的目的。2013年10月，江南化工收购了毗邻的江苏利洪硅材料有限公司，使这一循环得以实现。江南化工在收购江苏利洪硅材料有限公司之后，将自身草甘膦生产过程中产生的氯甲烷气体经过压缩、冷凝处理后，通过地上管道便利地输送到对面厂房(原江苏利洪硅材料有限公司)作为合成有机硅的原料。在此基础上，将有机硅的副产盐酸又进行回收作为草甘膦生产的原料，最终实现了公司内部草甘膦—有机硅两大产业间氯元素的循环，有效减少了环境污染的同时极大地提高了资源的利用效率，降低了企业原料与运输成本，进而促进了公司经济效益的提升。2013年氯甲烷实现销售利润8738万元。

(二)循环利用废气盐酸，提高主产品竞争力

在亚磷酸二甲酯生产过程中对副产物氯化氢气体采用了连续逆流吸收回收工艺，极大地提高了吸收效率，回收的盐酸浓度提高到30%，可作为草甘膦产品原料配套使用，回收率达99%以上，不仅使亚磷酸二甲酯实现了清洁生产，而且提高了公司主导产品草甘膦的市场竞争力。与外购盐酸相比，仅此一项2013年节约成本1275万元。

此外，有机硅产业的加入延伸了企业的循环链，带来了可观的循环经济效益。一方面草甘膦生产过程回收的氯甲烷可利用管道输送到有机硅厂，用于有机硅单体合成，每年可节约成本1.14亿元；另一方面有机硅生产中副产的盐酸可用于草甘膦的生产，每年可节约盐酸处理费360万元。

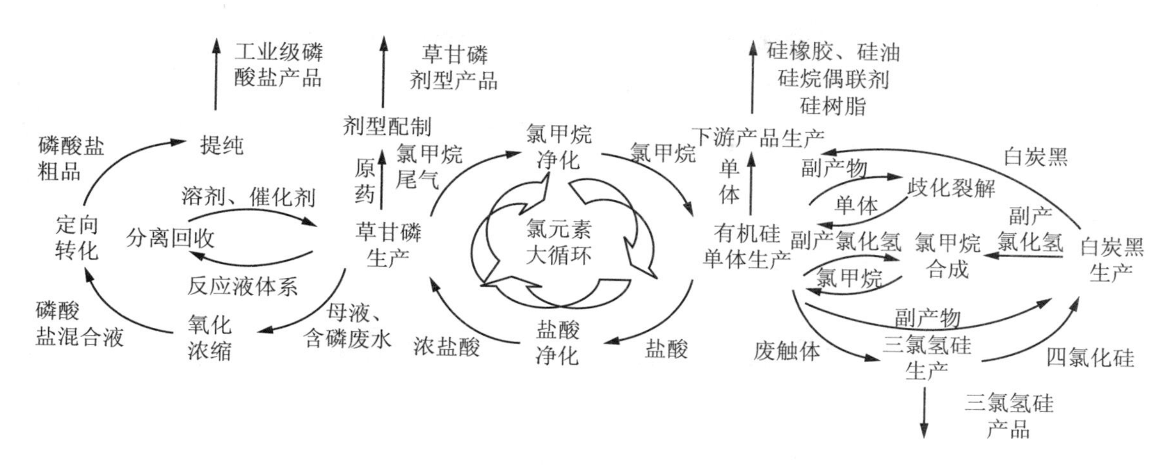

图 19　企业循环产业链

图 20　生产反应塔

图 21　物料运输管道

(三)回收销售副产物甲缩醛，实现效益最大化

甲缩醛是草甘磷生产过程中的另一主要副产物，公司采用天津大学高效精馏技术，对甲缩醛及甲醇回收装置不断进行技术改造，回收率持续提高，每吨草甘磷可回收甲缩醛 470 公斤，回收率达到 96％以上，2013 年回收甲缩醛 23105 吨，并全部销售，实现销售收入 6832 万元，2014 年实现销售收入 6480 万元。

(四)首创草甘磷母液资源综合利用处理工艺，实现“变废为宝”

国家取消 10％草甘磷水剂产品后，草甘磷生产过程中产生的母液处理问题直接关系到企业的发展。生产每吨草甘磷产生约 4.5 吨稀碱母液。草甘磷母液成分复杂，处理困难，除部分未反应完全的原料外，还含有草甘磷反应过程中的中间产物、副产物等有机物。江南化工为彻底解决母液处理问题，和新安化工一起研发攻关，并承担装置产业化的任务。总投资

10 780万元，建设了母液氧化预处理装置，母液定向转化装置和磷酸盐产品处理装置实现了技术的产业化，并完全解决了江南化工5万吨/年草甘磷副产母液的出路问题。该技术获得了中国石油和化工行业环境保护与清洁生产重点支撑技术之一。5万吨/年草甘磷清洁生产资源化项目还被列为国家2013年工业清洁生产示范项目，获得财政部450万元清洁生产专项资金补助。

>>三、中节能——节能降耗，改善能源结构<<

太阳能发电是一种新兴的可再生资源，被誉为人类理想的能源。中节能太阳能科技（镇江）有限公司（以下简称“中节能”）作为太阳能发电行业的后起之秀，仅短短几年时间发展迅速，在节能降耗方面走在了行业前列。

（一）公司情况介绍

中节能成立于2010年8月，是国务院国资委直属的中国节能环保集团公司的三级子公司，以太阳能发电为主，致力于光伏技术研发、光伏产品制造与销售以及光伏系统的设计和实施。其产品有利于改善我国的能源结构，缓解能源紧张和环境污染状况，符合我国可持续发展和建设节约型社会的要求，属于国家重点支持的新兴产业，具有很好的市场和发展前景。

该公司具有较强的技术研发团队，有科技研发人员百余人，现为国家高新技术企业、镇江市晶硅太阳能电池及组件工程技术研究中心、江苏省晶硅电池组件工程技术研究中心，目前已拥有7项省级高级技术产品、39项授权专利，同时还参与了光伏行业国家标准和行业标准的制定与评审。该公司太阳能电池和组件生产线工艺水平和设备自动化程度较高，产品的转换效率和品质均处于行业领先水平，先后取得TUV、UL、北美CSA、英国MCS的认证，并进入国内首批通过CQC防火组件测试的60家企业名单。于2010年年底正式启动的300MW晶体硅太阳能电池、组件项目。企业占地208亩，总投资约13亿元人民币，其中，一期100MW项目于2011年9月正式投产，2012年实现营业收入14亿元，利润总额1.77亿元；二期200MW项目于2013年9月全面投产，达产后可实现年销售20亿元、利税3亿元。

（二）分布式光伏发电系统

企业的重点项目——分布式光伏发电系统具有规模较小、高度分散的特点，可大大缓解集中电站对电网的间歇性的冲击；可在即有建筑上安装和规划，不需要进行土地规划和审批；靠近负载，自发自用，效率高，没有输变电损失；分布式智能监控，融入智能电网；利用太阳能发电有效减少CO_2等污染物的排放，抵制雾霾天气，保护地球环境。据测算，每1千瓦分布式光伏系统年平均发电量1150千瓦，节约标煤350.5吨，减少温室效应气体CO_2排放906.8吨，产生直接经济收益约1092.5元(补贴以江苏地区为计算标准)。

(三)企业内部节能降耗开展情况

该公司扎实履行节能环保产业的使命和责任，在节能环保科技研发、技术推广、管理提升、经营运行等方面走在了央企前列，很多项技术和业务都达到了全国第一。

1. 热回收

采用热回收冰水机组提供高效、可靠的冷冻水的同时，有效利用机组产生的冷凝热提供节能型空调热水系统。

2. 冰蓄冷

工艺设备冰水所需冷量的部分或全部在电价谷值时制备好，并以冰的形式储存起来供用电高峰时的工艺设备使用，从而将电网高峰高电价时的工艺用电转移至电网低谷低电价时使用。

3. 用电管理系统

采用电力需求侧管理系统并配以相应的仪表来监控主要用电回路和设备，并据此进一步智能化和优化负荷用电，提高用电效能而最终实现节能的目的。

4. LED照明

车间照明灯全部使用LED灯管作为光源，每天可节省2倍于普通日光灯的用电量，节电率达到50%。

5. 建筑节能

厂房采用良好的保温隔热措施；综合楼外墙采用P型非承重多孔砖板墙体，隐框玻璃幕墙，隔墙采用P型非承重多孔砖和GRC板，砖外墙贴保温板材后挂石材。在厂房的总体布局设计中，将动力站房设置在生产负荷中心，管线距离短、输送损失小。

6. 废水回用

设计安装有雨水收集系统，通过雨天收集汇流的雨水，平时用于绿化，浇水护花；通过收集RO浓水作为生产办公区卫生间的水源；通过水处理装置对酸碱混合废水进行处理，达到冷却水的使用要求后，接至动力站屋顶冷却塔补水系统。

7. 屋顶光伏发电系统

3.008MWp屋顶光伏发电系统每年总发电397.2万千瓦，相当于节约标煤1429.92吨。本项目光伏发电系统在寿命期间发电量为9930万度。

图 22　太阳能板生产车间

>>四、启示和思考<<

(一)发展循环经济是实现经济发展方式转变的重要途径

发展循环经济是实现经济发展方式转变的重要途径，对于化工、造纸等资源消耗量较大的行业尤为明显。通过推行循环化改造可从源头上减少污染物的产生，各种生产线和生产工序的化学反应副产物、废弃物的回收再利用可极大地减少各种污染物的排放，将生产活动从源头到产品的各个环节进行资源减量、综合利用及无害化处理，将污染物对环境的影响降低到最低程度。在原有功能布局的基础上，合理优化产业沿江沿路布局，协同推进构链与补链，根据产业链条上、下游关系，整合开发区循环化产业链条功能，通过产业链的不断完善有效促进产业结构的调整，推动发展方式转变，最终实现经济发展由粗放型向集约型转变。

园区建设重点要求促进企业集群化、产业集聚化，推动区内企业集群升级。循环经济则是产业集约化的重要途径，特别对于开发区目前规模占比最大的化工产业，通过产业集聚，企业之间具有科学的分工协作，科学组织和配置产业生产力。通过循环化改造，实现生产过程废弃物的资源化综合利用，降低企业的生产成本，减少成本投入，当大量的企业实现了资源的循环利用之后，就可以沿着生产链进行深度分工，使得每个企业都获得单独生产所无法实现的效益，显著提高企业的经济效益，同时提高企业履行社会责任的水准，增强企业综合竞争力，提高经济发展内在质量。

(二)政府的支持是企业发展循环经济的重要保障

开发区是全国第一批循环经济试点园区，园区及上级政府对于循环经济高度重视，在政策、资金等方面给予了园区企业诸多支持。以江南化工为例，作为园区循环经济重要示范企业之一，其发展资金、技术等多方面受到政府的关注和扶持。

资源综合利用方面，江南化工主要围绕氯和磷两大资源进行资源综合利用，磷资源的综合利用率已超过90%。2014年，在磷资源综合利用方面，国家财政部划拨专项基金给企业用于磷资源的清洁生产。技术改造方面，当地政府为江南化工的技术改造提供专项资金支持，同时，地方政府也积极协助配合企业申报省级及国家级项目。例如在2014年，当地政府协助企业申报并获得了国家财政部清洁生产专项资金。在能源供应方面，近年来，国家电网进行改革，对园区内的企业采取直供电的形式，下调企业用电价格，进而降低企业生产成本。据粗略估计，直供电这种新形式每年能为企业节省几百万元电费。

(三)产—学—研相结合，是循环经济发展的技术支撑

以江南化工为例，在技术研发方面，江南化工除了有自己的研发部门之外，还与国内诸多高校合作。例如与南京农业大学、南开大学等高等院校合作，将转基因技术应用于草甘磷抗性作物的培育，已取得阶段性成果，生物除草剂的创制工作已完成小试，今后将进一步进行工业性生产和大田应用试验研究工作。另外，企业还将与浙江大学合作，将计算机DCS控制模糊技术应用于草甘磷生产线的控制，进一步提高产品的科技含量。与此同时，企业还积极开展国际合作，即将投产的AA3项目(甲基苯基硅橡胶)便是同俄罗斯共同开展的国际科技合作项目。

技术创新与绿色工业

张江雪　蔡　宁　毛建素　杨　陈

改革开放 30 多年的高速增长使中国面临的资源枯竭和环境污染问题日益严重，如何正确协调好资源、环境与经济发展的关系，逐渐成为学术界关注的热点。尤其是工业经济的增长更需要低碳、绿色的理念才能可持续，近期全国大范围雾霾天气增多的主要原因是石化能源消费增多造成的大气污染物排放逐渐增加。第三次工业革命和新科技革命，促使人类的生产生活方式和经济社会的发展方式发生了巨大的变化，各国经济发展的驱动力越来越依赖于科技创新的力度。党的十八大将科技创新提高到"国家发展全局的核心"，并对新时期的科技工作提出了实施"创新驱动发展战略"的努力方向。十八届三中全会再次强调深化科技体制改革，要建立健全的原始创新、集成创新、引进消化吸收再创新的体制机制。当然，引进国外技术也是技术创新的主要内容。长期以来，发展中国家普遍相信利用外资可以实现跨越式发展，由于生产效率与发达国家存在较大差距，绝大部分国外技术要经过一系列转化才能应用，因此，发展中国家的技术进步决策要在技术引进与自主研发之间权衡。随着资源和环境对中国经济发展的刚性约束愈发明显，亟须从绿色增长的视角来研究技术创新，而当前该领域的研究较少。究竟什么样的技术创新方式才是最有效的？自主创新、国内技术引进、国外技术引进和外商直接投资对工业行业绿色增长影响差异如何？不同行业又表现出怎样的异质性？这将是本文研究的重点。在中国当前强调自主创新和绿色经济的背景下，该研究对于认识我国经济发展方式转变的动力以及如何正确处理不同工业行业的自主创新与技术引进的关系具有很强的现实意义。

基于此，本研究试图从以下两个方面对现有文献进行拓展：(1)采用非径向、非导向性的基于松弛测度的方向距离函数(SBM－DDF)模型，测算 2007—2011 年中国工业行业绿色增长指数(Green Growth Index of Industry—GGII)，并将 36 个行业分成三大类：高绿色行业、中绿色行业和低绿色行业；(2)基于行业异质性，针对高、中、低绿色行业，分别构建面板数据模型，分析影响工业行业绿色增长指数的主要因素，并重点考察自主创新、国内技术引进、国外技术引进的影响程度，同时，比较外商直接投资和环境规制的作用效果，以期为探索新的技术创新路径和环境规制模式，建立绿色、生态的工业发展模式，提供借鉴和参考。

>>一、文献述评<<

国内外对工业绿色增长的研究主要集中在两个方面：一是以工业绿色发展相关的统计指标为基础，通过对指标的无量纲处理、权重分配等来衡量工业绿色增长程度。国外相关指数有经济合作与发展组织的"绿色增长指标"、耶鲁大学和哥伦比亚大学的"环境绩效指数"等。国内也有相关研究，中国科学院可持续发展战略研究组(2013)从资源环境绩效、过程控制和结构调整、政策支持力度三个方面，通过5个二级指标和26个三级指标评价我国工业的绿色发展；北京师范大学、西南财经大学和国家统计局中国经济景气监测中心(2013)的"中国绿色发展指数"，其一级指标"经济增长绿化度"下的"第二产业指标"也进行了相关测算。二是以生产率理论为基础，依据计量分析测算资源环境约束下的工业绿色全要素生产率。Davis(1954)认为，全要素生产率除了包括传统的劳动、资本等要素，还应考虑原材料、能源等资源。随着环境问题的日益突出，越来越多的研究在评价经济绩效时将资源环境要素纳入评价体系(Bergeta，1992；Mohtadi，1996；Chungetal，1997)将污染物排放视为非期望产出，结合方向距离函数测度工业绿色全要素生产率。随着测度方法的改进，最新的研究采用非径向、非导向基于松弛变量的方向距离函数(SBM－DDF)，避免了方向距离函数的径向性和导向性。Zhengetal(2009)、杨文举(2012)等均做了这方面的研究。

技术创新与绿色工业的相关研究主要集中于技术创新对工业全要素生产率的影响。新经济增长模型指出，行业部门的研发投入和知识溢出是行业全要素生产率增长的主要来源。吴延兵(2008)运用中国地区工业面板数据研究了自主研发、国外技术引进和国内技术引进对生产率的影响；宋马林和王舒鸿(2013)从区域层面分析了工业增长的环境效率，并对技术进步和环境规制的影响程度进行分析。从工业各行业层面来看，Nadiri(1993)证明了各个行业部门的全要素生产率与R&D投入存在因果关系；李静等(2013)发现研发投入对企业全要素生产率的溢出效应约为16.5%；张诚和蒙大斌(2012)指出，引进技术与自主创新是行业全要素生产率进步的源泉；李小平(2007)研究了自主R&D、国外技术引进的产出和生产率回报率；陈涛涛(2003)、蒋殿春和张宇(2006)分析了外商直接投资的溢出对于中国行业的全要素生产率的影响。

综上，国内外关于技术创新和工业增长的研究成果比较丰富，但大多从全要素生产率的视角分析工业行业的效率，较少考虑工业行业带来的资源消耗和环境污染，缺乏对工业绿色增长的探讨；另外，单独分析技术研发、技术引进和外商直接投资这三者对工业行业全要素生产率影响的文献较多，但缺乏自主创新、技术引进和外商直接投资三者进行比较的文献，尤其是对工业绿色增长的影响差异分析。为此，基于工业行业增长、资源消耗和环境污染三个层面，本研究构建了工业行业绿色增长指数(GGII)；针对高、中、低绿色行业这三个组别，分别比较自主创新、国内技术引进和国外技术引进对工业行业绿色增长指数的影响，并考察环境规制和外商直接投资的作用效果。

>>二、研究方法与数据来源<<

(一)工业行业绿色增长指数的测算

1978 年，美国著名运筹学家 Charnes、Cooper 和 Rhodes 最早提出数据包络模型，通过投入产出数据分析决策单元的效率。随后，Charnes、Cooper、魏权龄等人陆续提出 BCC 模型、CCW 模型等。如果把一个国家或地区的生产总值作为产出，把资本、劳动力等生产要素作为投入，则数据包络分析可用于测度全要素生产率。近年来，经济增长与资源、环境、生态之间的矛盾日益突出，学者们逐渐将资源环境等视为经济发展的内生变量，用 DEA 方法测度绿色全要素生产率。然而最初的文献并没有发现污染排放的产出特征及其负外部性，仅将其作为与资本、劳动相同的投入变量进行处理。1997 年，Chung 等将数据包络分析与方向距离函数相结合，并将环境污染视为生产中的非期望产出，形成了分析绿色生产率的主流方法(涂正革，2008)。然而传统方向距离函数存在径向性和导向性问题，生产效率易被高估且无法同时实现对生产和投入效率的非比例调整。2001 年，Tone 提出非径向、非导向性基于松弛变量的 SBM 模型，Fukuyama 和 Weber(2009)又将 SBM 方法与方向距离函数相结合，形成目前最新的生产效率测度模型——基于松弛测度的方向距离函数(SBM－DDF)，有效解决了效率被高估以及投入、产出效率无法非比例调整的问题。

借鉴 SBM－DDF 模型，本研究以中国 36 个工业行业生产部门为决策单元构造前沿面。假设 x 表示各工业行业的 N 种投入，$x=(x_1 \cdots x_N) \in R_N^*$；$y$ 表示 M 种期望产出，$y=(y_1 \cdots y_M) \in R_M^*$；$b$ 表示 K 种非期望产出，$b=(b_1 \cdots b_K) \in R_K^*$；则 (x_i^t, y_i^t, b_i^t) 为第 i 个行业 t 时期的投入产出向量，(g^x, g^y, g^b) 为方向向量，(s_n^x, s_m^y, s_k^b) 为投入和产出的松弛向量。那么，第 i 个行业 t 时期非径向、非导向的基于松弛测度的方向性距离函数定义为：

$$\vec{S}^t(x_i, y_i, b_i, g^x, g^y, g^b) = \frac{1}{3}\max\left(\frac{1}{N}\sum_{n=1}^{N}\frac{s_n^x}{g_n^x} + \frac{1}{M}\sum_{m=1}^{M}\frac{s_m^y}{g_m^y} + \frac{1}{K}\sum_{k=1}^{K}\frac{s_k^b}{g_k^b}\right) \tag{1}$$

$$\text{s.t}\quad x_{in} = \sum_{i=1}^{I} x_{in}\lambda_i + s_n^x, \forall n; y_{im} = \sum_{i=1}^{I} y_{im}\lambda_i - s_m^y, \forall m; b_{ik} = \sum_{i=1}^{I} b_{ik}\lambda_i + s_k^b, \forall k;$$

$$\lambda_i \geqslant 0, \sum_{i=1}^{I}\lambda_i = 1, \forall i; s_n^x \geqslant 0, \forall n; s_m^y \geqslant 0, \forall m; s_k^b \geqslant 0, \forall k$$

本研究研究对象是工业行业绿色增长指数，以各行业规模以上工业企业增加值为期望产出，以工业废水排放总量、工业废气排放总量和工业固体废弃物排放总量这三种环境污染物作为非期望产出，以各行业能源消费总量作为投入变量。求解以上线性规划，则可得到第 i 个工业行业

t 时期生产单位工业增加值所消耗的能源和所造成的环境污染，即基于资源环境约束的工业绿色增长的无效率值 $\vec{S}^t(x_i, y_i, b_i, g^x, g^y, g^b)$。该无效率值越大，则工业绿色增长的无效率水平越高，工业绿色增长水平越低；反之，无效率值越小，则工业绿色增长水平越高。

根据 Fukuyama 和 Weber(2009)提出的定理：当方向向量 $g_n^x = x_n^{\max} - x_n^{\min}$，$\forall n$ 且 $g_m^y = y_m^{\max} - y_m^{\min}$，$\forall m$ 时，有 $0 \leqslant \vec{S}^t(x_i, y_i, b_i, g^x, g^y, g^b) \leqslant 1$，因此，我们构建如下工业行业的绿色增长指数(Green Growth Index of Industry—GGII)：

$$\overrightarrow{GGII} = 1 - \vec{S}^t(x_i, y_i, b_i, g^x, g^y, g^b) \tag{2}$$

$$\text{s. t} \quad g_n^x = x_n^{\max} - x_n^{\min}, \ \forall n; \ g_m^y = y_m^{\max} - y_m^{\min}, \ \forall m$$

从式(2)可以看出，由于工业绿色增长的无效率值 S^t 介于 0 和 1 之间，所以工业行业绿色增长指数 $GGII$ 也介于 0 和 1 之间。且无效率值越低，则 $GGII$ 数值越高，该行业的绿色增长水平越高，绿色增长指数越高。

(二)自主创新、技术引进变量选择与面板数据模型的构建

工业绿色发展受到技术创新、环境规制等多种因素的影响。本研究以工业行业绿色增长指数($GGII$)为因变量，以自主创新、技术引进作为重点考察的自变量，同时分析环境规制、对外直接投资对工业绿色增长的影响，构建下列函数：

$$GGII = f(\text{innovation}, \text{introduction}, \text{regulation}, \text{fdi}) \tag{3}$$

其中，innovation 表示自主创新；introduction 表示技术引进，regulation 表示环境规制；fdi 表示外商直接投资。

(1)自主创新(II)。自主创新有利于提高要素利用率，促进自然资源的节约和循环利用，减少污染排放。党的十八大报告明确了自主创新的三种形式"原始创新、集成创新和引进消化吸收再创新"，因此，本研究用企业的"R&D 经费内部支出"与"消化吸收经费支出"之和表示自主创新(Independent Innovation，Ⅱ)。2007—2010 年的数据口径采用的是"大中型工业企业"，2011 年用"规模以上工业企业"这一统计口径代替。数据来自《中国科技统计年鉴》。

(2)技术引进(DT，FT)。技术引进是一个国家或地区的企业、研究单位、机构通过一定方式从本国或其他国家、地区的企业、研究单位、机构获得先进技术的行为。本研究从国内技术引进和国外技术引进两方面对技术引进加以衡量，用"购买国内技术经费支出"表示国内技术引进(Domestic Technology，DT)，用"引进技术经费支出"表示国外技术引进(Foreign Technology，FT)。数据统计口径、来源与自主创新指标相同。

(3)环境规制(ERS)。环境资源的公共品性质决定了工业污染控制难以完全通过市场机制来解决，要实现社会福利最大化，必须实施合理有效的规制手段。目前国内外对环境规制的衡量主要采用如下方法：一是根据环境规制的结果，用污染物排放密度、污染物治理成效等衡量(Cole and Elliott，2003)；二是以环境保护投入为基础，用不同形式的环境投资或环境治理成本

衡量(叶祥松和彭良燕，2011；沈能，2012)；三是用环境规章制度作为虚拟变量进行衡量(Yörük and Zaim，2006；王兵等，2008)；四是基于环境与能源互为镜像，用能源强度或其倒数进行间接衡量(Kheder and Zugravu，2008；徐常萍和吴敏洁，2012)。考虑到中国环境保护体制及工业发展现状，本文借鉴傅京燕和李丽莎(2010)的方法，用各行业的工业废水、废气和固体废弃物三种主要污染物的数据构建一个综合性的环境规制强度指标。

首先，根据数据的可获得性及年度间的稳定性，选取各行业工业废水排放达标率、工业二氧化硫去除率及工业固体废弃物综合利用率作为“三废”的代表性指标。为实现不同指标间的可比性，对这些指标进行标准化处理：

$$S_{it}^{j} = (EI_{it}^{j} - \min_{i} EI_{it}^{j})/(\max_{i} EI_{it}^{j} - \min_{i} EI_{it}^{j}) \tag{4}$$

其中，S_{it}^{j}表示 i 行业第 t 时期 j 指标的无量纲化标准值，EI_{it}^{j}表示指标的原始值，$\max_{i} EI_{it}^{j}$和$\min_{i} EI_{it}^{j}$分别表示 j 指标 t 时期在 36 个行业中的最大值和最小值。

其次，由于不同行业间污染物排放差异较大，且同一行业内，不同污染物的排放也存在差别，因此需计算各指标的调整系数(W_{it}^{j})：

$$W_{it}^{j} = \left(\frac{E_{it}^{j}}{\sum_{i=1}^{36} E_{it}^{j}}\right) \Big/ \left(\frac{IV_{it}}{\sum_{i=1}^{36} IV_{it}}\right) \tag{5}$$

其中，E_{it}^{j}表示 i 行业 t 时期 j 种污染物排放量，$\sum_{i=1}^{36} E_{it}^{j}$ 表示 t 时期 j 种污染物在 36 个行业中的排放总量；IV_{it}表示 i 行业 t 时期的总产值，$\sum_{i=1}^{36} IV_{it}$ 表示 t 时期 36 个行业的总产值之和。

再次，为避免某些年份某些行业环境规制出现异常值，保证数据稳定性，对各行业不同年间的调整系数取均值：

$$\overline{W}_{ij} = \frac{1}{n}\sum_{t=1}^{n} W_{it}^{j} \tag{6}$$

最后，根据各指标的无量纲标准值和各行业 3 种不同污染物的调整系数，计算出 i 行业 t 时期的环境规制强度：

$$ERS_{it} = \sum_{j=1}^{3} (S_{it}^{j} \times \overline{W}_{i}^{j}) \tag{7}$$

(4)外商直接投资(FDI)。资本流动也会带来环境问题，目前学术界比较流行的观点是“污染避难所假说”，即在开放经济条件下，发达国家的高污染产业会随着自由贸易不断迁移到环保成本更低的发展中国家，从而使发展中国家成为发达国家的污染避难所(Merrifield，1988；Copeland，1996)。但也有文献指出，资本流动是降低污染水平还是提高污染水平，取决于贸易和投资的形态。现实中拥有较低环境成本的国家并不一定有足够的资本积累来吸引国外污染密集型产业的迁移和投资，因此污染避难所并不容易被观察到(Cole and Elliott，2005)。实际上，发展中国家多表现为外资通过技术溢出效应提升行业的技术水平和产出水平，从而改善企业绿色经济效率。鉴于此，本研究将外商直接投资也作为影响工业绿色增长的因素，选用各行业外商和港澳台商投资工业总产值占本行业工业总产值的比重作为替代变量。

为了消除异方差，本文在构建模型时对部分变量进行对数化处理。测算年份为 2007—2011 年，重点是分析行业差异，所以假定各系数满足时间一致性，面板模型可表示为：

$$GGII_{it}=\alpha_i+\beta_{1i}LnII_{it}+\beta_{2i}LnDT_{it}+\beta_{3i}LnFT_{it}+\beta_{4i}FDI_{it}+\beta_{5i}ERS_{it}+\varepsilon_{it} \quad (8)$$

在参数不随时间变化的情况下，截距和斜率有两种假设：

假设 1：斜率相同，但截距不同，模型为：

$$GGII_{it}=\alpha_i+\beta_1 LnII_{it}+\beta_2 LnDT_{it}+\beta_3 LnFT_{it}+\beta_4 FDI_{it}+\beta_5 ERS_{it}+\varepsilon_{it} \quad (9)$$

其中，$\beta'=(\beta_1, \beta_2, \beta_3, \beta_4, \beta_5)$ 的取值对于不同行业而言是相同的，各行业间的差异体现在不同的数据中，包括工业绿色增长水平、技术创新、环境规制等初始水平的差异。

假设 2：斜率和截距都相同，模型为：

$$GGII_{it}=\alpha+\beta_1 LnII_{it}+\beta_2 LnDT_{it}+\beta_3 LnFT_{it}+\beta_4 FDI_{it}+\beta_5 ERS_{it}+\varepsilon_{it} \quad (10)$$

其中，各行业间无显著差异，相当于多个时期的截面数据放在一起作为样本数据。

具体选用哪种模型形式要借用协方差分析来确定，协方差分析则通过两个 F 检验实现 。如果确定模型形式为模型(8)，则各行业间技术创新等因素对工业行业绿色增长指数的影响不同，不能用统一的系数 $\beta'=(\beta_1, \beta_2, \beta_3, \beta_4, \beta_5)$来表示；如果模型形式为(9)或(10)，$\beta'=(\beta_1, \beta_2, \beta_3, \beta_4, \beta_5)$ 对于该样本组的每个行业是相同的，就可以得到该组各影响因素对工业行业绿色增长指数的影响系数。

(三)数据来源

2007 年的工业行业增加值数据来源于《中国工业统计年鉴》，由于 2008 年之后年鉴未公布该数据，2008—2011 年的工业行业增加值数据根据国家统计局网站公布的分行业工业增加值的增长速度计算；各工业能源消费总量、环境污染数据、技术创新数据、环境规制数据及外商直接投资等其他数据分别来自于相应年份的《中国能源统计年鉴》《中国环境统计年鉴》和《中国环境统计年报》《中国科技统计年鉴》《中国统计年鉴》；2011 年国家统计局和环保部对污染物排放和处置的统计口径作了调整，因此当年的工业固体废弃物综合利用率由当年的综合利用量和产生量计算而来。

>>三、工业行业绿色增长指数测度结果及分析<<

基于 SBM－DDF 方法，应用 Matlab 软件，我们测算了 2007—2011 年中国 36 个行业的绿色增长指数 ，请见表 16。根据测算结果，各行业间的绿色增长指数差距明显，排名最高的 3 个行业是通信设备、计算机及其他电子设备制造业、文教体育用品制造业、烟草制品业，位于我国 36 个工业行业绿色生产效率前沿面，均值达到 1.000，如果单从工业增加值来看，通信设备、计算机及其他电子设备制造业排名居首位，而文教体育用品制造业和烟草制品业数值不高，但因其能耗和“三废”排放较低，故这两个行业处于绿色生产效率前沿。工业行业绿色增长指数最低的是黑色金属冶炼及压延加工业，五年均值仅 0.511，虽然该行业工业增加值较高，但能耗和“三废”排放量相当大；造纸及纸制品业的绿色增长指数排名倒数第 2，其工业废水排放最多。基于行业异质性，按照 36 个行业绿色增长指数水平的高低分为三组：高绿色行业、中绿色行业和低绿色行业，每组 12 个行业。

表 16　2007—2011 年中国 36 个行业绿色增长指数

行业	2007 年	2008 年	2009 年	2010 年	2011 年	均值
高绿色行业	**0.977**	**0.975**	**0.978**	**0.980**	**0.982**	**0.978**
通信设备、计算机及其他电子设备制造业	1.000	1.000	1.000	1.000	1.000	1.000
文教体育用品制造业	1.000	1.000	1.000	1.000	1.000	1.000
烟草制品业	1.000	1.000	1.000	1.000	1.000	1.000
印刷业和记录媒介的复制	0.992	0.990	0.974	0.985	0.995	0.987
家具制造业	0.982	0.989	0.974	0.976	0.980	0.980
交通运输设备制造业	0.983	0.965	0.988	0.979	0.984	0.980
水的生产和供应业	0.978	0.969	0.965	0.978	0.990	0.976
工艺品及其他制造业	0.979	0.987	0.991	0.978	0.941	0.975
电气机械及器材制造业	0.964	0.968	0.972	0.975	0.982	0.972
皮革、毛皮、羽毛(绒)及其制品业	0.973	0.949	0.969	0.992	0.974	0.971
纺织服装、鞋、帽制造业	0.965	0.959	0.963	0.931	0.955	0.954
仪器仪表及文化、办公用机械制造业	0.912	0.924	0.938	0.969	0.981	0.945
中绿色行业	**0.867**	**0.867**	**0.866**	**0.875**	**0.880**	**0.871**
燃气生产和供应业	0.918	0.909	0.976	0.972	0.925	0.940
通用设备制造业	0.945	0.930	0.924	0.937	0.942	0.936
专用设备制造业	0.929	0.956	0.878	0.897	0.940	0.920
木材加工及木、竹、藤、棕、草制品业	0.888	0.890	0.862	0.913	0.922	0.895
医药制造业	0.869	0.858	0.863	0.865	0.857	0.862
饮料制造业	0.857	0.849	0.850	0.859	0.866	0.856
橡胶与塑料制品业	0.874	0.856	0.849	0.846	0.846	0.854
有色金属矿采选业	0.830	0.838	0.874	0.845	0.871	0.852
非金属矿采选业	0.834	0.836	0.832	0.842	0.895	0.848
石油和天然气开采业	0.783	0.851	0.841	0.866	0.856	0.839
食品制造业	0.833	0.819	0.817	0.828	0.843	0.828
农副食品加工业	0.842	0.806	0.829	0.827	0.795	0.820
低绿色行业	**0.713**	**0.704**	**0.730**	**0.715**	**0.687**	**0.710**
金属制品业	0.814	0.820	0.826	0.826	0.808	0.819
有色金属冶炼及压延加工业	0.789	0.784	0.834	0.780	0.772	0.792
化学纤维制造业	0.773	0.779	0.807	0.796	0.798	0.791
纺织业	0.805	0.787	0.792	0.786	0.756	0.785
黑色金属矿采选业	0.747	0.771	0.834	0.798	0.740	0.778
煤炭开采和洗选业	0.716	0.719	0.724	0.715	0.710	0.717

续表

行业	2007 年	2008 年	2009 年	2010 年	2011 年	均值
低绿色行业	**0.713**	**0.704**	**0.730**	**0.715**	**0.687**	**0.710**
电力、热力的生产和供应业	0.676	0.701	0.731	0.690	0.639	0.687
化学原料及化学制品制造业	0.689	0.665	0.730	0.689	0.636	0.682
石油加工、炼焦及核燃料加工业	0.709	0.657	0.688	0.651	0.624	0.666
非金属矿物制品业	0.666	0.639	0.660	0.664	0.653	0.656
造纸及纸制品业	0.650	0.627	0.640	0.624	0.619	0.632
黑色金属冶炼及压延加工业	0.524	0.496	0.489	0.560	0.483	0.511
36 行业平均水平	**0.852**	**0.848**	**0.858**	**0.857**	**0.849**	**0.853**

高绿色行业多属高新技术产业、战略性新兴产业，如通信设备、计算机及其他电子设备制造业、交通运输设备制造业、电气机械及器材制造业、仪器仪表及文化、办公用机械制造业等。这些行业在生产过程中能源消耗较低，且废水、废气、固体废弃物等污染物的排放较少，故而工业生产的绿色水平较高。由此，这也证明了我国大力发展战略性新兴产业，以高新技术产业推动新型工业化的重要性和必要性，这与陈诗一(2010)的研究结论一致。

中绿色行业中有的属于高新技术产业，如通用设备制造业、医药制造业，有的属于资源密集型产业，如橡胶与塑料制品业、有色金属矿采选业等。这一组别行业的绿色增长水平位于我国 36 个工业行业的中游，向上可进一步实现绿色生产，向下可能发展为高污染、高能耗、高排放企业，值得我们高度重视。同时，部分高新技术产业位于此区间，这表明我国高新技术企业的绿色生产效率还不算太高，而高新技术与绿色生产的融合才能提升未来企业可持续发展的核心竞争力。

低绿色行业基本上都是能耗和排放密集型的重化工行业，如金属制品业、有色金属冶炼及压延加工业、化学纤维制造业、黑色金属矿采选业、煤炭开采和洗选业、非金属矿物制品业、黑色金属冶炼及压延加工业等。这一组别行业的明显特点是进行金属、煤、石化等能源、资源产品的重工业生产，能源资源利用水平偏低、污染物排放高度密集、生态环境破坏严重。这也证明了对我国传统能源、资源等重化工行业进行绿色转型的必要性和紧迫性。

通常认为，重工业与高污染、高能耗、高排放更相关，本研究借鉴陈诗一(2010)的方法，依据各行业能源消费总量，将 36 个行业分为高能耗和低能耗两个组别，以分别替代重工业和轻工业。图 23 反映了轻工业、重工业与工业全行业的绿色增长指数。重工业的绿色增长指数低于工业全行业绿色发展水平，仅在 0.790 上下波动，这再一次证明了我国优化调整产业结构，加速改造升级重工业的必要性和紧迫性。同时，2007—2011 年，重工业在 2009 年达到峰值，2010 年和 2011 年持续走低，这也直接拉低了全行业的绿色增长指数，而轻工业在 5 年间则稳步保持着小幅上升。

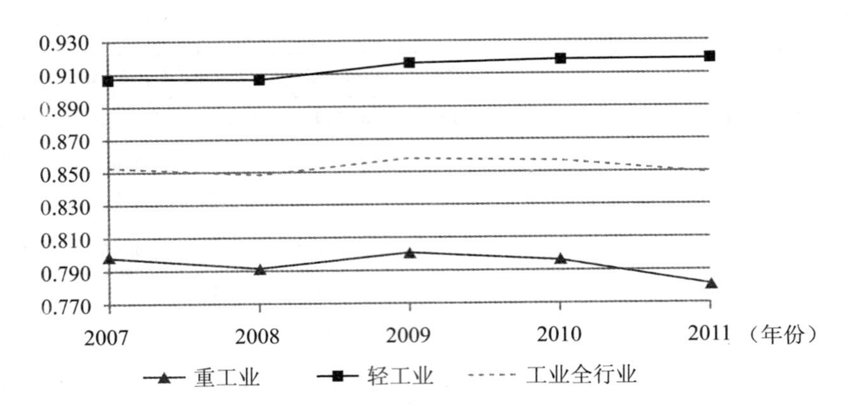

图 23 轻工业、重工业与工业全行业的绿色增长指数

按照三大门类(采矿业、制造业和电力、燃气及水的生产和供应业)对工业行业绿色增长指数进行比较，请参见图 24。与采矿业、制造业相比，电力、燃气及水的生产和供应业的绿色增长指数较高，可能的原因是该门类中的 3 个行业都是能源转换部门，如电力、热力的生产和供应业，其生产过程中虽需投入大量能源，但其实质是自身并不消耗这些能源，而是将这些能源转换为另外一种形式。在这个过程中，可能存在能源转换效率低而损失能源的问题，但其本身浪费的能源并不多，因此基于能源消耗和污染物排放的绿色生产率相对较高。采矿业在生产过程中对能源、资源的消耗严重，且排放出的污染物较多，尤其是工业固体废弃物，环境破坏较为明显，因此其绿色增长指数较低。而制造业既包括绿色发展水平较高的轻工业、高新技术产业、战略性新兴产业，又包括绿色发展水平相对较低的重工业、资源密集型产业等，因此其绿色增长指数居于采矿业与电力、燃气及水的生产和供应业之间。

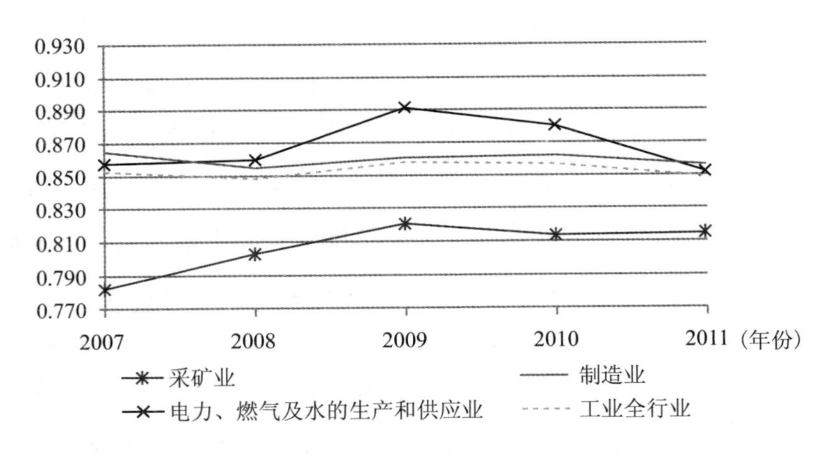

图 24 工业三大门类与全行业的绿色增长指数

>>四、自主创新、技术引进对工业行业绿色增长指数影响的行业异质性<<

下面重点比较高、中、低这三组行业技术创新对工业行业绿色增长指数的影响。根据

Huasman 检验结果，这三组均应建立固定效应模型。随后通过协方差分析确定三组行业面板数据模型的具体形式，见表 17。

表 17　高、中、低绿色行业面板数据模型选择的协方差分析检验

组别	S_1	S_2	S_3	F_1	F_2	结论
高绿色行业	0.0009	0.0070	0.0232	1.5157	4.5905	接受假设 1，采用模型(9)
中绿色行业	0.0036	0.0204	0.1038	1.0234	5.0880	接受假设 1，采用模型(9)
低绿色行业	0.0066	0.0239	0.3374	0.5685	9.0851	接受假设 1，采用模型(9)

从表 17 看出，高、中、低三个组别均采用模型(9)，也就是变截距模型。由于 Woodridge test 和 Breusch－Pagan test 检验结果显示，回归方程存在显著的一阶自相关和异方差，为此，本研究采用面板修正标准差法(PCSE)对回归方程的一阶自相关和异方差进行了修正，修正结果如表 18 所示。

表 18　工业行业绿色增长指数 GGII 影响因素的面板数据模型估计结果

变量	高绿色行业	中绿色行业	低绿色行业
$LnII_{it}$	0.0032****	0.0122**	0.0254*
	(0.0077)	(0.0229)	(0.0218)
$LnDT_{it}$	0.0017**	0.0024***	0.0025***
	(0.0030)	(0.0085)	(0.0068)
$LnFT_{it}$	0.0006****	0.0017****	0.0032****
	(0.0019)	(0.0104)	(0.0077)
FDI_{it}	0.0377****	0.1925***	−0.1872**
	(0.0947)	(0.4062)	(0.2784)
ERS_{it}	−0.0045	0.0008****	0.0017****
	(0.0353)	(0.0106)	(0.0067)
C	0.9071*	−0.6682*	−1.0472*
	(0.1291)	(0.3537)	(0.3107)
R^2	0.9019	0.9284	0.9827

注：*，**，***，**** 分别表示估计系数在 1%、5%、10%和 20%水平上显著；回归系数下方括号内数值表示其稳健性标准差。

(一)自主创新对工业行业绿色增长指数的影响

自主创新的影响系数为正，这表明工业行业依靠内部自主创新实现绿色增长是行之有效的。相比较而言，三组行业中自主创新在三种形式的技术创新中影响系数都是最高的，这说明在我国工业绿色发展中各行业更依赖于自主创新，而不是技术引进。一般而言，发达国家不可能把本国的先进核心技术输出到我国，即使属于先进技术，国内企业对先进技术的消化吸收能力也直接影响其实际效果。同时，自主创新对三个组别间的影响随着工业行业绿色增长指数的升高而降低，这反映出自主创新对工业行业绿色发展的影响存在边际递减趋势。因此，对低绿色行业推行绿色增长，加大绿色技术的自主研发是极其必要的，其边际效用最大。

(二)技术引进对工业行业绿色增长指数的影响

国内技术引进(DT)和国外技术引进(FT)的影响系数均为正，这说明国内技术引进、国外技术引进对行业绿色增长都有积极的意义。在高、中绿色行业，国内技术引进的影响要大于国外技术引进，这是由于国内企业之间技术水平较为接近，技术替代性较强，同一行业的企业之间进行技术转移比国外引进技术更适合企业实际情况，效果更明显；而国外企业出于竞争和利润的需要不可能把先进核心技术转移到高科技产业，因此国外技术引进的作用较低。而在低绿色行业，国外技术引进的影响略高于国内技术引进，这是因为，低绿色行业多是能源和劳动密集型行业，国外企业通常会将本国内劳动密集型产业和技术落后产业的技术输出过来，因此，低绿色行业能引进国外最先进的技术，在促进绿色增长方面能发挥出最佳效果。

(三)环境规制、外商直接投资对工业行业绿色增长指数的影响

环境规制对高绿色行业的系数为负，对中、低绿色行业的系数为正。这说明，环境规制对中、低绿色行业的绿色增长起到积极的促进作用，但对高绿色行业的影响则是负面的。原因在于，高绿色行业以高科技产业为主，行业的绿色发展水平较高，企业所付出的环保成本对其生产性投资存在资本挤出，使“波特假说”的正效应没有体现出来。而在中、低绿色行业中，该类行业多偏能源密集型的，环境规制对企业的要求较高，企业因为环境规制改进生产流程和引入清洁技术，带来的正面收益高于环保支出，“波特假说”的正效应得到体现。

外商直接投资对高、中绿色行业的绿色增长指数影响系数为正，对低绿色行业的影响系数为负，这表明 FDI 促进了高、中绿色行业的绿色增长，而对低绿色行业则起到负面作用。随着经济发展水平的提高，我国对外资的态度已经逐步由盲目的招商引资转变为择资选资，对可能由发达国家转移到我国的非清洁行业企业存谨慎态度，且在我国环境规制逐年严格的背景下，对外资企业投资生产时的环保要求也较高，因此，外资流动对我国工业的绿色发展总体来看是有效的，“污染避难所”现象在我国不甚显著。此外，在高、中、低绿色行业三个组别中，低绿色行业主要以金属、煤、石化等能源、资源密集型产业为主，外商和港澳台商投资工业企业总产值占本行业工业企业总产值的比重仅为 17.45%，远低于高绿色行业的 38.86%和中绿色行业的 22.73%，行业对外开发程度较低，因此外资对其影响有限，甚至为负。

>>五、结论与政策建议<<

本研究采用 SBM—DDF 模型，测算了 2007—2011 年中国 36 行业的绿色增长指数(GGII)，并分别衡量自主创新、国内技术引进、国外技术引进和环境规制、外商直接投资对工业行业绿

色增长指数的影响。研究发现：第一，通信设备、计算机及其他电子设备制造业、文教体育用品制造业、烟草制品业这三个行业的绿色增长指数最高，黑色金属冶炼及压延加工业最低；第二，高绿色行业以高新技术产业、战略性新兴产业为主，低绿色行业则以能源、资源产品的重工业生产为主；第三，自主创新对工业行业绿色增长指数的影响大于国内技术引进和国外技术引进；高、中绿色行业，国内技术引进的影响要大于国外技术引进，外商直接投资的影响为正；而在低绿色行业，国内技术引进的影响略低于国外技术引进，外商直接投资的影响为负；环境规制对中、低绿色行业的绿色增长起到积极的促进作用，但对高绿色行业的影响则是负面的。

为了推动我国工业行业的绿色发展，提高自主创新、技术引进、外商直接投资和环境规制的实际效果，有必要：

(1)加强行业自主创新的力度和机制设计。本研究发现，自主创新对工业行业绿色增长指数的影响要高于国内和国外的技术引进。当前，越来越多的企业将引进欧美国家的技术成果作为获取技术的主要来源，但是企业对技术适用性问题的关注程度明显不足，必须要通过自主创新对所引进的技术进行改造消化吸收才能够更加有效地为企业所用，尤其是涉及国家经济社会命脉的核心技术。相比之下，低绿色行业自主创新的边际效应最高，要着重加大对该组行业技术的方向引导，政府加大激励性政策的支持，力促绿色技术的研发；高、中绿色行业的发展也是自主创新起主导作用，国外企业不可能把高新产业的技术输出到我国，所以高绿色行业只有立足于自主创新，大力提高原始创新、集成创新和引进消化吸收再创新能力，拥有大批的专有技术和自主知识产权，才能真正促进工业的绿色增长。

(2)重视对国内技术的引进，加强对国外引进技术的消化吸收。本研究发现，高、中绿色行业的国内引进技术发挥了比国外引进技术更大的效果，今后要在继续引进国内技术的同时，注重对国外技术引进的消化吸收，以充分发挥国外技术应有的作用。而低绿色行业国外技术引进的影响略高于国内技术引进，因此，低绿色行业要在加强对国内引进技术消化吸收的同时，通过多种渠道积极学习和借鉴国外先进技术，与自主研发能力的培养结合起来，实现技术提升和绿色转变。

(3)环境规制政策的制定要根据行业异质性区别对待，对低、中、高绿色行业，应分别采取加强、稳定、宽松的环境规制水平。前文研究发现，环境规制对高绿色行业的系数为负，对中、低绿色行业的系数为正，且低绿色行业最高。因此，对低绿色行业，环境规制的促进效应显著，所以要继续提高该类行业的环境规制强度和标准，通过制度约束促进企业加快进行清洁技术的生产和生产工艺的优化，并完善相关激励机制。中绿色行业的环境规制对工业绿色增长的促进效应较小，应采取适度稳定的环境规制政策，灵活运用环境税、许可证交易制度、清洁生产认证、环境协议和排污收费等多种环境规制工具。对于高绿色行业，由于环境规制与工业行业绿色增长指数负相关，政府应逐步放松该类行业的环境规制强度，以减少对工业绿色增长的负面影响。

(4)加强对外商直接投资的选择，尤其是低绿色行业。前文研究发现，外商直接投资对高、中绿色行业绿色增长指数的系数为正，对低绿色行业的影响系数为负。因此，工业行业尤其是高、中绿色行业要进一步提高对外开放水平，积极发挥各种渠道下外资企业对工业行业清洁生产技术提升的正向影响。同时，重工业等低绿色行业要适当提高对外商直接投资的选择和引入标准，以发挥外商直接投资对低绿色行业绿色增长的促进作用。

>>参考文献<<

[1]王伟光，郑国光．应对气候变化报告 2013：聚焦低碳城镇化．北京：社会科学文献出版社，2013．

[2]林毅夫，张鹏飞．后发优势、技术引进和落后国家的经济增长．经济学(季刊)，2005(4)．

[3]中国科学院可持续发展战略研究组．2013 中国可持续发展战略报告：未来 10 年的生态文明之路．北京：科学出版社，2013．

[4]北京师范大学科学发展观与经济可持续发展研究基地，西南财经大学绿色经济与经济可持续发展研究基地，国家统计局中国经济景气监测中心．中国绿色发展指数报告：区域比较．北京：北京师范大学出版社，2012．

[5]杨文举，龙睿赟．中国地区工业绿色全要素生产率增长——基于方向性距离函数的经验分析．上海经济研究，2012(7)．

[6]吴延兵．自主研发、技术引进与生产率——基于中国地区工业的实证研究．经济研究，2008(8)．

[7]宋马林，王舒鸿．环境规制、技术进步与经济增长．经济研究，2013(3)．

[8]李静，彭飞，毛德凤．研发投入对企业全要素生产率的溢出效应——基于中国工业企业微观数据的实证分析．经济评论，2013(3)．

[9]张诚，蒙大斌．技术创新、行业特征与生产率绩效——基于中国工业行业的实证分析．当代经济科学，2012(4)．

[10]李小平．自主 R&D、技术引进和生产率增长——对中国分行业大中型工业企业的实证研究．数量经济技术经济研究，2007(7)．

[11]陈涛涛．影响中国外商直接投资溢出效应的行业特征．中国社会科学，2003(4)．

[12]蒋殿春，张宇．行业特征与外商直接投资的技术溢出效应：基于高新技术产业的经验分析．世界经济，2006(10)．

[13]涂正革．环境、资源与工业增长的协调性．经济研究，2008(2)．

[14]王兵，吴延瑞，颜鹏飞．中国区域环境效率与环境全要素生产率增长．经济研究，2010(5)．

[15]陈诗一．能源消耗、二氧化碳排放与中国工业的可持续发展．经济研究，2009(4)．

[16]李平．中国工业绿色转型研究．中国工业经济，2011(4)．

[17]叶祥松，彭良燕．我国环境规制下的规制效率与全要素生产率研究：1999—2008．财贸经济，2011(2)．

[18]沈能．环境效率、行业异质性与最优规制强度——中国工业行业面板数据的非线性检验．中国工业经济，2012(3)．

[19]王兵，吴延瑞，颜鹏飞．环境管制与全要素生产率增长：APEC 的实证研究．经济研究，2008(5)．

[20]徐常萍，吴敏洁．环境规制对制造业产业结构升级的影响分析．统计与决策，2012(16)．

[21]傅京燕，李丽莎．环境规制、要素禀赋与产业国际竞争力的实证研究．管理世界，2010(10)．

[22]王军．理解污染避难所假说．世界经济研究，2008(1)．

[23]陈诗一．中国的绿色工业革命：基于环境全要素生产率视角的解释(1980—2008)．经济研究，2010(11)．

[24]Berg S A，Forsund F R，Jansen E S. Malmquist Indices of Productivity Growth during the Deregulation of Norwegian Banking 1980－1989．Scandinavian Journal of Economics，1992，94：211-228.

[25] Mohtadi H. Environment，Growth and Optimal Policy Design. Journal of Public Economics，1996，63(1)，119-140.

[26]Chung Y H，Färe R，Grosskopf S. Productivity and Undesirable Outputs：a Directional Distance Function Approach. Journal of Environmental Management，1997，51，229-240.

[27]Zheng J H，Bigsten A，Hu A G. Can China's Growth be Sustained? A Productivity Perspective[J]. World Development，2009，37(4)，874-888.

[28]Nadiri M I. Innovations and Technological Spillovers. NBER Working Paper，1993，NO. 4423.

[29]Tone K. A Slacks Based Measure of Efficiency in Data Envelopment Analysis. European Journal of Operational Research，2001，130(1)，498-509.

[30] Fukuyama H，Weber W L. A Directional Slacks-based Measure of Technical Inefficiency. Socio-Economic Planning Sciences，2009，43(4)，274-287.

[31]Cole M A，Elliott R J R. Determining the Trade－environment Composition Effect：the Role of Capital，Labor and Environmental Regulations. Journal of Environmental Economics and Management，2003，46：363-383.

[32]Yörük B K，Zaim O. The Kuznets Curve and the Effect of International Regulations on Environmental Efficiency. Economics Bulletin，2006，17(1)，1-7.

[33]Kheder S B, Zugravu N. The Pollution Haven Hypothesis: A Geographic Economy Model in a Comparative Study. FEEM Working Paper, 2008, No. 73.

[34] Merrifield J D. The Impact of Selected Abatement Strategies on Transnational Pollution, the Terms of Trade, and Factor Rewards: a General Equilibrium Approach. Journal of Environmental Economics and Management, 1988, 15(3), 259-284.

[35]Copeland B R. Pollution Content Tariffs, Environmental Rent Shifting and the Control of Cross—border Pollution. Journal of International Economics, 1996, 40(3): 459-476.

[36]Copeland B R, Taylor M S. A Simple Model of Trade, Capital Mobility and the Environment. NBER Working Paper, 1997, 58-98.

[37]Cole M A, Elliott R J R. FDI and the Capital Intensity of "Dirty" Sectors: a Missing Piece of the Pollution Haven Puzzle. Review of Development Economics, 2005, 9(4): 530-548.

北京市服务业清洁生产工作的现状、问题及建议

吕竹明　宋　云　孙　慧

>>一、北京市开展服务业清洁生产工作的背景<<

近年来随着北京市产业结构的升级和经济发展方式的转变，服务业在北京市经济结构中的比重越来越大。2011 年，北京市服务业增加值占全市 GDP 比重达到 75.7%，比全国平均水平高 32.6 个百分点，率先进入服务业经济主导的发展阶段。随之，服务业能耗、水耗、污染物排放也呈现较快增长态势，2011 年，服务业领域年耗能 5000 吨标准煤以上的重点企业 369 家，总用能量达 1305.6 万吨标准煤；全市年耗水 50 万吨以上的服务业用水大户 60 余家，总耗水 1.1 亿立方米，占全市生活用水总量的 5.6%；生活源排放化学需氧量 10.6 万吨，占全市化学需氧量的 51.5%；生活源排放氨氮 1.73 万吨，占全市氨氮排放总量的 73.4%。其中，医院、学校、住宿、餐饮、交通运输、零售、沐浴、洗染、汽车修理等重点领域排放化学需氧量约 2.7 万吨，氮氧化物约 0.21 万吨。

可以看出，北京市服务业具有较大的节能减排潜力。深入建设“绿色北京”，做好首都的节能减排与污染防治工作，迫切需要加快探索针对服务业各行业行之有效的清洁生产措施，强化应用整体性的源头减量与预防策略，综合实现“节能、降耗、减污、增效”。

2012 年 6 月，北京市正式启动建设服务业清洁生产试点城市，2012 年 8 月，《北京市建设服务业清洁生产试点城市实施方案》通过专家评审。2012 年 10 月 31 日，国家发展改革委和财政部联合下发《关于开展服务业清洁生产试点城市建设的通知》(发改办环资〔2012〕536 号)，选定北京市为服务业清洁生产试点城市。

>>二、北京市服务业清洁生产的发展现状<<

1. 通过清洁生产审核手段积极推动服务业清洁生产工作

针对北京市服务业 GDP 比重高、能耗高、水耗大、污染物排放大的特点，北京市于 2007 年起逐步在服务业探索推行清洁生产。2010 年 5 月，北京市发展与改革委员会发布《关于推进服务业清洁生产审核工作的通知》，公开征集服务业单位开展清洁生产审核工作，推广清洁生产理念；2010 年 11 月，北京市发展与改革委员会发布《关于同意友谊宾馆等 9 家单位开展清洁生产审核的通知》，启动服务业清洁生产试点工作。截至 2012 年《北京市建设服务业清洁生产试点城市实施方案》实施之前，腾达大厦、凤山温泉、友谊医院、庄胜崇光百货等 17 家服务业单位完成了清洁生产审核，涉及住宿餐饮、写字楼、医疗机构、零售业等多个领域。

2012 年 4 月，北京市发展和改革委员会、北京市环境保护局、北京市经济和信息化委员会发布了《关于组织开展 2012 年第一批重点企业清洁生产审核工作的通知》，其中《鼓励开展清洁生产审核的企业名单(第一批)》中涉及 35 家服务业单位自愿开展清洁生产审核工作。

2013 年 7 月，北京市发展和改革委员会发布了《关于发布 2013 年服务业清洁生产审核单位名单的通知》，发布了鼓励自愿开展清洁生产审核工作的 78 家服务业单位。2014 年 9 月，北京市发展和改革委员会、北京市环境保护局、北京市经济和信息化委员会发布了《关于加快推进实施清洁生产审核工作的通知》，公布了《北京市 2014 年实施清洁生产审核单位名单》和《北京市 2015—2017 年实施清洁生产审核单位名单》，其中包括鼓励自愿开展清洁生产审核工作的 454 家服务业单位。

2. 通过标准体系建设规范服务业清洁生产工作

2011 年北京市开始组织《服务业清洁生产审核报告编制技术规范》的研究制定工作，2013 年 6 月，《服务业清洁生产审核报告编制技术规范》(DB11/T 978—2013)发布。

2012 年 11 月，北京市发展与改革委员会组织编制医疗机构、学校与科研院所、住宿和餐饮业、商业零售业、交通运输仓储业、洗染业、沐浴业、汽车维修和拆解业、商务办公楼宇、环境及公共设施管理业 10 个行业清洁生产审核指南和评价指标体系。服务业清洁生产评价指标体系的编制是北京市建设服务业清洁生产试点城市的重点工作内容和成果，将为全国服务业清洁生产工作起到应有的示范和借鉴作用。

3. 通过财政资金支持引导服务业清洁生产工作

为调动企业开展清洁生产的积极性，北京市财政对服务业单位开展清洁生产工作提供了充分的资金支持。在《北京市清洁生产管理办法》(京发改规〔2013〕6 号)中规定对开展清洁生产审核的单位给予不超过 15 万元的审核费用补助，对于服务业单位实施的具有推广应用价值的清洁生产技术改造项目给予总投资 30%的市级资金支持，进一步调动了服务业单位开展清洁生产工作的积极性。2014 年中化金茂物业管理有限公司、拓普工贸有限责任公司、高碑店污水处理厂等一批服务业单位的清洁生产技术改造项目获得了北京市发展和改革委员会的资金支持，这些技术改造项目的实施具有显著的环境效益和经济效益。

以中化金茂物业管理有限公司为例，该公司在清洁生产审核过程中提出了4项清洁生产中高费项目，分别为“空调系统改造项目”“热力站改造项目”“照明系统改造项目”和“计量系统改造”，总投资2061.5万元，项目实施后，可以节约蒸汽热力1973吉焦/年，节电124.61万千瓦时/年，可以产生经济效益160.48万元/年。

>>三、北京市服务业清洁生产推进中存在的问题<<

北京市自开展清洁生产工作以来，取得了明显的环境效益、经济效益和社会效益，但是服务业的清洁生产工作毕竟才刚刚起步，清洁生产工作推进过程中还存在很多问题。

1. 对服务业清洁生产的内在问题缺乏了解

自清洁生产的概念提出以来，清洁生产的工作主要围绕工业领域开展，并针对工业领域清洁生产工作的特点形成了一整套技术方法体系。而服务业清洁生产的工作才刚刚起步，缺乏相应的技术方法，从而造成了很多人搬用工业领域的清洁生产工作方法来开展服务业的清洁生产工作。

然而服务业的清洁生产工作与工业领域的清洁生产工作是不同的，服务业是通过执行服务来创造价值的，服务业具有服务主体、服务对象、服务途径三个要素，服务业的清洁生产工作从服务产品与设施的设计与开发，以及整个服务周期过程，都要考虑减少服务主体、服务对象和服务途径的直接与间接环境影响。

2. 服务业单位对清洁生产工作不重视

有些服务业单位主管领导对清洁生产工作不够重视，认为清洁生产可有可无，只是完成一项任务，还有很多服务业单位领导对服务业清洁生产的概念、内涵、作用等了解不够、知之不多，认为服务业不是污染重点，不是耗能大户，污染小、轻，推行清洁生产没有必要，这些认识都影响了清洁生产工作的深入开展。

由于企业组织架构的原因，在很多服务业单位会出现负责清洁生产实施的部门话语权低的现象。如医院的清洁生产工作多由后勤部门负责，但是在医院的清洁生产推进过程中往往需要其他相关部门和科室的密切配合，后勤部门常常无法协调其他相关部门和科室的工作，从而影响了清洁生产工作的进度和效果。

另外，培训层次不到位也造成员工对清洁生产认识不够。清洁生产需要企业全员参与，但对于企业员工数量较多的企业，并没有做到从上到下的宣传，很多一线员工没有得到有效的清洁生产培训，对清洁生产认识不足，影响了清洁生产效果。

3. 公众参与程度不够

第一、第二产业的生产成果要通过第三产业的流通环节到达消费者手中，从而完成产品的消费过程和寿命周期，所以服务业清洁生产与消费者密切相关，必须要有广大公众的参与配合，但目前清洁生产仍是以服务业单位员工为主体，针对消费者的清洁生产宣传有限，清洁生产工作没有真正贯彻到普通消费者的日常生活和消费行为中，没有充分发挥广大公众这一节能环保行动主体力量主动参与、监督执行的能动性和潜力，最终影响了清洁生产工作的实施效果。

4. 清洁生产技术支撑不足

北京市作为服务业清洁生产试点城市，清洁生产工作也是刚起步，各行业的资源能源消耗、污染物排放也各有特征。目前各行业的清洁生产技术研究与开发比较滞后，缺少先进适用的技术，特别对行业有重大影响和带动作用的共性、关键和配套的清洁生产技术，研究开发和示范不够，难以适应服务业单位实施清洁生产的需要。如楼宇的空调系统、中水回用系统，对于既有建筑改造难度大的，需要技术创新。

另外，在清洁生产过程中，清洁生产技术信息交流不畅，服务业单位缺乏寻找清洁生产技术与管理信息的渠道，不能及时获取行业的清洁生产最新信息，难以掌握国内外清洁生产技术的最新动态。

5. 相关配套政策不够完善

2012 年北京市发布了《北京市服务业清洁生产试点城市建设实施方案》，之后发布了《关于推进服务业清洁生产试点城市的工作方案》；2013 年，北京市出台了《北京市清洁生产管理办法》(京发改规〔2013〕6 号)，并组织编制十大重点行业的清洁生产审核指南和评价指标体系。同时，还发布了北京市地方标准《服务业清洁生产审核报告编制技术规范》(DB11/T978—2013)。但是总体来说，服务业单位的清洁生产审核工作刚起步，与服务业清洁生产相关的政策法规还比较笼统，缺乏专门针对服务业的清洁生产政策法规，如针对服务业的技术推广、示范政策，适合于服务业的能源、水资源消耗和污染排放计量、统计、监测、评价的相关标准及管理规范。

6. 缺乏针对服务业的清洁生产审核技术方法

北京市清洁生产审核工作已有一定的年头，但多集中于工业企业，服务业单位相对较少，在实践过程中渐渐摸索出了适合工业企业的审核方法，但服务业单位毕竟不同于工业企业，现有的审核方法不适用于服务业单位，如工业企业审核中必须进行的物料平衡，在有些服务业单位中如商务楼宇并不涉及。

>>四、北京市服务业开展清洁生产工作的建议<<

1. 完善相关政策法规、标准

为规范、有效地开展服务业的清洁生产，北京市需要针对服务业清洁生产工作制定以下技术规范或标准：

(1)服务业清洁生产审核方法：服务业的清洁生产审核方法一直沿用工业企业的审核方法，但服务业与工业有着很大的不同，如工业企业四大平衡中物料平衡在服务业中并不适用，因此，需研究服务业的清洁生产审核方法，使其更规范，适用性更强。

(2)服务业清洁生产工作绩效评估方法：工作绩效是实施清洁生产的效果总结，也是进一步推进清洁生产的动力，可引导服务业单位追求更高的清洁生产目标，因此，科学、客观地评价清洁生产工作绩效很有必要。

(3)服务业单位计量器具的配备通则：服务业单位普遍计量器具安装不齐全，影响了对服务业单位资源消耗、能源消耗、污染物产生与排放的精确评估，因此，有必要制定服务业能源计量、水资源计量、污染物排放计量、管理的相关标准及规范。

(4)服务业单位清洁生产促进政策：

一是适时推行强制性清洁生产。为落实《北京市服务业清洁生产试点城市建设实施方案》，目前北京市服务业单位开展的清洁生产均是鼓励性质的。为进一步深入推进服务业的清洁生产，特别是针对某些高耗能、污染重、涉及"双有"的服务业单位，有必要推进强制性清洁生产。

二是资金配套与支持。服务业单位尤其是中小型服务业单位，在实施清洁生产中高费项目时，资金筹集存在一定的难度，鼓励清洁生产技术提供商采取合同能源管理模式给服务业单位提供技术支持。对于学校、医院、公园等公共机构，建立清洁生产专项资金，确保资金来源，有效推进清洁生产工作。

三是激励机制。清洁生产审核顺利通过评估验收的服务业单位，除了获得审核费用补助或中高费项目补助这种物质形式的奖励外，还可对这些服务业单位进行"精神奖励"，如颁发"清洁生产企业"荣誉证书，以此肯定服务业单位的清洁生产工作。另外，除了可将清洁生产费用列入服务业单位生产成本外，还可通过减免税的方式来调动服务业单位开展清洁生产工作的积极性。

(5)十大重点行业的清洁生产技术推荐名录或清洁生产最佳可行性技术导则：医疗机构、高等院校、住宿餐饮业、商业零售业、洗染业、沐浴业、商务楼宇、交通运输、汽车维修和拆解业、环境及公共设施管理业这十个行业的资源能源消耗、污染物排放各有特点，清洁生产技术方向也有所区别，医疗机构的医疗废物，高等院校危险化学品的使用，住宿餐饮业的废水、厨余垃圾，商业零售业的能源消耗，洗染业的危险化学品的使用，沐浴业的水资源消耗、能源消耗，商务楼宇的能源消耗，交通运输的能源消耗、尾气排放，汽车维修和拆解业的危险废物，环境及公共设施管理业的危险废物，这些都是各行业需要重点关注解决的问题。

2. 优化清洁生产途径

目前实施清洁生产的主要途径是清洁生产审核。各行业服务业单位的能源消耗、污染物产生各有特点，在实施审核过程中结合各行业、各服务业单位自身特点，有针对性地开展审核工作，解决服务业单位突出问题。

快速清洁生产审核具有较强的时效性。通常一个清洁生产审核项目严格按照审核准备、预审核、审核、方案产生和筛选、可行性分析、方案实施、持续清洁生产7个阶段实施，大约需要8个月至1年的时间。快速审核即在原来审核的基础上缩短审核的时间，完成一轮快速审核一般需1～3个月的时间。快速审核有效实施依赖于服务业单位内部成熟的清洁生产技术力量和外部专家可靠的方法指导。

常用的几种快速审核方法介绍如下：

· 扫描法

扫描法是在外部专家的技术指导下，对全厂现场进行快速考察，从而产生清洁生产方案。外部专家在现场2～5个工作日，审核时限一般为1个月。程序为：现场操作检查——审核——清洁生产技术实施。

· 指标法

指标法则是依据本行业特有的清洁生产效率基准值，用于判断组织清洁生产潜力的大小，具体操作时把服务业单位的指标与清洁生产指标和行业内先进水平比对。程序为：收集数据——预测可能的效益——清洁生产技术实施。

· 蓝图法

蓝图法则是在工艺蓝图(技术路线图)的基础上，将生产过程中的每一道工序所能使用的清洁生产技术逐一列出，从而选择出最佳可行的清洁生产方案。使用该方法需要对技术进行评估并确定基准参数。

· 审核法

审核法则是将传统的清洁生产审核程序中的"预审核"作为重点，并加以细化后作为一种独立的快速审核手段。程序为：审核准备——预审核——方案的产生——可行性分析——实施。

· 研究改进法

研究改进法是利用工艺物质尤其是物料和能源平衡来启动清洁生产项目。程序为：审核准备——审核——调查——可行性分析——方案实施。

3. 完善清洁生产方法学

服务业单位的清洁生产不同于工业企业，在方法学上也有很大的不同点。需要对已开展的清洁生产项目进行总结，找出不足和肯定的地方，依据服务业自身特点探索适合服务业的清洁生产方法。

服务业单位以提供服务为最终目的，首先需满足消费者舒适、健康的需求，因此，如何在公用工程的节能、节水与提供服务之间寻求平衡点，也是服务业清洁生产需要关注的一个方面。

有的服务业单位(如物业管理公司、餐饮企业等)的特点是产权所有者与经营管理者不是同一个法人，在开展清洁生产时需明晰审核主体是谁，这样清洁生产工作的侧重点也会不一样，若是产权所有者则可以进行清洁生产工程改造，若是经营管理者则更多地从提升管理、优化过程、提高人员素质等方面进行改善。

需以现有清洁生产审核的方法学为基础，研究完善针对不同服务行业识别清洁生产审核重点的综合性、系统性方法学。针对各行业的能流、物质流、水流和污染排放系统，研究能量审核、物质流分析以及关键污染因子平衡分析等清洁生产专项审核方法。

结合服务业清洁生产审核工作深入开展，研究完善对服务业清洁生产审核工作进行评估的办法，研究建立针对不同行业、不同层面清洁生产成效的评价指标体系。建立服务业清洁生产审核绩效跟踪与后评估机制，研究建立审核绩效评估方法。

4. 完善计量测试体系

依据北京市《能源计量基础能力提升建设方案》，对服务业能耗较大的行业，积极推进能源计量器具配备工作，推动各重点服务业单位逐步规范能源、水计量器具配备；结合服务业的能耗、水耗特点，建立覆盖交通、公共机构等重点领域的能源和水消费主要监测指标，研究建立服务业单位业务量能耗统计指标及评价方法；整合现有服务业领域各类大型公建和重点用能单位的节能在线监测系统，建立数据定期反馈和沟通机制，建成全市统筹联动的“1＋4＋N”节能监测服务平台，建立全市中央空调在线计量监控系统，实现对空调能耗、水耗的有效监控，为服务业单位开展清洁生产工作提供数据基础。

5. 加强宣传、培训

清洁生产的第一个宣传培训对象应是服务业单位的主管领导，只有让他们了解清洁生产的意义，获得他们的重视与支持后，清洁生产才能达到事半功倍的效果。在清洁生产具体实施时，有些服务业单位由于组织架构的原因，会出现负责清洁生产部门话语权低的现象，此时若有主管领导的重视支持、统筹协调，负责部门的工作会顺利得多。

另外，服务业清洁生产活动中，服务业单位员工和消费者是两个重要的参与者。针对服务业单位员工，可通过政府组织的清洁生产宣传培训加强对清洁生产的认识，也可通过清洁生产咨询机构至服务业单位现场有针对性地进行清洁生产宣传培训，提升员工对清洁生产的掌握，宣传培训内容包括：实施清洁生产的背景、意义，如何开展清洁生产等；针对消费者，可通过电视、互联网、微信等多种电子媒体或实体展示等多种途径进行清洁生产宣传，提升消费者的节能减排意识，服务业单位在提供服务的活动中对消费者的宣传引导也是一条重要途径，宣传培训内容包括：实施清洁生产的背景、意义，如何践行清洁生产实现节能减排等。

6. 推动清洁生产技术创新、示范项目的推广应用

服务业单位各行业能耗、污染物排放各有特点，适用的清洁生产技术也有较大的差异性，但已有的清洁生产技术仍有很大的局限性，因此，需结合各行业特点，进行清洁生产技术创新。通过资金扶持等政策鼓励服务业企业、社会团体、科研机构、院校等加大清洁生产技术研发，包括节能、节水、环境保护等清洁生产技术研发方向。

清洁生产示范项目在同行业内具有一定的代表性，通过行业主管部门、行业协会的推荐、行业内的现场参观学习交流，能起到一定的宣传示范作用。

>>参考文献<<

[1]北京市发展与改革委员会. 北京市服务业清洁生产试点城市建设实施方案(2012—2015年). 2012.

[2]李冰. 北京：探索服务业清洁生产模式. 节能与环保，2012(7).

[3]唐琪虎，朱国伟. 第三产业清洁生产战略研究. 安徽化工，2003(6).

[4]汪琴. 北京市第三产业清洁生产的必要性、现状和对策建议. 北京化工大学学报，2010(1).

[5]汪琴. 北京市清洁生产的历史回顾、现状及前景展望. 北京化工大学学报，2008(2).

[6]刘学，刘剑峰. 第三产业清洁生产的原因、意义和建议. 北京化工大学学报，2011(4).

基于隐含能的行业完全能源效率评价模型研究

徐丽萍　王　立　李金林

>>一、引言<<

近十几年来，中国区域能源消耗和经济总量都在快速增长，在不断推进的工业化和城镇化进程中，能源与环境约束日益成为中国经济发展和社会进步的瓶颈。我国的减排目标是到2020年单位国内生产总值二氧化碳排放比2005年下降40%～45%，按照"十一五"降耗19.1%的情况，到2020年单位GDP能耗须比2010年降低26%～32%。在此目标约束下，大力提高区域能源利用效率，探讨能源、经济和环境之间的协调发展路径，是各省市目前必须面对和解决的重要课题。我国各地区在制定发展规划时，都提出要转变经济发展方式和进行产业结构优化升级，而这必须与国家能源与环境目标相结合，即在调整产业结构时有必要考虑各产业及其内部各行业的能源利用效率问题。

世界能源委员会把能源效率(Energy Efficiency)定义为：减少提供同等能源服务的能源投入。从经济学角度来说，能源效率是指给定能源投入条件下实现最大经济产出的能力，或是给定经济产出水平下实现投入能源最小化的能力。能源效率的评价是对能源效率所处水平的判断，合理的能源效率评价方法可以为制定各行业节能减排的改进措施和调整地区产业结构提出有价值的建议和决策支持。本文旨在对区域内各行业能源效率的评价方法进行研究。

对能源利用效率的评价常有两种不同的方式，一种是单要素评价，即只把能源要素与产出进行比较，不考虑其他相关要素，如以能源强度的倒数作为能源效率指标；另一种是多要素评价，考虑与能源消耗相关的各种要素的相互作用，也称全要素能源效率评价方法，思想来源于微观经济学上的全要素生产理论。多要素评价考虑经济社会系统的多种因素之间的相互作用关系，比从能源、经济、环境、社会之间的协调发展的角度研究能源效率评价问题更具有优势。

关于多要素能源效率评价的研究，目前主要有针对国家层面和区域层面的分析。如 Azadeh(2007)等人以电力消费量、化石燃料消费量和国家 GDP 为分析指标研究了国家能源效率评估问题；Ang(2006)利用 IDA(Index Decomposition Analysis)方法和 LIA(Laspeyres Index Approach)方法提出了能源经济分析的综合能源利用效率指标；文章分别采用数据包络分析(DEA)和随机前沿分析(SFA)方法对我国各地区能源效率进行了评价。从行业层面研究能源效率的文献比较少。Mukherjee(2008)评价了美国制造业能源利用效率，并分析了新兴经济背景下的印度制造业的能源利用效率。WEI(2007)等采用 DEA 方法对中国钢铁业内部的能源效率进行了评价；李廉水和周勇(2006)针对通过技术进步提高中国工业部门的能源效率问题进行了实证分析。目前在研究领域，尚没有对区域内各行业能源利用效率的分析与比较。而分析比较各行业的能源利用效率，可以为通过产业结构调整来实现地区整体节能减排目标，进而为地区产业结构优化升级提出有价值的参考依据。

>>二、IEES 的评价模型<<

在评价行业能源效率时，不仅要考虑行业生产所直接消耗的能源和碳排放，还应考虑隐含能(Embodied Energy)。所谓“隐含”是为了衡量某种产品或服务生产过程中直接和间接消耗的某种资源的总量。任何一种产品或服务的生产都直接或间接地使用了各种能源。隐含能是指某种产品或服务生产过程中直接和间接消耗的能源总量，即为了得到某种产品而消耗在整个生产链中的能源称为隐含能，也称为“虚拟能”或“隐性能源”。刘峰(2007)和齐晔(2008)等分别运用隐含能的思想研究了中国进出口贸易中的能源流动问题，但目前国内在能源效率评价领域中未见有研究从隐含能的角度进行分析。

隐含能从整体上全面评价行业生产的全流程能耗，能够全方位地揭示行业生产对经济社会的影响，因此在分析行业的能源效率时，应将隐含能耗和隐含碳排放考虑进去。另外，在能源效率分析时，除了经济产出以外，还应考虑对社会结构和居民生活的影响。因此，本研究定义“行业完全能源效率”为：给定直接能源和隐含能投入条件下，某行业实现最大经济产出和最小环境排放的能力。将行业完全能源效率简记为 IEES(Integrated Energy Efficiency of Sectors)。

下面构建 IEES 的评价指标体系，提出利用经济计量学的投入产出法对指标进行测算的方法，并运用规模报酬可变的投入导向型 DEA 方法建立 IEES 评价模型，最后以北京为案例进行实证分析。

(一)模型描述

数据包络分析(DEA，Data Envelopment Analysis)是一种测算具有相同类型多投入和多产出的若干部门相对效率的有效方法，由美国运筹学家 Charness(1978)等人提出。这种方法基于数学规划的思想，其基本思路是：由众多被评价的部门(简称评价单元)构成被评价群体，通过对投入和产出比率的综合分析，以评价单元的各个投入和产出指标的权重为变量进行评价运算，确定有效生产前沿面，并根据各评价单元与有效生产前沿面的"距离"情况确定各评价单元 DEA 是否相对有效，同时可利用投影原理对评价单元非 DEA 有效或弱 DEA 有效的原因进行分析，并指出哪些投入和产出指标需要调整，以及调整的方向和程度。

传统的 DEA 方法分为投入型和产出型两种。投入型 DEA 的思想是在所定义的生产可能集内，固定产出而将投入尽量缩小，其投入最小缩小比例即为评价单元的相对效率；产出型 DEA 是固定投入而将产出尽量扩大，其产出的最大扩大比例的倒数即为评价单元的相对效率。由于本研究测算的是不同行业(或称部门)的能源强度和污染排放对城市经济发展、人民生活和就业的贡献大小，目标是找出那些应该首先降低能源强度和碳排放强度的行业，因此我们选取投入型 DEA 方法。

本研究评价的是城市所有主要经济部门的完全能源效率，因此行业分类以投入产出表为基准。假设有 n 个行业或评价单元 DMU，每个 DMU_j 都有 m 种输入(即投入)和 k 种输出(即产出)，相应的向量分别为 $X_j=(x_{1j},x_{2j},\cdots,x_{mj})^T$ 和 $Y_j=(y_{1j},y_{2j},\cdots,y_{kj})^T$，$X_j$ 和 Y_j 均是非负向量($j=1,2,\cdots,n$)。对于第 j_0 个评价单元 DMU_{j0} 进行相对效率评价，采用规模报酬可变的投入型 DEA 模型(通常称 BCC 模型)为：

$$
\begin{aligned}
&\min \quad \theta \\
&s.t \quad \sum_{j=1}^{n}\lambda_j X_j + S^- = \theta X_0 \\
&\qquad \sum_{j=1}^{n}\lambda_j Y_j - S^+ = Y_0 \\
&\qquad\quad \sum_{j=1}^{n}\lambda_j = 1, \forall \lambda_j \geqslant 0,\ j=1,2,\cdots,n \\
&\qquad\quad S^+ \geqslant 0,\ S^- \geqslant 0.
\end{aligned}
\tag{1}
$$

其中，X_0 和 Y_0 为第 DMU_{j0} 的输入和输出向量；λ_j 表示通过现有的评价单元重新组合构造一个有效 DMU 时，第 j 个评价单元 DMU_j 的组合比例；S^- 和 S^+ 为松弛向量；θ 表示 DMU_j 的有效前沿面的径向优化量或"距离"，称为相对效率，在本文中表示被评价行业 DMU_{j0} 的完全能源效率，θ 越小表示行业完全能源效率水平越低，行业的耗能结构和发展战略越需要调整。

根据 DEA 理论，线性规划(1)可以用来衡量每个评价单元 DMU_j 的综合有效性，其经济含义是：保持 DMU_j 的产出水平不降低，以其他 DMU 的实际投入产出水平为基准优化 DMU_j 时，其投入要素同比例减少所能达到的最低程度。当(1)的最优解满足 $\theta^*=1$，$S^{+*}=S^{-*}=0$ 时，称 DMU_{j0} 为 DEA 有效；当最优解满足 $\theta^*=1$，且 $S^{+*}\neq 0$ 或 $S^{-*}\neq 0$，称 DMU_{j0} 为弱 DEA 有效；当最优解为 $\theta^*<1$ 时称 DMU_{j0} 为 DEA 无效。

DEA 方法评价的有效性是相对意义上的有效，而非绝对有效，即各评价单元在相互比较优势之下的效率值。当评价单元 DMU_{j0} 非 DEA 有效时，必定是因为投入冗余或产出不足。根据数据包络分析的投影定理，非 DEA 有效的评价单元在生产前沿面上的投影是 DEA 有效的，即可以通过调整非 DEA 有效的评价单元的投入产出指标数值使其转化为 DEA 有效，投影公式为：

$$\hat{X}_0=\theta^* X_0-S^{-*},\quad \hat{Y}_0=Y_0+S^{+*}. \tag{2}$$

对于非 DEA 有效的评价单元，可以利用上述投影公式计算投入冗余量(投入指标需要减少的量)和产出不足量(即该产出指标应该予以扩大的量)，进而决策非 DEA 有效的评价单元的改进方向。

在大部分 DEA 模型中，DEA 有效的评价单元往往不止一个。因此，进一步区分这些 DEA 有效的评价单元是必须面对的问题，即有效单元的排序问题。许多研究者进行过有益的尝试，这其中 Super-SBM 模型较好地解决了 DEA 有效单元的排序问题。

$$\begin{aligned}
&\min \beta-\varepsilon(e_m S^- + e_k S^+)\\
&\text{s.t}\quad \sum_{j=1,j\neq j_0}^{n}\lambda_j X_j + S^- = \beta X_0\\
&\sum_{j=1,j\neq j_0}^{n}\lambda_j Y_j - S^+ = Y_0\\
&\sum_{j=1,j\neq j_0}^{n}\lambda_j = 1,\ \forall\lambda_j\geqslant 0,\ j=1,2,\cdots,n\\
&S^+\geqslant 0,\ S^-\geqslant 0.
\end{aligned} \tag{3}$$

其中，ε 为非阿基米德无穷小量，在实证研究中取为 $\varepsilon=10^{-8}$；e_m 和 e_k 分别为 m 维和 k 维分量全为 1 的行向量。该模型的主要改进在于评价决策单元时，把该评价单元与其他所有的评价单元的线性组合做比较，使评价单元 j 的投入和产出被其他所有的评价单元投入产出的线性组合替代，而将第 j 个评价单元排除在外。实际上，Super-SBM 模型是对 DEA 有效单元评价计算时，去掉了效率指标小于等于 1 的隐形约束条件，此时会得到大于等于 1 的效率，称之为超效率。一个 DEA 有效的评价单元可以使其投入比例增加，产出保持不变，并与其他评价单元的组合保持平衡，投入增加的最小比例即是其超效率值。在能源效率评价中将超效率 β 称为完全能源超效率，并利用其对行业的能源效率进行排序。

(二)行业和评价指标选取

进行行业能源效率的综合评价主要目的是，获得对地区的各行业在经济活动中能源消耗和碳排放水平在整个经济体和社会生活中所处的地位和作用的理性认识。因此，需要评价能源效率的行业是对城市经济社会有重要影响的行业，我们以区域投入产出表的行业分类为基准选取被评价的行业，如对北京选取 2007 年价值型投入产出表中的 42 个部门作为评价对象。

确定合理的输入输出指标是建立有效的行业完全能源效率评价 DEA 模型的前提和基础。在选取输入输出指标时，输入指标作为评价单元的投入应为成本型指标，输出指标作为评价单元的产出应为效益型指标。

输入指标选取的关键在于确定投入要素。本研究主要分析能源利用水平对社会经济的贡献，用以比较各行业在可持续发展方面的优势。能源利用水平一般是通过能源消耗总量、能源强度(也称能耗系数)、能源消耗弹性系数等指标衡量。而能源生产和使用中产生的污染物和碳排放给环境带来不可忽视的影响，故应将能源消费的碳排放强度纳入到能源效率评价中。因此，本研究选取各行业的能耗系数和碳排放系数作为输入指标，其中能耗系数又分为直接能耗系数 *DEE* 和完全能耗系数 *IEE*，碳排放系数又分为直接碳排放系数 *DCE* 和完全碳排放系数 *ICE*。其中，直接能耗系数和直接碳排放系数度量的是行业生产活动中直接消耗的能源和碳排放。由于生产过程中需要投入原料和中间产品，而它们也会带来能耗和碳排放，所以行业能耗效率分析中还应考虑原料和中间产品隐含的间接能耗和间接碳排放。因此，从全流程分析和产品隐含能的角度，选取完全能耗系数和完全碳排放系数作为分析指标。指标测算方法在第三节介绍。

对于能源的产出度量，一般是考虑经济产出或物理产出。由于形式的多样性可能会给产出指标造成偏差，所以在能源效率分析很少采用。经济产出是指以市场价格测量的经济指标，对于国家和地区层面就是国民生产总值，对于行业和企业来说就是工业增加值。经济指标虽然可以度量能源使用的经济价值，但是不能衡量能源使用的社会价值，因此，在选取产出指标时，主要考虑行业的经济指标，行业生产对提升本地居民生活水平的贡献，以及行业的经济活动对全社会就业数量的贡献。

具体地，根据能源使用对经济社会的影响价值取向，选取 3 个输出指标：行业增加值占地区 GDP 的比例 *ADD*，行业的最终消费量占行业总产值的比例 *FC*，行业就业数占全市就业人数的比例 *EP*。指标 *ADD* 是经济指标的比例形式，用以描述行业增加值对地区 GDP 的贡献。指标 *FC* 描述行业产品有多少是供给本地最终消费了，包括居民消费和政府消费两部分。这些数据都可以利用统计年鉴上数据通过简单计算得到。

综上，行业完全能源效率评价 DEA 模型中包含了 7 个输入输出指标，而被评价的行业有 42 个，符合 DEA 方法对评价单元数量的要求，即 DMU 的数量至少是投入产出指标数量之和的 2 倍，以及 DMU 数量不少于输入指标数量与输出指标数量之积。因此，评价模型及其分析结果是有意义的。本研究所建立的投入产出指标体系，较好地反映了可持续发展视角下的能源效率综合评价的需求，符合评价各行业的完全能源效率所蕴含的要求。

>>三、关键指标的测算方法<<

在行业完全能源效率评价模型中，各行业能耗系数 *DEE* 和 *IEE*，以及碳排放系数 *DCE* 和 *ICE* 是需要测算的关键指标。直接能耗系数 *DEE* 等于行业年能源消费量与年总产值之比，可通过统计年鉴的数据计算。另外三个输入指标的测算则较为复杂。本研究在投入产出经济学的完全需求系数理论的基础上，提出行业完全能耗系数 *IEE*，以及碳排放系数 *DCE* 和 *ICE* 的测算方法。

行业完全能耗是指与各项生产活动和使用相关的所有能耗，包括直接能耗和间接能耗。其中，直接能耗是行业生产中直接消耗的能源，而间接能耗是指生产的中间投入所有环节的能源消耗。一个行业的生产势必需求其他一些行业的产品，被需求行业的能源消耗便是该行业生产所带来的间接能耗。投入产出模型中的 Leontief 逆矩阵可用来计算各行业由中间投入叠加所产生的对其他行业的完全需求系数。因此，可以利用 Leontief 逆矩阵计算行业完全能耗系数，公式为$e_t=e_d\ (I-A)^{-1}$，其中e_t 为行业完全能耗系数构成的向量，e_d 为行业直接能耗系数构成的向量，A 为投入产出表的直接消耗系数矩阵，I 为单位矩阵。

行业的碳排放主要是由经济活动中的能源使用所造成的。能源消费的碳排放强度可通过分品种能源的使用结构来测度，因为不同类型的能源所带来的碳排放和污染物排放水平是有差异的。不同品种能源的碳排放因子不同，如在 IPCC2006 手册中各种燃料的 CO_2 排放因子中，焦煤为 94.6kg/TJ，原油为 73.3kg/TJ，柴油为 74.1kg/TJ，而天然气为 56.1kg/TJ。由于各个行业的能源消费量和消费结构不同，因此碳排放系数也不同。本研究考虑的分品种能源有煤炭、焦炭、汽油、柴油、煤油、燃料油、液化石油气和天然气，它们的碳排放因子取为《2006 年 IPCC 国家温室气体清单》上的缺省值。

行业直接碳排放系数是行业活动直接消耗的各种能源所带来的碳排放水平。对于第 j 个行业，直接碳排放系数为

$$DCE_j = \sum_{i=1}^{K} c_i e_{ij} / P_j. \tag{4}$$

其中 c_i 为第 i 种能源的碳排放因子，K 为能源的种类数，e_{ij} 为第 j 个行业对第 i 种能源的消耗量，P_j 为该行业的总产值。各行业分品种能源的消耗量来自北京统计年鉴的数据。

行业完全碳排放量是行业生产活动各环节中所产生的所有碳排放量，包括直接碳排放和间接碳排放。对一个地区来说，在确定行业完全碳排放水平时必须考虑进口、调入所产生的排放转移因素，即满足本地需求的产品，其制造所产生的直接或间接碳排放并不都发生在本地。因为，如果产品或中间投入来自于进口或调入（如电力），调入品的生产能耗和碳排放并不会形成对本地的资源环境压力。因此，在行业完全碳排放系数中要考虑本地自给系数，即为各行业中间产品中本地区生产所占的比例。各行业的完全碳排放系数的计算公式为，

$$c_t = c_d\ (I - \alpha A)^{-1} \alpha. \tag{5}$$

其中，c_t 为行业完全碳排放系数构成的向量，c_d 为行业直接能耗系数 DCE_j 构成的向量，α 为本地自给系数矩阵。各行业在生产中所消耗的中间产品有些是本地生产的，有些是外地调入或进口的，各行业同一种中间产品的本地自给比例可能不相等，但该数据没有可用的统计资料。因此，为了便于分析，假设各个行业在生产过程中所消耗的同一种中间投入具有相同的本地区生产比重。这样，本地自给系数矩阵 α 简化成对角阵，主元素为每个行业的总产出占该行业总产出与本地区进口、调入之和的比例，可利用投入产出表的数据计算求得。

>>四、实证研究<<

1980年以来，北京市以较低的能耗增速支撑了较快的经济发展。1980—2008年，全市能源消费平均增速约为4.4%，低于5.6%的全国平均水平，但同欧洲国家相比，增速仍然较高(英国为−0.3%、德国为−1.9%)，主要原因在于北京仍然是发展中地区，经济社会发展势必带来能源消费的持续增长。《北京市国民经济和社会发展第十二个五年规划纲要》中的约束性指标提出，北京在“十二五”期间的万元地区生产总值能耗和二氧化碳排放的降低幅度均要达到国家要求。虽然北京提前一年完成“十一五”万元GDP能耗降低20%的目标，但是过去几年主要靠“以退促降”推进节能，而技术节能和管理节能发展比较缓慢，后续节能减排压力很大。因此，本节对北京各行业进行完全能源效率评价，以其识别各行业在能源利用方面存在的问题，并提出改进潜力和调整方向，为北京深度调整各次产业的内部结构和经济结构提供科学依据。

(一)数据处理

选取北京市2007年投入产出表上的42个行业作为评价单元。由于投入产出表与北京统计年鉴分行业能源消费的行业分类不一致，我们以投入产出表分类为基准，采用归并和分解的方法调整统计年鉴上的行业分类及其相应数据。

对4个投入指标的数据处理方法是：直接能耗系数*DEE*等于行业年能源消费量与年总产值之比，可通过《北京统计年鉴2008》数据计算得到；完全能耗系数*IEE*、直接碳排放系数*DCE*和完全碳排放系数*ICE*利用北京2007年投入产出表和统计年鉴上的数据，运用上面给出的方法进行计算。

对3个产出指标的数据处理方法是：行业增加值占地区GDP的比例*ADD*和行业最终消费量占行业总产值的比例*FC*可根据北京2007年42个部门的投入产出表的数据计算得到；行业就业数占全市就业人数的比例指标*EP*以北京统计年鉴上的国民经济各行业城镇单位在岗职工人数为基础计算，由于统计年鉴与投入产出表的行业分类不完全一致，需要进行相应的归类统计，没有采用城镇单位从业人员的数据是因为其行业类别与投入产出表的相差太大，无法进行统一的数据处理。

表19　行业完全能源效率的分析结果(DEA无效的行业)

行业代码	行业名称	完全能源效率θ	*DEE*冗余量	*IEE*冗余量	*DCE*冗余量	*ICE*冗余量	*EP*不足量	*ADD*不足量	*FC*不足量
01	农林牧渔业	0.5774	0.1496	1.0385	0.2911	0.2026	0.0000	0.0000	0.0189
04	金属矿采选业	0.2906	0.8645	0.9525	1.0211	1.0779	0.0000	0.0008	0.0382
05	非金属矿及其他矿采选业	0.3672	2.6413	2.0097	5.4161	0.3211	0.0000	0.0046	1.0193
06	食品制造及烟草加工业	0.6630	0.0619	2.1143	0.1253	0.0890	0.0000	0.0000	0.0000

续表

行业代码	行业名称	完全能源效率θ	DEE冗余量	IEE冗余量	DCE冗余量	ICE冗余量	EP不足量	ADD不足量	FC不足量
10	造纸印刷及文教体育用品制造业	0.7741	0.0493	0.5617	0.0102	0.0396	0.0499	0.0007	0.2937
11	石油加工、炼焦及核燃料加工业	0.3119	1.6795	3.6938	0.0947	0.2454	0.0499	0.0006	0.2177
12	化学工业	0.5712	0.2124	7.0150	0.0368	0.0617	0.0004	0.0000	0.0000
13	非金属矿物制品业	0.5356	0.7030	42.5758	0.5819	0.3369	0.0000	0.0000	0.0000
14	金属冶炼及压延加工业	0.0788	1.1837	27.0856	3.7615	1.5593	0.0000	0.0000	0.4737
15	金属制品业	0.4241	0.0662	5.0683	0.0845	0.1512	0.0000	0.0027	0.0563
16	通用、专用设备制造业	0.4206	0.0442	9.6466	0.0915	0.1311	0.0000	0.0451	0.2015
17	交通运输设备制造业	0.5322	0.0312	7.1440	0.0802	0.0847	0.0000	0.0459	0.1302
23	电力、热力的生产和供应业	0.3314	0.1866	2.6545	3.7568	7.8120	0.0000	0.0000	0.0000
24	燃气生产和供应业	0.9012	0.0190	0.0219	0.0110	0.2600	0.0000	0.0040	0.0000
26	建筑业	0.5946	0.0223	110.323	0.0429	0.0243	0.0000	0.0436	0.0138
27	交通运输及仓储业	0.6041	0.4405	4.8326	0.5322	0.5534	0.0000	0.0000	0.3280
28	邮政业	0.6471	0.4427	0.3335	0.4119	0.2074	0.0000	0.0000	0.4724
31	住宿和餐饮业	0.8492	0.2096	0.6567	0.0476	0.1170	0.0000	0.0000	0.6180
36	综合技术服务业	0.6454	0.0159	7.9135	0.0215	0.0347	0.0000	0.0357	0.0000
37	水利、环境和公共设施管理业	0.5197	0.1223	1.7503	0.1234	0.1616	0.0000	0.0012	0.1594
38	居民服务和其他服务业	0.5790	0.1785	1.0559	0.1715	0.2488	0.0000	0.0022	0.5088

(二)*IEES* 的 *DEA* 有效性分析

运用BCC模型测度各行业完全能源效率的*DEA*有效性。采用MATLAB7.0软件运行模型，运算结果表明北京有21个行业的完全能源效率小于1，其中包括农林牧渔业、第二产业的14个行业、第三产业的6个行业，这些都是*DEA*无效的行业。其他完全能源效率等于1的行业都是*DEA*有效的，即没有弱*DEA*有效的行业。表19给出了*DEA*无效行业的完全能源效率值，同时给出了这些行业的投入冗余量和产出不足量的计算结果。

传统上对第一产业的认识是能源强度低、污染排放小，但是模型结果显示其完全能源效率很低，只有0.5774。分析其原因，是生产过程中的中间投入所带来的间接能耗较高所导致。第一产业的直接能耗系数只有0.35，但是完全能耗系数却达到了2.46之多。完全能耗系数高是因为产业的内部结构不合理，使得能源消耗量增大。第一产业若想转化为*DEA*有效的，直接能耗系数须降低0.1496，通过改善第一产业的内部结构使其完全能耗系数降低1.0385，并通过改善用能结构使直接排放系数降低10.385，碳排放系数至少降低0.2，同时本地消费比例要提高1.89%。

第二产业的生产能耗高、能源强度大，从完全能源效率来看，第二产业有56%的行业都是*DEA*无效的。一些工业由于直接/完全能耗系数和直接/完全碳排放系数都较高，造成完全能源效率很低，如金属采选业、非金属矿及其他矿采选业、非金属矿物制品业和金属冶炼及压延加工业；另外，非金属矿物制品业的本地消费仅占 1.4%，其他三个行业都在北京本地没有消费，因此从提高城市的能源效率出发，北京应限制 4 个行业的发展。

石油加工、炼焦及核燃料加工业除直接碳排放系数以外，其他几个投入指标的冗余量都较大，要想提高其完全能源效率，不仅要努力降低能耗系数和碳排放系数，而且要使就业比例提高 4.99%，本地消费比例提高 21.7%。化学工业的直接/完全能耗系数的冗余量较大，但是直接/完全碳排放系数的冗余量并不大，因此提高完全能源效率的关键是降低能耗系数。

另外一些行业的直接能耗系数虽然不高，但是完全能耗系数很大，使得完全能源效率偏低，如建筑业、食品制造及烟草加工业，造纸印刷及文教体育用品制造业、金属制品业、通用、专用设备制造业、交通运输设备制造业、电力、热力的生产和供应业，这主要是因为这些行业在生产的中间投入环节消耗了过多的能源，故可通过改变行业的中间投入结构来降低完全能耗系数，提高完全能源效率。

第三产业虽然表面上看能源强度都很低，污染排放也少，但是有些行业的完全能源效率却不高，如“交通运输与仓储业”、“邮政业”、“住宿和餐饮业”、“综合技术服务业”、“水利、环境和公共设施管理业”、“居民服务和其他服务业”等。其中，前三个行业的直接能耗系数和完全能耗系数都有较大的降低需求，同时前两个行业的碳排放系数也须降低，后三个行业主要是完全能耗系数需要大幅度降低。另外，综合技术服务业应提高行业增加值的占比，其他几个 *DEA* 无效的服务行业须提高本地消费的比例。

综上所述，完全能源效率非 *DEA* 有效的行业，主要是由于能耗系数和碳排放系数过大，部分是因为在行业增加值、就业和本地消费方面的不足，因此应降低这些行业的能源强度，并改善用能结构以降低碳排放强度，使之达到 *DEA* 有效前沿。因此，为提高完全能源效率，各行业应根据自身情况采取不同的措施。

(三)行业排序结果及分析

表 20 给出了采用 Super-SBM 超效率模型对所有行业的完全能源效率进行排序的结果。其中，DEA 无效的行业的超效率 β 值与完全能源效率 α 值完全一致。

从表 20 可以看到，完全能源超效率居前的行业有工艺品及其他制造业、金融业、通信设备、计算机及其他电子设备制造业、卫生、社会保障和社会福利业、石油和天然气开采业、仪器仪表及文化、办公用机械制造业、木材加工及家具制造业等。完全能源超效率前 10 位中有 6 个是工业行业，而后 10 位全部是工业行业。从完全能源效率的角度看，不是所有服务业都应该鼓励发展的，可以优先发展的服务业有金融业、卫生、社会保障和社会福利业、公共管理和社会组织、研究与试验发展业、房地产业、批发和零售业、教育、文化、体育和娱乐业、信息传输、计算机服务和软件业、租赁和商务服务业等。同时，不是所有的工业都要限制发展，有些工业的完全能源效率高，可以鼓励其发展，以促进本地经济增长和增加就业，如通信设备、计算机及其他电子设备制造业、工艺品及其他制造业、仪器仪表及文化、办公用机械制造业、废品废料业、电气机械及器材制造业等。

表 20　北京各行业完全能源超效率排序结果

行业名称	完全能源超效率 β	排序	行业名称	完全能源超效率 β	排序	行业名称	完全能源超效率 β	排序
农林牧渔业	0.5774	31	金属制品业	0.4241	36	信息传输、计算机服务和软件业	1.0762	17
煤炭开采和洗选业	1.0431	19	通用、专用设备制造业	0.4206	37	批发和零售业	1.0948	14
石油和天然气开采业	2.8701	5	交通运输设备制造业	0.5322	34	住宿和餐饮业	0.8492	23
金属矿采选业	0.2906	41	电气机械及器材制造业	1.0314	20	金融业	3.7655	2
非金属矿及其他矿采选业	0.3672	38	通信设备、计算机及其他电子设备制造业	3.4480	3	房地产业	1.2432	12
食品制造及烟草加工业	0.6630	25	仪器仪表及文化、办公用机械制造业	2.7885	6	租赁和商务服务业	1.0703	18
纺织业	1.5919	8	工艺品及其他制造业	4.2935	1	研究与试验发展业	1.3255	10
纺织服装鞋帽皮革毛皮羽毛(绒)及其制品业	1.2263	13	废品废料业	1.3082	11	综合技术服务业	0.6454	27
木材加工及家具制造业	2.2463	7	电力、热力的生产和供应业	0.3314	39	水利、环境和公共设施管理业	0.5197	35
造纸印刷及文教体育用品制造业	0.7741	24	燃气生产和供应业	0.9012	22	居民服务和其他服务业	0.5790	30
石油加工、炼焦及核燃料加工业	0.3119	40	水的生产和供应业	1.0004	21	教育	1.0943	15
化学工业	0.5712	32	建筑业	0.5946	29	卫生、社会保障和社会福利业	3.2086	4
非金属矿物制品业	0.5356	33	交通运输及仓储业	0.6041	28	文化、体育和娱乐业	1.0850	16
金属冶炼及压延加工业	0.0788	42	邮政业	0.6471	26	公共管理和社会组织	1.4525	9

>>五、结论<<

目前关于能源效率的研究主要是分析能源技术效率或是进行地区间能源效率的对比。本研究针对降低地区能源强度和碳排放强度的问题，基于能源、环境、经济、社会协调发展的思想，提出了各行业完全能源效率评价指标，并将DEA理论和投入产出模型相结合，构建了行业完全能源效率评价模型，为通过深度调整产业内部结构实现节能减排奠定理论基础。

模型以直接能耗系数、完全能耗系数、直接碳排放系数和完全碳排放系数作为输入指标，以行业增加值占比、就业数占比和本地消费比例为输出指标，综合考虑能源消耗和碳排放水平对经济社会发展的作用和价值，实现能源系统经济产出和环境影响、社会效益的整合分析。在评价模型的基础上进行投入冗余和产出不足分析，识别各行业在能源利用方面存在的问题，并判断行业能源效率改进的潜力和调整方向。

对北京各行业进行了实证研究，结果发现第一产业和交通运输与仓储业、住宿和餐饮业、综合技术服务业等一些服务业的完全能源效率不是DEA有效的，同时，通信设备、计算机及其他电子设备制造业、工艺品及其他制造业等一些工业行业的完全能源效率却是DEA有效的。利用Super-SBM超效率模型对各行业的完全能源效率进行排序，一些工业行业的排序靠前，而有些服务业的排序落后。这一研究结果说明：政府不应该为了降低全社会的能源消耗量和能源强度而片面地压缩那些能耗高和能源强度大的行业，或者限制它们的发展，也不应该一味地鼓励发展所有服务业，应该参考这些行业的完全能源效率，在充分考虑它们对社会和经济发展的贡献之后做出综合决策。面对资源环境约束强化应对气候变化的新要求，北京需要下更大力气推进节能减排，但应该从“以退促降”向“内涵促降”转变，从提高能源效率的角度实现产业结构的深化调整和优化升级。行业完全能源效率评价模型可应用于国家和地区对各行业的能源效率的评价，满足能源经济环境大系统分析的需求，为深化调整产业结构的相关政策和措施提供决策支持。

>>参考文献<<

[1]武春友，吴琦．基于DEA的能源效率评价模型研究．管理科学，2009(1)．

[2]王群伟，周德群．中国全要素能源效率变动的实证研究．系统工程，2008(7)．

[3]杨红亮，史丹．能效研究方法和中国各地区能源效率的比较．经济理论与经济管理，2008(3)．

[4]魏楚，沈满洪．能源效率与能源生产率：基于DEA方法的省际数据比较．数量经济技术经济研究，2007(9)．

[5]李廉水，周勇．技术进步能提高能源效率吗——基于中国工业部门的实证检验．管理世

界，2006(10).

[6]刘峰. 中国进出口贸易中能源消耗问题的研究. 清华大学博士论文，2007.

[7]齐晔，李惠民，徐明. 中国进出口贸易中的隐含能估算. 中国人口资源与环境，2008(3).

[8]政府间气候变化专门委员会. 2006 年 IPCC 国家温室气体清单指南. 日本全球环境战略研究所，http://www.ipccnggip.iges.or.jp，2006.

[9]北京市统计局. 北京市 2007 年投入产出基本流量表. 北京统计信息网，http:// www.bjstats.gov.cn/was40，2010.

[10]北京市统计局. 国家统计局北京调查总队 . 北京统计年鉴 2008. 北京：中国统计出版社，2009.

[11] Azadeh，A.，Amalnick，M. S.，Ghaderi，S. F.，et al. An Integrated DEA PCA Numerical Taxonomy Approach for Energy Efficiency Assessment and Consumption Optimization in Energy Intensive Manufacturing Sectors. Energy Policy，2007，35(7)：3792-3806.

[12]Ang，B. W. Monitoring Changes in Economy-wide Energy Efficiency：from Energy GDP Ratio to Composite Efficiency Index. Energy Policy，2006，5：574-582.

[13] Hu，J. L. Wang，S. C.. Total-factor Energy Efficiency of Regions in China. Energy Policy，2006，34(17)：3206-3217.

[14] Mukherjee Kankan. Energy Use Efficiency in the Indian Manufacturing Sector：an Interstate Analysis. Energy Policy，2008(2)：662-672.

[15] Mukherjee Kankan. Energy Use Efficiency in U. S. Manufacturing：A Nonparametric analysis. Energy Economics，2008(1)：76-96.

[16]Wei，Y. M.，Liao，H.，Fan Y. An Empirical Analysis of Energy Efficiency in China's Iron and Steel Sector. Energy，2007，32(12)：2262-2270.

[17] Charnes A.，Cooper，W. W.，Rhodes，E.. Measuring the Efficiency of Decision Making Units. European Journal of Operational Research，1978，2 ：429-444.

[18]Cooper，W. W.，Seiford，L. M.，Zhu J. Handbook on Data Envelopment Analysis. Boston：Kluwer Academic Publishers，2004.

[19] Kemmler，Andreas，Spreng. Energy Indicators for Tracking Sustainability in Developing Countries. Energy Policy，2007，35(4)：2466-2480.

[20]Siebe，T. Important Intermediate Transactions and Multi-sectoral Modeling. Economic Systems Research，1996，8(2)：183-193.

瑞典环境许可制度的特点分析及启示

郭逸飞　宋　云　张彩丽　薛鹏丽

>>一、瑞典环境许可制度的特点<<

(一)全面系统的许可管理模式

瑞典的环境许可制度是一套综合、全面的管理模式，以企业的环境影响评价报告作为参考依据，提出更具体的要求。水污染物排放、大气污染物排放、能源消耗、噪声、废物产生与利用、交通运输、化学品使用、污染场地管理、自我监测等各个环节的环境影响都在许可证当中有所体现。资源能源使用和企业自我监测在许可管理系统中占有相当大的比重。最终颁发的许可证在给出较为宽泛的一般许可条件同时，针对各个环境要素分别给出最终许可条件、临时许可条件(经调查后确定最终条件)等内容，要求企业严格遵守。

(二)独立的环境司法体系

瑞典的环境管理体系从20世纪60年代形成以来逐步趋于完善。瑞典各级政府的环保机构已十分完备，但《瑞典环境法》实施机制的一个重要保障机构是环境法庭，其拥有一套独立的司法体系。在瑞典的所有行业当中，钢铁厂、造纸厂、炼油厂等环境危害较重的活动必须经过环境法庭审理才能发放许可证；其他活动的许可申请则可由地方环保部门负责受理。这一切都源于瑞典拥有一套完善、灵活、运作良好的环境司法体系。

环境法庭对许可证申请进行受理时往往需要组织公开听证活动。环境法庭对经营者的环境许可证申请裁决不是在简单地执行某项法规或标准，而是权衡了项目活动所在场地的具体环境、经营者的生产技术水平、环境影响预测等多重因素后做出的。

(三)基于技术的环境标准体系

瑞典对不同行业进行环境管理的一个重要依据是现行的最佳可行技术(Best Available Techniques，BATs)。瑞典在参照欧盟针对不同行业编制的综合防治最佳可行技术的参考说明基础上结合自身情况制定了相应的技术文件。瑞典根据行业发展情况和重点环境问题对技术文件进行修正、更新。

在欧洲大多数国家，企业经营活动的污染物排放受到触发值(Triggered Value，TV 称“参考值”)和排放限值(Emission Limit Value，ELV)约束。触发值可偶尔被超出，但经营者须向监管部门汇报，并采取措施保证不再发生。排放限值则是永远都不允许被突破的，否则经营者将受到处罚。这两套标准一般是浓度与负荷相结合的形式，也有对单独浓度或单独负荷进行规范的情况，还有针对工艺技术的规范。

值得注意的是，瑞典环境问题的关注点也在几十年中发生了巨大变化。比如，针对造纸行业，从 20 世纪 70 年代主要关注二氧化硫、汞、五日生物耗氧量(BOD_5)、烟气等物质；到 20 世纪 80 年代至 90 年代开始关注二噁英、可吸附有机卤化物(AOX)等物质；而到 21 世纪已经对氮氧化物、总氮、总磷、能源、二氧化碳等环境要素均进行重点关注。

(四)充分的信息公开与公众参与机制

在瑞典，整个项目大环境、许可证条件等所有信息都在许可证的文本里体现。任何利益相关方都可以借助这些信息对企业的实际运行情况和管理状况进行追踪，实现资源共享。同时，环境监测一直贯穿于许可证制度当中。企业被要求对污染物排放进行自我监测，定期对监测方法进行更新修正，并向监管部门提交监测报告。

公众参与贯穿于许可证颁布的整个过程。环境法庭为每一家企业颁发许可证都要考虑当地环境和居民生活情况。在许可申请过程中，环境法庭在征求管理部门意见的同时，也听取报纸等地方媒体评论和公众意见。听证会是一个完全开放的活动，无论政府工作人员、社团成员还是普通居民都能参与并发表意见。许可证同时为相关方提起上诉给予指导意见。经营者、环境主管部门、附近居民，以及一定规模的 NGO 组织都可以在规定时限内(一般许可证发放后 3 周以内)提起上诉。

>>二、中国的环境许可制度及问题<<

中国的许可证制度较为单一，审批周期较短，普遍缺乏细致的研究。在中国，企业只需要向地方环保局申请，符合条件即被授予。绝大多数地区的排污许可证没有将环境质量和环境影响评价的内容纳入进去，没有对企业运营进行进一步要求，在审核过程中更没有听证环节。

此外，国内大部分地区工业企业的环境许可证主要都是针对废水排放问题提出要求。而针对废气排放、固废处置、噪声等其他诸多环境问题，虽然许可证使用范围当中略有所提及，要求其符合相关的国家、地方和行业标准，但并没有具体的指标限值(或称为“许可条件”)，给企业执行许可证要求带来许多困惑。因此，中国的环境许可证制度建设需要增加除废水之外其他环节环境影响的具体量化指标，以全面控制企业生产经营活动对周边环境的影响。

中国环境许可管理中的诸多缺陷，表明存在政策失效，即由于政策执行导致生产要素无效率使用或过度使用，引发资源退化和环境污染。针对中国现行环境许可制度存在的问题进行分析，追本溯源，能够发现：尽管中国环境许可制度的完善需要一个过程，但可以通过一定的改革和调控，在较短时间里解决一些问题。

(一)法律层面问题

长期以来，国家针对水污染物排放许可证，只在一些行政法规和规章中进行规定，法律依据不充分。例如，1988年国家环保局颁布的《水污染物排放许可证管理暂行办法》中有许多排污行为在法律规定上没有明确禁止，造成“行政管理”无明确法律效力的状况。我国对超标排污所承担的法律责任和惩处力度还不够，仅限行政处罚手段，而对违法者的刑事制裁强度不足，造成环境污染恶化。

新《中华人民共和国环境保护法》中强调国家依照相关规定实行排污许可管理制度，同时要求企业或经营者必须取得排污许可证才被允许排放污染物，且应当按照排污许可证的要求排放污染物。从这方面反映出排污许可证在中国的法律地位已经确立。然而，最新的《排污许可证管理暂行办法》《排污许可证管理条例》等规范性文件尚未颁布，配套的政策有待完善。

(二)政策标准制定问题

中国的环境许可管理主要是围绕环境标准和行政法规进行的。许可一般只针对化学需氧量(COD_{Cr})、氨氮等常规污染物的年排放总量或排放浓度有所说明，辅助性的内容也只包含排污口位置、排污特征、排污去向、生产工艺、治理工艺、执行标准、总量控制等。我国几乎所有的水环境质量标准和行业水污染物排放标准中都有针对COD_{Cr}的排放限值，而且标准普遍严于许多发达国家。然而，我国针对总氮、总磷、二氧化硫、氮氧化物、粉尘等污染物的指标都较欧盟国家宽松很多。只有少数区域的环境许可中包含了大气污染物排放、能源、环境监测的部分内容，但噪声、化学品管理、交通运输、场地污染等内容基本一片空白。这是因为我国与欧盟国家对环境问题的关注重点不同。中国将COD_{Cr}等作为关键污染物，反映出我国现阶段环境标准问题。

许可证的设计通常以污染物总量控制指标为依据。长期以来，我国的污染物总量控制是以排污目标总量为基础，而不是以环境容量为基础，仅对本辖区内的水质提出要求，而出境的水质往往不达标，造成环境恶化。当前，在排污许可证的审核中仅把污染物达标排放和满足排污总量控制目标作为必要条件，而对排污单位是否履行或达到其他环境管理要求没有做出硬性规定。

另外，国内环境标准体系不够完整，行业标准与地方标准数量不足且不健全，大多数行业和地区仍执行综合排放标准，标准中的污染因子不够齐全，缺少有效可行的总量控制标准和无组织排放标准。这些问题给许可证政策的执行工作增加了难度。尽管我国针对部分行业出台了清洁生产标准(属于推荐性标准)，开始转变思路从源头和工艺过程上关注污染物的削减；但绝大多数水环境标准普遍只关注最终出水水质，强调末端治理效果，难以达到“标本兼治”。

(三)政策协调问题

环境许可制度建设离不开健全完善的政策体系。当前，中国针对环境保护出台了大量的政策、法规、标准。但由于颁布实施的主体部门(包括环境保护部、国家发改委、工业与信息化部、地方政府等)不同，政策之间缺乏必要衔接，给地方政府的监管、经营者的执行带来了诸多不便。例如，污染源控制包括环境影响评价、排污申报、总量控制、环境信息管理、环境保护技术政策等多项政策。然而，这些污染控制政策都较为分散。由于部门间缺乏规范的沟通协调渠道和政策本身存在的不足，导致政策难以有效实施，无法实现污染源的“连续达标排放”，给许可证的设计、执行工作带来诸多困难。

同时，地方的排污许可证一般是以一定周期(可能是 5 年或 10 年)为限进行更换的。当有关国家政策标准发生变化时，地方的许可证却往往不能及时进行变更。而一旦新的标准比原有标准及地方标准更加严格的时候，通常就会形成经营者的排污行为实际不达标但又属于合法排污的尴尬局面。

(四)信息公开问题

与其他许多制度一样，中国的环境许可制度建设需要公开透明的信息渠道作为支撑。然而，各项环境政策缺乏衔接的问题也反映出政府部门之间信息资源共享的机制非常薄弱。由于各种原因，各个政府单位间乃至单位各部门之间缺少沟通交流。同时，由于地方对经济发展的迫切要求，在环保政策执行过程中默许一些污染严重、经济效益不佳的企业违法排污。个别地方政府对污染源信息的隐瞒导致环境管理效率低下。此外，我国环境保护工作的公众参与机制非常薄弱。无论在环境政策制定过程还是行政执法环节，公众对信息的获取渠道非常有限。这严重制约了问题的及时发现，影响环境监管的效果。

>>三、瑞典环境许可制度对中国环境许可制度建设的启示<<

瑞典经过几十年的实践，已经在环境许可制度建设方面取得了巨大成就，积累了丰富经验。党的十八届三中全会已经明确提出了加快生态文明制度建设下的改革，完善环境保护管理体制、完善我国污染物排放许可制度的具体任务要求。这种情况下，在借鉴瑞典成功经验的同时，需要结合我国的实际情况，因地制宜开展工作，加强中国环境许可制度建设。为此，以下建议可供参考。

(一)巩固环境许可证制度的法律地位

许多发达国家已经从法律上确定了以许可制度作为主要的环境管理制度。环境许可制度作为环境保护的一项基本制度，在立法上获得足够的支持是实现其有效实施的保障。我国不一定采取法庭裁决的方式来完成许可证发放等环境管理工作，但将环境行为、环境监管上升到法律层面势在必行。新的《环境保护法》已经确立了中国环境许可制度的法律地位。对此，中国应当加快制定相关配套的政策性文件，使环境许可制度的法律地位得以巩固。

(二)开展综合排污许可证制度设计

综合排污许可制度有利于整合各项信息资源，减少行政审批程序，提高环境管理和执法效率，有利于促进企业的综合环境管理能力和污染防治水平，并保护企业的利益。我国有必要建立综合排污许可管理制度，实现从生产源头到污染治理排放全过程及从行政审批、企业执行到行政监管全过程的环境管理。因此，开展系统、精细、操作性强的综合许可证制度设计，是确保这项制度向着预期方向发展的前提条件。

(三)强化企业环境责任，推动技术进步

许多发达国家的环保理念中都强调经营者的环境责任，并注重技术改造。在这种制度下，企业(经营者)的环境责任意识被激发，自觉性增强，拥有了不断创新和使用先进技术的内动力。为此，政府部门可通过宣传教育引导企业提高环保意识并不断改进工艺技术。企业内部或企业之间可以定期组织职工接受环境保护方面的教育培训，通过充分的信息交流，让员工认识到加强环境保护和坚持技术创新对企业可持续发展的重要性。

(四)建立环境信息平台，发挥公众参与机制

掌握充分、可靠的信息数据是执行监管的前提条件。环境管理部门需要根据污染源的类型、产量、污染物排放量、排放浓度、能源消耗等众多数据进行汇总，并将各个污染源根据区域或

行业进行分类，建立一套针对污染源的环境信息平台。环境信息平台需要定时进行数据动态更新，以实现对污染源的实时追踪。此外，公众也是环境保护的参与者。充分发挥公众参与机制，有利于更好地对环境问题进行有效监管。因此，有必要发挥居民、社会团体、地方媒体等的力量，对各种违法排污行为进行举报，对环境管理部门的执法情况进行监督。

>>参考文献<<

[1]张传秀，宋晓铭. 我国环境标准工作中存在的不足与对策探讨. 化工环保，2004(Z1).

[2]孟祥明，吴悦颖，王艳坤，等. 水环境标准与污染控制. 环境科学与技术，2007(Z1).

[3]宋国君，韩冬梅，王军霞. 完善基层环境监管体制机制的思路. 环境保护，2010(13).

[4]Ministry of the Environment-Sweden. The Swedish Environmental Code. 2000. http://www. government. se/sb/d/574/a/22847.

[5]Ministry of Justice-Sweden. The Swedish Judicial System — A Brief Presentation. 2012. http://www. government. se/sb/d/15633/a/166579.

[6]R. C. Frost. EU Practice in Setting Wastewater Emission Limit Values. 2009. http://www. wgw. org. ua/publications/ELV%20-%20EU%20practice. pdf.

生态设计产品生命周期评价
——以洗衣液为例

唐　玲　孙晓峰

>>一、引言<<

生态型产品作为建设生态型社会的一项重要内容，主要是指在原材料获取、生产、使用、废弃处理等全生命周期过程中，在技术可行和经济合理的前提下，确保产品的资源和能源利用高效性、可降解性、生物安全性、无毒无害或低毒低害性、低排放性，实现产品环境负荷的最小化。作为日常生活中大量使用的洗涤剂产品，生态型势在必行。洗涤剂产品在开发应用过程中应以产品生态设计理念为指导，降低产品资源能源消耗强度和环境负荷，最大程度地采用从原料、生产、废弃、回收等各个环节减少对人类健康和环境产生危害的先进绿色技术和管理手段，减少或消除对人类和环境危害大的原料、产品、副产品、溶剂、试剂和添加剂的生产和使用，实现洗涤剂产品和工艺的高效、低毒、无污染或少污染，同时在洗涤剂废弃后能够建立高效的回收再利用体系。面对“十二五”期间生态型社会建设和环保产业发展要求，我国对洗涤剂生态型产品评价及其标准化工作存在着十分迫切的需求。

生命周期评价(Life Cycle Assessment，LCA)方法作为一种有效的可持续环境管理工具受到了广泛的关注和研究，成为国内外可持续发展和环境保护领域新的研究热点之一。尤其在中国，科学技术相对落后，处理环境问题总是先污染后治理。引入 LCA 后可从一定程度上改变洗涤行业治理环境问题的方法，真正从问题的发源处，站在整体角度上来发掘解决的思路和方法。LCA 不仅可以用于评价洗涤剂的生命周期，还可以用来评价洗涤剂中某种配方物质的生命周期，从宏观角度来解决洗涤剂制备过程中的微观问题。

企业要想协调好自身利益与社会利益的关系，就须在降低生产成本的基础上把对社会环境和自然环境的污染降至最低。采用LCA方法对我国洗涤工业进行分析，进而指导洗涤剂产业向节约资源能源，减少污染物排放，与环境相协调的可持续方向发展，具有非常现实和重要的意义。

>>二、洗衣液生命周期评价<<

(一)研究目的与意义

多年来，为了减少非有效化学品的使用量，节约资源，保护环境，提高有效化学品的利用率，世界洗涤剂行业做了许多积极探索，其中最主要的措施之一就是洗涤剂的浓缩化。从国际洗涤用品行业的发展趋势来看，浓缩洗涤剂已成为全球尤其是发达国家洗涤剂市场的主流。国际上洗涤剂浓缩化已推行多年，取得了积极的成效，美国在20世纪80年代初期就开始进行洗衣粉浓缩化，2003年后开始液体洗涤剂的浓缩化，目前市场上浓缩化产品已占绝大多数；日本自1983年开始洗衣粉的浓缩化，如今浓缩洗衣粉占洗衣粉总量的95%以上，液体洗涤剂的浓缩化比例也在稳步上升；欧洲的浓缩洗衣粉也已取代普通洗衣粉成为主流。本研究的主要目的是对洗涤剂全生命周期过程进行分析，确定哪一些环节对环境改善最为显著，从而为洗涤剂的生态设计提供技术支撑。中国洗涤用品行业绿色技术的发展正如火如荼，如果能将这些努力集合到一起，那无疑会对我们的环境有更好的影响。

本研究以洗衣液为例，进行分析。如果将普通洗衣液替换成浓缩洗衣液，则整个生命周期将产生变化，通过生命周期的评估可以得到环境影响的值，可以直观判断哪种产品对环境更加友好。

(二)功能单位确定

本研究功能单位为单次洗涤荷重为2～3千克的家用洗衣机洗涤过程。在此范围内，本研究假设消费者不会在洗涤剂用量上有变化。本研究中所有研究单位均以此为基本单位。

普通洗衣液：本研究用作洗衣液环境影响评价的对比样本，代表中国市场上在售的洗衣液的中间水准。产品特性：单次用量为40克；表面活性剂含量为19%；以水为填充剂，含量为77%。

浓缩洗衣液的产品特性：单次用量为20克；表面活性剂含量为30%；以水为填充剂，含量为63%。

(三)资源利用和排放数据清单比较

1. 产品配方比较

中国市场上具有代表性的普通洗衣液和浓缩洗衣液成分清单如表21所示。

表 21　中国市场上具有典型代表意义的洗衣液配方清单

	原料	普通洗衣液	浓缩洗衣液
表面活性剂	直链烷基苯磺酸钠	4%	6%
	月桂基聚氧乙烯醚硫酸钠	9%	16%
	烷基醇聚氧乙烯醚	4%	6%
	脂肪酸	2%	2%
其他成分	聚羧酸盐	1%	1%
	水	77%	64%
	柠檬酸	2%	2%
	乙醇	/	2%
	氢氧化钠	0.5%	0.7%
	防腐剂	0.05%	0.05%
	酶制剂	0.3%	0.3%
	香精	0.05%	0.05%
	氯化钠	0.4%	0.4%
使用量		40 克/每次洗涤	20 克/每次洗涤

普通洗衣液与浓缩洗衣液成分变化如表 22 所示。

表 22　普通洗衣液与浓缩洗衣液成分变化

	原料	普通洗衣液	浓缩洗衣液	变化
表面活性剂	直链烷基苯磺酸钠	1.6	1.2	－0.40
	月桂基聚氧乙烯醚硫酸钠	3.6	3.2	－0.40
	烷基醇聚氧乙烯醚	1.6	1.2	－0.40
	脂肪酸	0.8	0.4	－0.40
其他成分	聚羧酸盐	31	13	－18
	水	0.40	0.20	－0.20
	柠檬酸	0.80	0.40	－0.40
	乙醇	0.0	0.40	＋0.40
	氢氧化钠	0.20	0.14	－0.060
	防腐剂	0.020	0.010	－0.010
	酶制剂	0.12	0.060	－0.060
	香精	0.16	0.080	－0.080
	氯化钠	0.020	0.10	＋0.080
使用量		40 克/每次洗涤	20 克/每次洗涤	－20

注：表中数据以克/单次洗涤计，数据取四舍五入。

2. 运输数据比较

由于浓缩洗衣液的用量少，需要运输的原材料数量会减少，但这并不会影响原材料的运输距离和运输方式。因此在原材料运输环节，普通洗衣液和浓缩洗衣液原材料的运输均采用标准大货车运输为计算标准。

表23 原材料运输数据

	原料	运输距离(公里)
表面活性剂	直链烷基苯磺酸钠	200
	月桂基聚氧乙烯醚硫酸钠	200
	烷基醇聚氧乙烯醚	200
	脂肪酸	200
其他成分	聚羧酸盐	200
	水	0
	柠檬酸	50
	乙醇	70
	氢氧化钠	70
	防腐剂	200
	酶制剂	500
	香精	50
	氯化钠	400

表24 洗衣液浓缩化节约的运输数据

	每公斤洗涤剂(公里)			每次洗涤(公里)		
	普通	浓缩	节约	普通	浓缩	节约
洗衣液	43	67	—24	1.7	1.3	0.4

浓缩洗衣液与普通洗衣液相比等量下反而需要更多的运输，这是因为洗衣液中的水不需要运输，所以单次洗衣液运输减少。洗衣粉比洗衣液需要更多的原材料运输，这主要是由洗衣粉中的填充剂需要运输而洗衣液中的填充剂不需要运输所致。

3．生产过程的能耗数据比较

表25 生产能耗所需清单

能耗种类	单位	车间生产总消耗量
电耗	千瓦时	9
煤耗	兆焦	4.4
水	吨	0.3
蒸汽	立方米	0

表26 生产浓缩洗衣液所节约的能耗与水耗

能耗种类	单位	普通洗衣液单次洗涤消耗量	浓缩洗衣液单次洗涤消耗量	节约
电耗	千瓦时	3.6＊10—4	1.8＊10—4	1.8＊10—4
煤耗	兆焦	1.8＊10—4	9.2＊10—5	8.8＊10—5
水	吨	1.2＊10—5	6.0＊10—6	6.0＊10—6
蒸汽	立方米	0	0	0

注：表中数据单位为克/单次洗涤，数值取四舍五入。

4. 洗衣液包装过程

洗衣液通常以聚乙烯塑料瓶体，聚丙烯瓶盖包装，运输过程中以纸箱包装。本研究中假定所有洗衣液均以统一的规格包装。因此，每一件浓缩洗衣液产品均可以完成普通洗衣液两倍数量的洗涤需求。

表 27 包装材料所需清单

材料	数量
瓦楞纸	80
聚乙烯(PE)	61
聚丙烯(PP)	5

表 28 洗衣液浓缩化所节约的包装材料数据

材料	普通洗衣液单次洗涤消耗量/克	浓缩洗衣液单次洗涤消耗量/克	节约
瓦楞纸	3.2	1.6	1.6
聚乙烯(PE)	2.4	1.2	1.2
聚丙烯(PP)	0.20	0.10	0.10

5. 洗衣液运输数据比较

表 29 洗衣液运输数据

单位：千克公里/单次洗涤

		普通洗衣液	浓缩洗衣液	节约
洗衣粉	卡车	22	11	11
	火车	40	20	20

三、生命周期环境影响评价比较

本研究所有环境影响评价的特征结果如表 30 和图 25 所示。浓缩洗衣液在本研究所涉及的全部环境影响类别和环境指标上均有明显改善或提高。

表 30 洗衣液生命周期环境影响变化

环境影响类型	单位	普通洗衣液	浓缩洗衣液	减少
全球气候变暖	CO_2 当量·kg^{-1}	50	35	16
酸雨及土壤酸化	SO_2 当量·kg^{-1}	0.17	0.11	0.057
富营养化	NO_3 当量·kg^{-1}	0.044	0.027	0.016
化石能源消耗	千焦	840	570	270
农业土地消耗	平方厘米/年	220	120	110

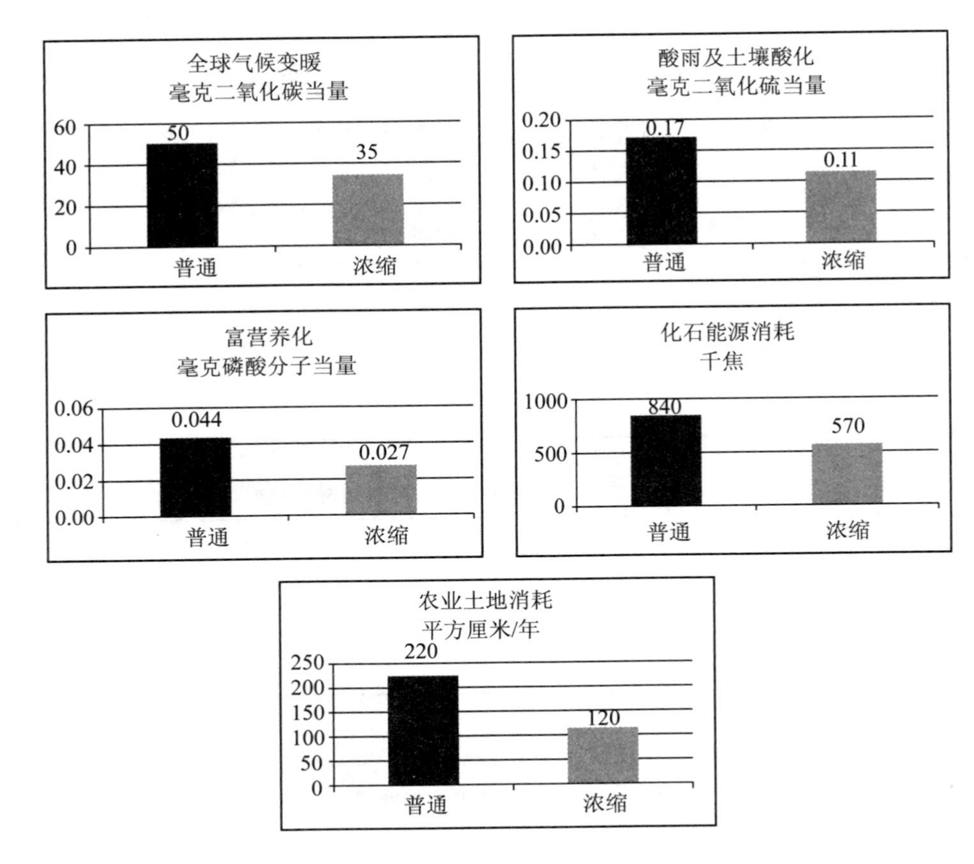

图 25　普通洗衣液和浓缩洗衣液的环境影响(单次洗涤)

普通洗衣液与浓缩洗衣液增加和节约的成分在农业土地使用方面的环境影响，如图 26 为洗衣液浓缩化所产生环境效果改善，正值表示环境改善或提高，负值表示增加的负面环境影响。可以看出，在农业土地使用方面，浓缩洗衣液所带来的环境影响改善主要来自于节约的包装材料。表面活性剂和其他成分的环境改善作用相近。

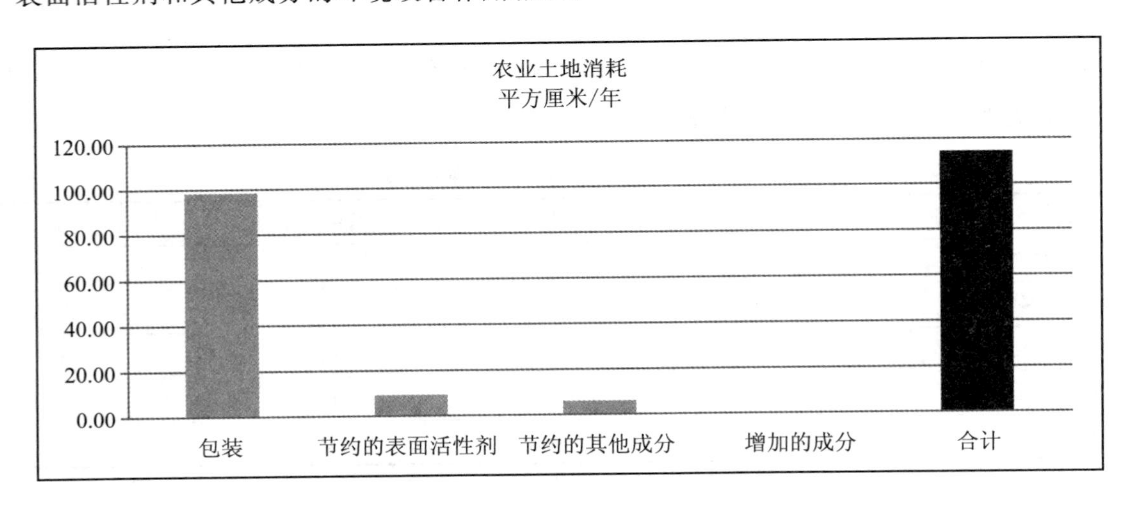

图 26　洗衣液浓缩化所产生环境效果改善图(单次洗涤)

>>四、结论<<

洗衣液作为一种典型的洗涤剂产品，在整个生命周期环节会对环境产生很大的影响，本研究通过对洗衣液原料的保存、生产、运输、出售到最终废弃处理的过程中对环境造成的影响，通过评价洗衣液全生命周期的环境影响大小，提出洗衣液生态设计或生态化改进方案，从而大幅提升家用洗衣粉的环境友好性。从生命周期评估的角度来看，洗涤剂浓缩化在所有的环境影响方面会带来积极的环境改善效果。比如在全球气候变暖影响方面，与普通洗衣液相比，每次洗涤时浓缩洗衣液会减少 16 克二氧化碳排放。通过对环境影响的量化评估，为该产品的环境标志认证提供技术支撑，为产品环境辨识以及洗涤剂制造企业节能减排提供指导，同时为我国产品 LCA 数据库进行了补充。

>>参考文献<<

[1]樊庆锌，敖红光，孟超. 生命周期评价. 环境科学与管理，2007(6).

[2]唐佳丽，林高平. 生命周期评价在企业环境管理中的应用. 环境科学与管理，2008(3).

[3]廉根旺，陈海兰. 浓缩化——洗涤剂的“低碳经济”. 日用化学品科学，2010(4).

[4]狄永红. 洗涤剂行业节能环保与低碳发展的思考. 中国洗涤用品工业，2012(12).

[5]李向阳，王吉星，等. 市场期待的浓缩洗衣粉. 日用化学品科学，2010(4).

[6]赵保云，谭志侠. 洗衣粉生产节能潜力分析. 云南化工，2009(12).

能源科技篇

城市绿色发展能源科技战略研究
——以北京市为例

林卫斌

>>一、绿色发展能源科技前沿概述<<

随着经济社会的飞速发展，全球面临的资源与环境约束及应对气候变化形势日益严峻，为了实现经济、社会、环境的协调可持续发展，绿色发展理念应运而生。能源行业是支撑国民经济发展和城乡居民生活的基础性行业，也是大气污染物和温室气体的主要排放源。通过推动能源科技的进步，在能源的开发利用、加工转换、终端消费等环节进行变革，是实现绿色发展、建设生态文明的必经之路。世界各国尤其是欧美发达国家十分重视在能源科技研发与创新方面的投入，积极抢占绿色发展能源科技的制高点，并把发展绿色产业作为推动经济结构调整和产业升级的重要举措。以绿色低碳为方向，大力发展清洁、低碳、安全、高效的能源科技已成为全球发展的共识。目前，世界范围内的能源行业各个环节的科技创新进入快速发展通道，本文选择其中具有代表性的能源科技，并归为三类：一是能源资源开发类技术，包括页岩气开采技术、核电技术、净零能耗系统及生物柴油生产技术。二是能源加工转换技术，包括冷热电联产系统、煤气化技术、煤电超低排放技术及碳捕捉与封存技术。三是能源终端消费技术，包括新能源汽车、智能电网及被动式建筑节能技术。

(一)能源资源开发技术

能源资源开发是指对一次能源进行开发利用，开发对象包括原煤、原油、天然气等化石能源，以及水能、核能、风能、地热能、海洋能、太阳能、生物质能等非化石能源。资源开发类绿色科技主要指对天然气、核能、太阳能等清洁能源的开发利用技术，具体的技术有：

1. 页岩气开采技术(Shale Gas Mining Technology)

页岩气开采技术是指对页岩气藏进行开发的技术，主要包括钻井技术、固井完井技术、压裂增产技术和裂缝检测技术。

页岩气钻井技术从起初的垂直井发展到后来的水平井，后又演化出单支水平井、多分支水平井、PAD水平井等。为了更好地利用储层中的天然裂缝，并且使井筒穿越更多储层，越来越多的页岩气开采都采用水平钻井技术。

固井是指在套管与井壁之间注入水泥浆进行封固。页岩气固井水泥浆主要有泡沫水泥、酸溶性水泥、泡沫酸溶性水泥以及火山灰＋H级水泥四种类型。完井是指连接井筒与生产层的过程。页岩气井多采用定向射孔完井技术。

为了增加页岩的渗透能力，获得增产效果，多数含气页岩都需要实施压裂。目前常用的压裂技术有多级压裂、清水压裂、同步压裂、水力喷射压裂和重复压裂。

通过对压裂产生裂缝的高度、长度、方位等信息进行监测，可以优化压裂设计，从而提高采收率。微地震监测技术即是近年来在低渗透气藏压裂改造领域的一项重要新技术。

美国是世界上最早发现和生产页岩气的国家，已经实现了页岩气的大规模商业开采。美国页岩气研究与钻探始于19世纪20年代。1981年，美国第一口页岩气井压裂成功，实现了页岩气开发的突破。美国目前的页岩气开采技术主要有水平井＋多级压裂、清水压裂、同步压裂。

随着中国石化涪陵国家级页岩气示范区的建成，中国在页岩气开采技术领域取得重大突破。一是在理论认识方面，完善了海相页岩气“二元富集”理论认识，优化了优质页岩气关键参数选取原则。二是完善了以测井综合解释和地震综合解释为主的勘探评价技术。三是通过先导性试验，形成了适合涪陵页岩气勘探开发的优快钻井、压裂改造技术系列。页岩气水平井最长达2100米，压裂段数达26段，压裂技术达国际先进水平。中国也成为继美国、加拿大之后，世界上第三个实现页岩气商业开发的国家。

2. 核电技术(Nuclear Power)

核电技术是利用核裂变或核聚变反应所释放的能量发电的技术。因为受控核聚变存在技术障碍，目前核电站都是采用核裂变技术。按照发展历程，核电技术分为四代。

第一代核电站为20世纪五六十年代建造的原型堆、示范堆核电站。受当时技术限制，第一代核电厂功率普遍较小，一般为300MW左右，建造的主要目的是为了通过试验示范来验证核电工程实施的可行性。目前，大多数第一代核电机组已退役。

第二代核电站是指20世纪七八十年代建设的标准化、系列化、商业化、批量化核电站。1973年第一次石油危机引发欧美各国的核电建设高潮，单堆功率大幅提高，达到百万千瓦级。1979年美国三哩岛核事故与1986年苏联切尔诺贝利核事故使得核电发展跌至谷底，也催生第二代改进型核电站，增设了氢气控制系统、安全壳泄压装置等。目前，世界上投运的核电站主要为第二代核电站。

第三代核电站是指20世纪90年代开发的，满足美国“先进轻水堆型用户要求”(URD)或“欧洲用户对轻水堆型核电站的要求”(EUR)的先进轻水堆核电站，具有更高的安全性与管理稳定性。第三代核电技术在设计上有两个典型代表：一是美国西屋公司研发的，以全非能动安全系统、简化设计和布置以及模块化建造为主要特色的AP1000；二是法国与德国合作开发的，立足于成熟技术的逐渐演进，着重利用4套完全实体分隔的能动安全系统提高安全性，用加大机组容量的规模效应来补偿经济性的EPR。中国已引进AP1000等技术，分别在浙江三门和山东海阳等地开工建造第三代核电站。第三代核电技术的安全性在第二代改进型机组的基础上有较大提高，但为此付出的经济性代价成为制约第三代核电技术在世界范围被广泛应用的主要因素。

第四代核电技术尚待开发，由美国于1999年最先提出，并于2000年联合阿根廷、巴西、加拿大、法国、日本、韩国、南非和英国8个国家共同研发。第四代核电在安全性、经济性、节省铀资源和废物量最少化的可持续发展性、防核扩散、防恐怖袭击等方面都有显著提高，预计在2030年前后研发成功。

3. 净零能耗系统(Net-Zero Energy System)

净零能耗系统是分布式能源的一种，它是指在通过合理设计提高能效大幅减少能源需求的基础上，通过对可再生能源的开发，实现以年为单位、能源供应量与需求量达到平衡的建筑或社区。系统可在自给能源不足时，从公共能源中心(电网、供热/冷中心)调入能源(电、热、冷)；在自给能源富余时，向公共能源中心调出能源。净零能耗系统利用的可再生能源包括：太阳能、风能、地热能、生物质能等，目前国际上研究和开发较多的是太阳能。根据不同的评估方法可将净零能耗系统分为四类：

(1)就地净零能耗系统(Net-Zero Site Energy)：系统向公共能源中心调出的能源量不少于系统从公共能源中心调入的能源量。

(2)净零一次能耗系统(Net-Zero Source Energy)：系统向公共能源中心调出的能源对应的一次能源量不少于系统从公共能源中心调入的能源对应的一次能源量。净零一次能耗系统考虑了能源的输配损失。

(3)净零成本系统(Net-Zero Energy Costs)：系统向公共能源中心调出能源获得的收益不少于系统从公共能源中心调入能源所付出的成本。

(4)净零排放系统(Net-Zero Emission)：系统向公共能源中心调出可再生能源对应的减排量(二氧化碳、氮氧化物、硫氧化物等)不少于系统从公共能源中心调入能源对应的排放量。

净零能耗系统概念最早由丹麦技术大学于1976年提出，随后在欧洲、北美、亚太等地区均开展了相应的研究与应用。中国也积极进行相关研究与实践，预计于2020年左右完工的上海崇明东滩生态城就是实践净零能耗系统技术的世界首个可持续发展生态城。

(二)能源加工转换技术

能源加工转换是指根据特定用途，经过一定的工艺，将一种能源加工或转换为另一种能源。

加工转换类绿色科技包括在能源加工转换环节实现节能减排的技术，以及通过加工转化制得清洁能源再加以利用的技术，具体的技术有：

1. 冷热电联产系统(Combined Cooling Heating and Power，CCHP)

冷热电联产系统是指通过对一次能源燃烧的能量进行梯级利用，根据需要可同时供应冷、热、电的能源供应系统，是分布式能源的一种。其利用的一次能源可以是煤炭、天然气等化石能源，也可以是秸秆、甘蔗渣等生物质能。目前，国际上联产系统主要以天然气作为一次能源。

冷热电联产系统能够为写字楼、商厦、医院、机场等特定功能的建筑，以及各种工业、商业或科技园区等提供高效、清洁的能源供应解决方案。早在1938年，美国就建立了第一个联产系统。较成熟的联产技术始于20世纪70年代能源危机，由于其可以达到很高的能量利用效率，所以在发达国家得到了非常快速的发展。2007年，八国集团(G8)在德国举办的峰会上呼吁采取措施，以大力提高联产系统的发电比例，促使能源、经济、环境及公用事业监管层关注联产技术的发展潜能并制定符合国情的相应政策。

目前，美国是联产发电装机最多的国家，截至2014年年底，美国联产系统发电装机容量为82.7GW，占全美发电装机容量的7.7%。欧盟则是联产市场的领导者，在联产技术创新与标准规范方面引领世界，并在全球范围内输出联产技术与产品。联产技术已成为欧盟经济的核心竞争力之一，截至2012年年底，欧盟联产发电装机容量已达109GW，欧盟12%的电力需求及15%的热力需求由联产系统供应，超过10万名雇员在联产领域工作，联产技术已广泛应用于医药、食品加工、教育、场地供热及炼油等行业。中国从20世纪90年代中期开始发展分布式能源，其中一批天然气联产示范项目取得了较快的发展，并陆续在北上广等一线城市、东部沿海城市和内陆部分城市得到应用。

2. 煤气化技术(Coal Gasification Technology)

煤气化技术主要指以煤为原料，在气化炉中，在高温条件下与气化剂发生化学反应将煤转化为气体燃料的技术。煤气化技术作为煤炭深度加工、转化的先导技术，是洁净煤技术的优先发展技术之一。煤气化技术按生产装置的化工特征分为固定床气化技术、流化床气化技术、气流床气化技术三种工艺。

固定床气化技术简单可靠，但因污染高、单耗高属于逐步淘汰的工艺。流化床技术生产强度较大但是转化率较低。气流床煤气化具有较大煤种与粒度适应性、气化效率高等特点，是目前高效清洁利用煤炭的主要技术。国外较先进的气流床气化技术主要包括荷兰的Shell气化技术、芬兰的K－T炉气化、德国的GSP粉煤气化技术和美国德士古公司水煤浆气化技术等。

德国未来能源公司的粉煤加压气化技术(GSP)，采用干粉进料，纯氧蒸汽作气化剂，气化温度高达1400～1600摄氏度，碳转化率达99%，有效气体含量与Shell气化类似。中国西安热工研究院开发的两段式干煤粉加压气化技术已进行了工业应用。华东理工大学、水煤浆气化与煤化工国家工程研究中心与兖矿集团合作开发的4喷嘴对置式水煤浆气化技术在技术上有较大的改进。西北化工研究院自主研发了新型煤气化技术——多元料加压气化工艺已成为煤化工项目的优选技术之一。

3. 煤电超低排放技术(Ultra-Low Emission Technologies of Coal Power Plants)

超低排放就是通过“多污染物高效协同控制技术”，使燃煤机组的烟尘、二氧化硫、氮氧化物等大气主要污染物排放标准达到天然气燃气机组的排放标准。主要由SCR高效脱硝装置、低温静电高效除尘装置、湿法高效脱硫装置、湿式静电深度除尘装置组成。

早期的煤电烟气除尘以袋式除尘器和电袋除尘器为主。烟气脱硫以石灰石—石膏法为主，其次为循环流化床锅炉、海水脱硫工艺、氨法脱硫工艺等。烟气脱硝所采用的工艺主要是选择性催化还原法(SCR)，少数为非选择性催化还原法(SNCR)。目前最先进的煤电烟尘控制技术为电除尘器配高频电源＋湿式电除尘器，或低温电除尘器配高频电源＋湿式电除尘器等。湿式电除尘器可以长期高效稳定地除去烟气中PM2.5等细颗粒物，将烟尘排放浓度控制在10mg/Nm^{3}以下，甚至5mg/Nm^{3}以下，酸雾去除率超过95%，对汞的控制效果也很明显。目前最先进的二氧化硫的超低排放，则是选择低硫优质煤(煤中硫分一般不高于0.8%)，再采用高效湿法脱硫技术，即单塔双循环石灰石—石膏湿法脱硫技术，可以使反应过程更加优化使其脱硫效率不低于98%。最先进煤电氮氧化物控制技术首先采用先进的炉内低氮燃烧技术，采用选择性催化还原SCR烟气脱硝技术，其排放浓度可控制在40mg/Nm^{3}以下，满足50mg/Nm^{3}排放要求。

中国浙能集团的燃煤电厂烟气主要污染物排放优于清洁发电的天然气燃气轮机组排放标准，即烟尘不超过5mg/Nm^3，二氧化硫不超过35mg/Nm^3，氮氧化物不超过50mg/Nm^3。世界首台百万千瓦超临界二次再热燃煤发电机组——中国国电泰州电厂二期工程3号机组发电效率、发电煤耗、环境指标三项创世界之最，其排放烟尘浓度低于2.3mg/Nm^3，二氧化硫浓度低于15mg/Nm^3、氮氧化物浓度低于31mg/Nm^3。

4. 生物柴油生产技术(Technologies for Biodiesel Production)

生物柴油是指以油料作物、野生油料植物和工程微藻等水生植物油脂以及动物油脂、餐饮垃圾油等为原料油通过酯交换工艺制成的再生性柴油燃料。

生物柴油的发展经历了第一代柴油和第二代柴油阶段。第一代生物柴油是指动植物油脂与甲醇进行酯交换制得的脂肪酸甲酯，其生产过程同时副产甘油。这一技术比较成熟，已部分进入市场弥补石化柴油的不足。第二代生物柴油是以动植物油脂为原料通过催化加氢裂解工艺生产的非脂肪酸甲酯生物柴油。其指标明显优于第一代脂肪酸甲酯，适用范围更加广泛，是未来生物柴油的主要发展方向。目前国外第二代生物柴油已经进入工业生产和应用阶段，为生产超低硫清洁柴油奠定了基础。

第一代和第二代生物柴油的生产属于化学方法，用化学法合成的生物柴油有工艺复杂、能耗高、酯化产物难回收等缺点，为解决上述问题，人们开始研究生物酶法合成生物柴油，也有人称作“第三代生物柴油”，即用动物油脂和低碳醇通过脂肪酶进行转酯化反应制得的生物柴油。2001年日本采用固定化Rhizopus oryzae细胞生产生物柴油，转化率在80%左右。2005年清华大学生物酶法制生物柴油中试成功，新工艺的生物柴油产率达90%。“工程微藻”生产柴油为柴油生产开辟了一条新的技术途径。美国在利用生物技术研发植物油料走在世界前沿，美国通过现代生物技术制成的“生物藻”使脂质含量达到40%～60%。

5. 碳捕捉与封存技术(Carbon Capture and Storage Technology)

碳捕捉与封存(CCS)是指将二氧化碳从电厂等工业或其他排放源分离，后经富集、压缩并运输到特定地点，注入储层封存以实现被捕捉的二氧化碳与大气长期分离。CCS技术包括二氧化碳的捕捉、运输、封存三个环节。目前主要通过化石燃料燃烧前、燃烧后和富氧燃烧三种方式进行二氧化碳捕捉，并通过管道与罐车运输至目的地进行封存。二氧化碳封存包括海洋封存、矿石碳化、地质封存和工业利用四种方式。CCS技术作为可供选择的技术手段，可在维持能源消费的现状下实现短中期大规模削减二氧化碳的目的。CCS技术是电力行业尤其是燃煤电厂降低二氧化碳排放可行措施，另外可将捕捉的二氧化碳应用于驱油驱气，提高油气产量。

英、美等世界主要能源消费国已将CCS列入清洁煤技术的重要战略组成部分，对CCS技术进行了大量研发，开展了一系列示范项目及应用工程。中国首个CCS技术全流程项目(神华集团30万吨/年煤制油工程高浓度CCS技术开发及示范项目)于2010年9月在鄂尔多斯启动，随后又相继开展了大量示范项目，极具代表性的有华能集团100000t/a碳捕集示范及中电投重庆双槐电厂的10000t/a捕集示范等。

(三)能源终端消费技术

能源终端消费是指在国民经济和居民生活的各个终端将能源用作燃料、原料、材料、动力、热力等的过程。终端消费类绿色科技是指在终端消费环节通过使用清洁能源、优化设计、加强智能控制等实现节能减排的技术，具体的技术有：

1. 新能源汽车(New Energy Vehicles)

新能源汽车是采用新型动力系统，完全或主要依靠新型能源驱动的汽车，主要包括电动汽车，即插电式(增程式)混合动力汽车、纯电动汽车、燃料电池汽车，以及氢动力汽车、天然气燃料汽车和生物燃料汽车等，目前国际上推广使用的新能源汽车主要指电动汽车。

美国、日本、欧盟等国家和地区出台一系列政策措施，大力支持新能源汽车产业的发展，2009年奥巴马政府宣布用24亿美元支持企业发展“下一代”电池和电动车计划，将美国新能源汽车发展定位电动汽车方向。2013年年初欧盟委员会提出的《清洁燃料战略》，计划在2020年让800万～900万辆电动汽车上路。2014年全球电动汽车市场持续增长，共销售电动汽车353 522辆，同比增长56.78%，美国、欧盟、日本仍在全球电动汽车市场中位居前列。

相对于传统汽车，新能源汽车具有低排放甚至“零排放”的优势，且能降低对汽柴油的依赖，提高对电力与新能源的需求，促进风电光伏等清洁能源的发展，并推动汽车产业的转型升级及绿色交通体系的构建与完善。

2. 智能电网(Smart Grid)

智能电网概念起源于美国，最早由美国电科院(EPRI)提出，是指在传统电力系统基础上，通过集成新能源、新材料、新设备和先进传感技术、信息技术、控制技术、储能技术等新技术，形成的新一代电力系统，是能源互联网的重要基础。相对于传统电网，智能电网具有安全、高效、自愈、兼容、清洁、互动的优势。

为建立安全高效的现代电网系统，世界各国和各地区积极推进智能电网的研究和建设，2009年美国发布《复苏计划尺度报告》，推动美国智能电网的整体革命，2011年欧盟委员会发布了通报文件《智能电网：从创新到部署》，确定了推动未来欧洲电网部署的政策方向。中国于2009年首次提出智能电网计划，并积极探索适合中国国情的智能电网发展道路，2011年年初将智能电网建设全面纳入国家"十二五"规划纲要，并投运了天津中新生态城、国家风光储输等智能电网示范工程。

3. 被动式建筑节能技术(Passive Building)

被动式建筑节能技术是指在建筑的全生命周期内，减少或不使用主动供应的能源，完全通过对建筑的场地、空间、构造和材料选择等的设计实现建筑节能的技术。常用的被动式节能技术包括场地设计、被动式太阳能、绿色建材、维护结构节能技术等。被动式建筑已成为德国、瑞典、奥地利等建筑节能领先国家节能减排的重要手段。

目前，德国在"被动式"建筑方面，处于世界领先地位。德国被动式房屋研究所发布的被动房认证指标中要求建筑物总用能(总一次能源消耗)≤120kwh/(m^2 · a)，室内温度保持在20℃～26℃之间。瑞典于2012年颁布世界上第一部关于被动式房屋的规范——《瑞典零能耗与被动屋低能耗》住宅规范，除了对建筑采暖制冷做出节能要求，还具体规定室内舒适度指标。2015年2月，河北省发布《被动式低能耗居住建筑节能设计标准》，是中国第一部被动式房屋标准。目前，中国被动式建筑发展处于起步阶段，已有28个项目单位的40栋被动房示范建筑被列入住房和城乡建设部科学技术项目计划，总建筑面积40万平方米。

>>二、北京市绿色发展能源科技战略研究<<

北京市是一个能源资源极为有限而能源消耗很大的国际性大都市，在资源约束条件下有效保障能源质和量的供应，关系到北京市的经济发展和社会稳定。作为国家首都，近年来北京市频繁肆虐的雾霾天气已引起社会各界及国际社会的广泛关注。在环境约束条件下实现后工业化时期的发展转型升级，是建设"绿色北京"面临的巨大现实挑战。只有推动绿色发展能源科技的进步与应用，带动能源生产与消费方式的变革，才能突破资源与环境约束，实现北京市可持续发展。作为全国的政治、文化、国际交往和科技创新中心，北京市在发展能源科技方面具有得天独厚的优势与示范效应。城市绿色可持续发展需要全方位的技术创新，但因时间及篇幅限制，本文根据北京市能源供需特点及社会发展需求，分别从能源资源开发、能源加工转换及能源终端消费三方面各选择一个具有代表性的技术进行研究，分别是太阳能净零能耗系统、冷热电联产系统及新能源汽车技术，阐述分析其发展现状、发展过程中存在的问题，并提出相应的对策建议。

(一)净零能耗系统

全球超过 40%的一次能源消耗及 24%的温室气体排放由建筑用能引起。由于科技水平的整体落后，中国的建筑用能水平及相应的排放水平比国际先进水平更高。日益严峻的资源环境约束要求传统的住宅建设方式必须改变，净零能耗系统成为绿色建筑的发展方向。

1. 北京市净零能耗系统发展现状

(1)北京市太阳能资源较为丰富，但利用不足。

北京市太阳能年辐射总量在 5600～6000 兆焦/平方米，年日照时数在 2600～3000 小时，可利用太阳能资源位居全国前列。在太阳能利用方面，北京市一度处于全国领先地位，曾第一个推广使用太阳能热水器，第一个实现太阳能热水器产业化，第一个成立太阳能研究所。但自 20 世纪 90 年代中期以来，由于前期太阳能工程技术尚不成熟、缺乏日常管理、投资回报率低等原因，北京市的太阳能产业发展相对滞后。截至 2014 年年底，北京市光伏发电新增装机 5 万千瓦，仅占全国光伏发电新增装机容量的 0.47%；北京市光伏发电累计装机容量为 14 万千瓦，仅占全国光伏发电累计装机容量的 0.5%。

(2)北京已建成“近零能耗”示范建筑。

目前，绝对的“净零能耗”在技术上仍难以实现。中国通过与德国、美国、加拿大、丹麦、瑞典等国的交流合作，运用被动式超低能耗绿色建筑技术实现了建筑“近零能耗”。①

2014 年 5 月，住房和城乡建设部科技司组织开展由中国建筑科学研究院具体组织落实的“被动式超低能耗绿色建筑项目”征集调研。截至 2014 年 10 月，共收到全国上报项目 12 个，在北京实施的项目只有一个，即中美清洁能源联合研究中心建筑节能示范工程“CABR 近零能耗示范建筑”——中国建筑科学研究院环能院办公楼。该示范建筑主要基于中美清洁能源联合研究中心建筑节能合作项目(CERC－BEE)科研成果，自 2013 年 1 月起，由中美双方 30 余位专家联合研究、设计、建造，于 2014 年 6 月建成，2014 年 7 月交付使用。该建筑力争打造中国建筑节能科技未来发展的标志性建筑，并为制定中国近零能耗建筑技术标准提供依据。

(3)北京净零能耗系统技术国际一流。

中国建筑科学研究院环能院办公楼为四层办公建筑，建筑面积 4025 平方米，秉承“被动优先，主动优化，经济实用”的原则，集成了太阳能集热技术、太阳能空调技术、太阳能蓄热采暖技术、太阳能遮阳技术、太阳能光伏发电技术、太阳墙、智能控制技术和新风换能技术、高性能围护节能技术等 28 项世界前沿的建筑节能和环境控制技术，可以达到“冬季不使用传统能源供热、夏季供冷能耗降低 50%，建筑照明能耗降低 75%”的能耗控制指标，达到“国内领先、国际一流”水平。

---

① 根据《被动式超低能耗绿色建筑技术导则(试行)(居住建筑)》，“近零能耗”指年供暖、供冷和照明一次能源消耗量≤60kWh/(m^2·a)(或 7.4kgce/(m^2·a))。

(4)国家和北京市推动太阳能开发与建筑节能。

近两年，国家陆续出台相关政策引导和推动太阳能开发与建筑节能水平，涉及光伏发电发展机制创新与并网，建筑节能技术标准体系与发展目标等方面。

表 31　近两年国家推动太阳能及建筑节能发展的部分政策

时间	机构	政策	相关内容
2014/10/9	国家能源局	关于进一步加强光伏电站建设与运行管理工作的通知	加强光伏电站规划管理工作；创新光伏电站建设和利用方式；加强电网接入和并网运行管理。
2014/11/19	国务院	能源发展战略行动计划(2014—2020 年)	加快发展太阳能发电。到 2020 年，光伏装机达到 1 亿千瓦左右，光伏发电与电网销售电价相当。
2014/11/21	国家能源局	关于推进分布式光伏发电应用示范区建设的通知	共 30 个国家首批基础设施等领域鼓励社会投资分布式光伏发电应用示范区。
2014/12/16	国家能源局	关于做好 2014 年光伏发电项目接网工作的通知	做好光伏项目发电项目并网衔接工作；正确处理实行规模管理前的光伏发电项目问题继续完善分布式光伏发电并网服务；加强光伏发电接网和并网运行监管服务。
2014/12/16	国家能源局	关于做好太阳能发展“十三五”规划编制工作的通知	充分发挥太阳能在新城镇建设和旧城镇升级改造中的作用；要创新发展机制实现发展模式新突破。结合扩大太阳能利用，探索推动分布式能源利用的新机制。
2015/3/20	国家发改委 国家能源局	关于改善电力运行调节促进清洁能源多发满发的指导意见	在编制年度发电计划时，优先预留水电、风电、光伏发电等清洁能源机组发电空间；风电、光伏发电、生物质发电按照本地区资源条件全额安排发电。
2015/4/13	国家能源局	关于进一步做好可再生能源发展“十三五”规划编制工作的指导意见	中东部地区要发挥市场优势，积极开发利用当地可再生能源资源，做好风能、太阳能、生物质能和地热能利用的布局工作，落实好分散式风电和分布式光伏发电建设任务。
2014/3/16	中共中央 国务院	国家新型城镇化规划(2014—2020)	到 2020 年，城镇绿色建筑占新建建筑的比重要超过 50%。
2015/5/5	中共中央 国务院	关于加快推进生态文明建设的意见	大力发展绿色建筑，实施重点产业能效提升计划。
2015/11/10	住房城乡建设部	关于印发被动式超低能耗绿色建筑技术导则(试行)(居住建筑)的通知	建立了符合中国国情的超低能耗建筑技术及标准体系，并与中国绿色建筑发展战略相结合，更好地指导我国超低能耗建筑和绿色建筑的推广。

数据来源：能源研究小组整理。

除了国家出台的政策外，北京市也发布了净零能耗系统相关的鼓励政策。2010 年 1 月 1 日起实施的《北京市加快太阳能开发利用促进产业发展指导意见》指出，太阳能在北京市新能源利用中应用比例最高、资源潜力最大、发展前景最为广阔，是实现北京市新能源和可再生能源“高端研发、高端示范、高端制造”的重要抓手。以实施太阳能六大“金色阳光”工程为抓手，在宾馆饭店、写字楼、污水处理厂、体育场馆等公用、商业设施，以及本市开发区、工业园区的工业厂房中积极倡导推广与建筑结合的太阳能屋顶光伏发电项目，大力推进太阳能高端示范应用，带动高端制造，哺育高端研发，把北京建设成为太阳能技术研发、高端制造和应用展示中心。

北京市还在研究被动式房屋的支持政策。北京市有关委办根据“加快推进北京市超低能耗建筑示范工作”的要求，于 2015 年 5 月赴山东、河北调研。调研内容包括山东、河北两省在超低能耗建筑示范中推行的政策标准和取得的经验，考察建成项目并了解实际节能减排效果。

2. 北京市净零能耗系统发展存在的问题

(1)城市建筑容积率高不利于发展净零能耗系统。

国际上，净零能耗一般在位于亚热带或温带、单独新建或改建的、能源需求较低、拥有合适的屋顶朝向与面积的低层(1－3 层)建筑更易实现。北京作为高密度、高容积率城市，不利于发展净零能耗系统。

(2)净零能耗系统带来房屋增量成本。

同普通房屋相比，净零能耗建筑的太阳能系统、围护结构、高效热回收装置、智能控制系统和高标准设计施工要求等均使建筑造价增加较多，不利于净零能耗系统的推广。

(3)净零能耗系统仍存在技术挑战。

尽管北京已建成“CABR 近零能耗示范建筑”，但净零能耗系统在房屋围护结构的被动式设计与太阳能系统优化；小型暖通空调系统的优化控制，并与太阳能系统、热电联产系统、季节性储能系统及区域能源中心集成；太阳能系统和其他可再生能源与智能微电网的高度集成；智能优化舒适度与能源利用的建筑自动控制系统；满足舒适度的统筹优化设计与运营等方面的技术仍有待改进。

(4)净零能耗系统引发环境问题。

一是多晶硅是太阳能光伏板生产的主要原料，目前国内多晶硅生产工艺没有实现全生产流程的闭环运行，多晶硅的生产过程产生大量含氯的副产品，只能靠下游的厂商来消化副产品，而国内企业的消化能力不能完全处理大量的含氯副产品，很多副产品得不到完全稳妥的处理，不可避免带来污染隐患。

二是净零能耗系统集成的地源热泵吸热和放热不平衡的话，会造成土地平均温度的变化。这种变化不仅影响地缘能热泵的性能，更会影响大地热流、物性参数、化学变化、氧溶解、水蒸发等，进而对生态环境造成不良影响。

(5)净零能耗系统设计理念可进一步完善。

目前，净零能耗系统在设计理念上仅考虑了建筑物建成后对化石能源的零消耗，尚未考虑建筑物建设过程及制造建材对化石能源及其他资源的消耗。而目前中国住宅建设过程中，耗能达到总能耗的 20％以上，耗水占城市用水 32％，城市用地中的 30％用于住宅，耗用的钢材占全国用钢量 20％，水泥用量占全国总用量的 17.6％。住宅建设的物耗水平与发达国家相比，钢材消耗高出 10％～25％，卫生洁具的耗水量高达 30％以上。从立足未来的角度考虑，净零能耗建筑设计理念上有待进一步完善。

3. 关于北京市净零能耗系统发展的建议

(1)建立完善本土绿色评估体系，提高建筑节能改造标准。

由于净零能耗系统具有较明显的区域特性，在绿色评估方面，不能盲目照搬国际评估体系，需要完善北京特色的绿色评估体系，为绿色节能建筑建立普遍的标准和目标。在完善本土绿色评估体系的基础上，提高既有建筑节能改造标准。建议提高既有建筑节能改造标准，从现在的节能65%提高到被动式房屋，避免进行二次节能改造。

(2)结合城市功能区建设与新型城镇化推广净零能耗系统。

城市功能区建设与新型城镇化将新增大量建筑，将净零能耗系统的发展与城市功能区建设与新型城镇化相结合，从城市建设源头上实施“净零能耗”。

(3)对净零能耗系统商业开发给予一定激励。

适当放宽建造净零能耗系统地块开发的期限，使开发商有时间掌握相关建造知识，优化净零能耗系统的设计。对净零能耗系统的开发给予一定的财税激励。

(4)加大净零能耗系统相关研发投入。

围绕被动式低能耗房屋的特殊技术需求，加强研发拥有自主知识产权的新技术、新产品、新材料和新工艺，降低净零能耗系统的投资与运营成本。提高技术成熟度，降低净零能耗系统对环境的伤害。

(5)建立建筑节能领域碳市场交易机制。

被动房只有普通节能建筑能耗的1/6～1/10。建立建筑节能领域碳市场交易机制使被动房比普通节能建筑减少的碳排放量成为可交易的商品，而市场上可交易的碳排放量必须以实测为依据。促使人们重视实际节能效果，倒逼建设单位严格控制质量。

(6)完善净零能耗系统设计理念与运营机制。

着眼未来，在净零能耗系统设计与运营上，从建筑的生命前、全生命周期及生命后全流程考虑，统筹建筑所需能源资源、其他自然资源、社会资源，做到资源综合成本最低化与效益最大化。

(二)天然气冷热电联产系统

近年来，能源供应与环保问题已成为制约中国经济发展的主要瓶颈。以天然气这一清洁能源作为一次能源，能够大幅提高能源综合利用效率，减少温室气体及污染物排放，增强能源供应可靠性，降低运营成本，并可对天然气和电力双重削峰填谷的天然气冷热电联产系统可成为优化能源结构的重要技术。

1. 北京市天然气CCHP发展现状

(1)2006—2013年北京市发电供热天然气用量平均增速达50%。

北京市利用天然气的规模是随着管道建设的发展而逐渐增加的。1997年、2005年、2011年，陕京1、2、3线管道分别投产，已建成的管道年设计输气能力达303亿立方米，[①] 有力地保

① 其中，陕京1线33亿立方米，陕京2线120亿立方米，陕京3线150亿立方米。

障了北京天然气消费的增长。2013 年 10 月，唐山 LNG 项目一期工程正式投产，规模 350 万吨/年，进一步强化对北京市的供气保障。2013 年，北京市天然气消费量达 98.81 亿立方米，同比增长 7.3%，1997—2013 年北京市天然气消费量年均增速达 28%。目前，陕京 4 线正在建设过程中，设计年输气能力达 150 亿立方米，一旦建成，将能保障北京市 16 个区县的天然气供应。陕京 5 线正在规划进程中。

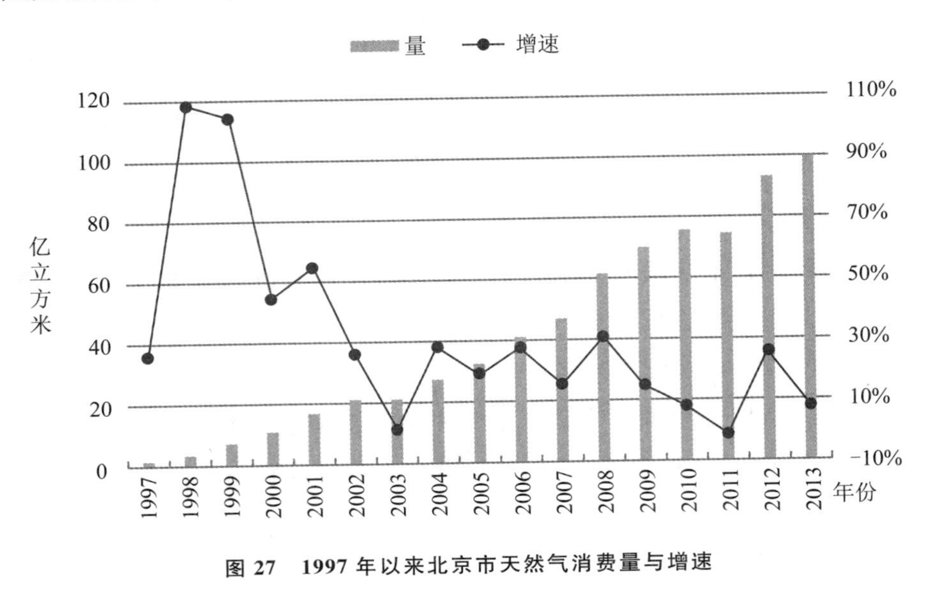

图 27 1997 年以来北京市天然气消费量与增速

数据来源：国家统计局网站。

伴随着天然气消费量的增长，2005 年以来，北京市发电供热天然气用量及占比逐年攀升。2013 年北京市发电供热天然气用量为 44.17 亿立方米，2006—2013 年发电供热天然气用量平均增速达 50%。2013 年北京市发电供热天然气用量占比为 44.7%，较 2005 年提高 39.3 个百分点。

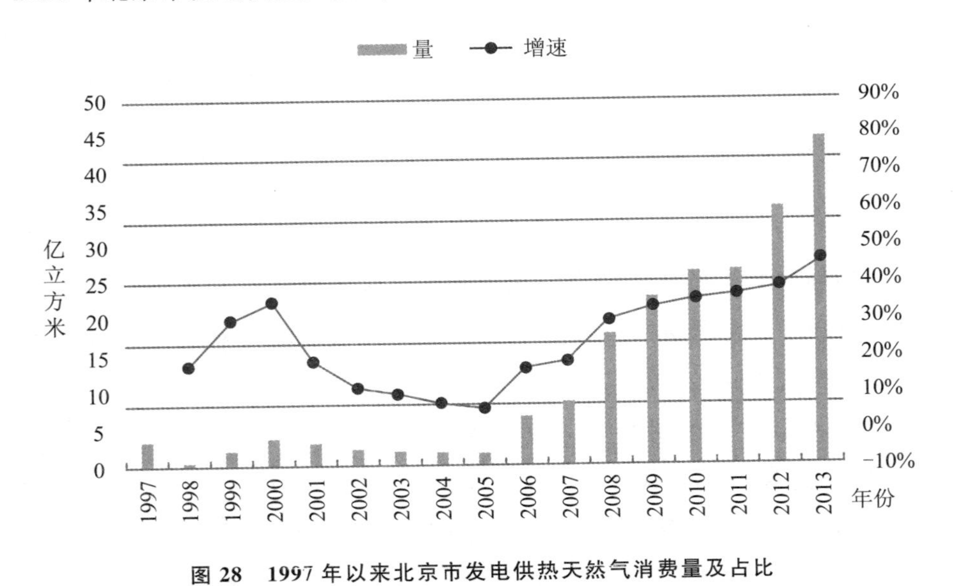

图 28 1997 年以来北京市发电供热天然气消费量及占比

数据来源：历年《中国能源统计年鉴》。

(2)北京市运营的天然气 CCHP 已初具规模。

1999 年，北京市开始着手进行天然气 CCHP 的调研和工程试点工作。2002 年，北京市科学技术委员会课题立项《楼宇型天然气冷热电连供系统应用研究与示范》。2003 年，北京市燃气集团大楼建成北京市首个天然气 CCHP 示范项目，并于 2004 年投入运行。随后，天然气 CCHP 陆续应用在北京市的学校、会议中心、车站、科技城、机场、医院等场所。

未来北京市将建设十大高端功能区，新增建筑超过 1 亿平方米。这些园区多为大型公共建筑，具有"保障高、密度高、品质高"的需求特征，非常适宜应用天然气 CCHP 系统。预计到 2017 年，北京将建成百座天然气分布式清洁能源中心，总装机容量预计最高可达 100 万千瓦。与常规能源方式相比，这 100 座分布式清洁能源中心每年可节省标煤 135 万吨，减排二氧化碳 340 万吨、氮氧化物 5.5 万吨、二氧化硫 11.5 万吨、粉尘 105 万吨。

表 32 北京投运的部分天然气三联供项目

投运时间	项目地点	动力设备	发电装机
2003.09	北京次渠门站综合楼	微燃机	80KW
2004.09	北京燃气集团大楼	内燃机	480KW+725KW
2005.09	清华大学超低能耗示范楼	内燃机	70KW
2008.05	北京会议中心 9 号楼	内燃机	2*525KW
2008.08	北京南站	内燃机	2*1600KW
2008.12	京丰宾馆	内燃机	900KW
2009.06	文津国际大厦	内燃机	2*1160KW
2014.07	昌平未来科技城	燃气轮机	—

数据来源：能源研究小组整理。

(3)北京市天然气 CCHP 核心设备技术水平较低。

尽管北京的天然气 CCHP 在国内发展较为领先，但与发达国家相比，仍有不小的差距。在动力设备方面，重型燃气轮机和汽轮机被通用电气、西门子和三菱及其合营厂商垄断，天然气 CCHP 所需要的轻型/微型燃气轮机主要依赖进口。在制冷设备方面，我国天然气 CCHP 中应用较为成熟和广泛的只有溴化锂吸收式制冷机组。

(4)国家和北京鼓励天然气 CCHP 发展。

近年来，国家先后出台多条政策法规，对天然气 CCHP 的规划建设、并网、运营管理、保障措施等方面做了详细的规定。2011 年 10 月，国家发改委等四部委联合发布《关于发展天然气分布式能源的指导意见》指出，"十二五"期间要建设 1000 座左右的分布式能源示范项目，2020 年中国分布式能源装机容量将达到 5000 万千瓦，初步实现分布式能源装备产业化。

表 33　近年来国家有关天然气 CCHP 的相关政策

时间	机构	政策	相关内容
2007.04	国家发改委	《国家发展改革委印发关于利用煤层气(煤矿瓦斯)发电工作实施意见的通知》	规定煤层气发电厂原则上优先在本矿区发电自用，富余电量电网应当收购并按规定结算电费。煤层气电厂不参与市场竞价，不承担电网调峰任务。
2010	国家发改委	《2010 年热电联产发展规划及 2020 年远景发展目标》	要鼓励发展大容量高参数低能耗的供热机组，到 2020 年全国热电联产总装机容量将达到 2 亿千瓦，其中城市集中供热和工业生产用热的热电联产装机容量都约为 1 亿千瓦，热电联产将占全国发电总装机容量的 21%，占火电机组的 37%。
2011.03	国务院	《中华人民共和国国民经济和社会发展第十二个五年规划纲要》	要调整优化能源结构，构建安全、稳定、经济、清洁的现代能源产业体系，促进分布式能源系统的推广应用。
2011.10	国家发改委 财政部 住建部 国家能源局	《关于发展天然气分布式能源的指导意见》	规定了未来十年内天然气分布式能源发展的任务和目标，并规定了财税和规划实施办法。
2012.10	国家发改委	《天然气利用政策》	将不同用途的天然气发电，进一步细化为优先类、允许类、限制类和禁止类，保障合理高效使用天然气。
2012.10	国务院	《中国的能源政策(2012)》	大力发展新能源和可再生能源；促进清洁能源分布式利用。
2013.01	国务院	《国务院关于印发能源发展“十二五”规划的通知》	要求探索煤炭分质转化、梯级利用的有效途径，鼓励发展热电冷多联供，大力发展分布式能源，加快多联产重大示范工程建设等。
2013.02	国家电网	《关于做好分布式电源并网服务工作的意见》	将天然气分布式能源发电纳入国家电网公司支持的范围。并对工程建设、入网运营和财政补助等做了规定。
2013.07	国家发改委	《分布式发电管理暂行办法》	对设计天然气发电三联供的部分进行了详细规定，包括电网、运行管理、保障措施等方面。

数据来源：能源研究小组整理。

除了国家层面的政策引导，《北京市“十二五”时期能源发展建设规划》也提出，2015 年天然气占北京能源消费的比重提高至 20%以上。《北京市“十二五”时期环境保护和建设规划》提出，实施清洁能源替代战略，2015 年将北京市燃煤总量控制在 2000 吨以内。

2. 北京市天然气 CCHP 发展中的问题

(1)天然气 CCHP 的成本较高。

北京市天然气 CCHP 成本较高有以下几方面的原因：一是关键设备为国外厂商垄断，价格受制于人。二是现行使用广泛的是“以热定电、并网不上网、亏电网补”的运行模式。以热定电的设计使分布式供能的发电量只有最大用户负荷的很小比例，一般只有 10%～30%，导致装机容量小，单位成本增加。并网不上网，导致用户多余的电量无法上网售卖，限制了原动机容量及满负荷运行时长，系统效率降低，耗能也相应增加，运行成本升高。三是尽管非居民用增量气价于 2015 年 4 月起每立方米降低 0.44 元，实现了与非居民用存量气价的并轨，2015 年 11 月起，非居民用气价每立方米又降低 0.7 元，但目前价格机制下燃煤的负外部性没有内部化，天然气 CCHP 的节能、环保、减少用地等社会效益难以体现，天然气价格仍然相对较高。

(2)天然气 CCHP 相关核心技术有待攻关。

一是燃气轮机关键技术待突破。虽然我国企业与通用电气等国外燃气轮机制造厂商合作，但燃气轮机热部件和联合循环运行控制技术等核心技术外方并未转让，未来大规模发展可能受制于人。

二是智能电网技术有待突破。目前微电网自愈控制、分布式电源及微电网、智能互动用电及需求响应等关键技术还需深入研究。

(3)天然气 CCHP 并网机制有待进一步理顺。

从总体上看，政府部门、天然气 CCHP 业主的发展积极性较高，公共电网企业对发展天然气 CCHP 的积极性不高。

由于天然气 CCHP 具有自发自用、多余上网、余缺网补、削峰填谷的特点，对电网来说属于辅业范围。按照目前电力体制改革“主辅分离”改革方向，电网企业将分布式能源视为辅业不愿积极介入。而天然气 CCHP 越多，电网企业的市场份额必然会减少，因此，在现有电网企业改革模式和业绩考核机制下，电网企业没有发展天然气 CCHP 等分布式能源内在动力。

除了电价的利益之争，作为独立发电侧，如何缴纳相关税费成为围绕在天然气 CCHP 与电力公司之间的另一冲突点。拥有自备电厂的企业，应交纳国家规定的政府性基金及附加，并由当地电网企业负责代征上缴。拥有自备电厂并与公用电网连接的企业，应向接网的电网公司支付系统备用费。天然气 CCHP 业主与公共电网对天然气 CCHP 是否属于自备电厂存在较大分歧。

3. 关于北京市天然气 CCHP 发展的建议

(1)加大对天然气 CCHP 相关技术的研发投入。

一是加强天然气 CCHP 核心技术的研究，提高核心设备自主化率，降低初投资成本从而降低引入门槛。同时，提高运行效率，降低运维成本。

二是加强低压配电网的信息化控制、流量平衡控制、智能保护系统、微网智能管理与控制系统等微型智能电网关键技术研究，尽快突破微电网自愈控制、智能互动用电及需求响应等技术，为天然气 CCHP 接入电网提供全面的技术支撑。

三是加强页岩气勘探开采技术的研究，促进我国页岩气大规模商业开发，为未来天然气价格进一步降低创造条件。

(2)进一步完善能源定价机制。

应将能源生产、运输、消费等环节对环境与社会的外部性纳入能源定价机制，避免在能源领域出现“劣币驱逐良币”现象，以促进清洁能源的开发与利用。

(3)对天然气 CCHP 给予适当的扶持。

天然气 CCHP 能源公益性特征明显，目前产业发展处于起步阶段，政府可通过给予投资补贴、奖励节能减排、给予税收优惠等措施，保障项目具有合理经济效益，促进产业健康发展。

(4)进一步理顺天然气 CCHP 并网机制。

深化电力体制改革，使公共电网由买卖方转变为“通道服务者”，并加强对公共电网成本、运行等的监管，明晰输配成本，确定公共电网的合理收益。明确天然气 CCHP 的发电侧身份，并明确天然气 CCHP 业主应向政府和公共电网缴纳的税费或服务费。根据天然气 CCHP 运行的稳定性、正外部性等确定并网优先级及应向公共电网支付的通道服务费。

(5)与其他相关能源规划协同考虑。

将天然气 CCHP 发展规划与城市热电供给规划和节能减排规划结合起来，与调峰电源建设和智能电网建设同步发展，不宜硬性规定单项规模和范围，不宜过度强调单一能效水平，充分发挥天然气 CCHP 在提高能效、保护环境、错峰填谷等方面的综合功效。

(三)新能源汽车

目前，中国正处在转变经济增长方式的“新常态”阶段，而汽车产业是中国国民经济的重要支出产业，随着国民经济的快速发展和城镇化的推进，汽车需求量将快速增加，由此产生的能源紧张与环境污染问题更加严峻。发展新能源汽车成为缓解中国尤其是城市大气污染，加快汽车产业转型升级的重要战略举措。

1. 北京市新能源汽车发展现状

(1)中国已成为全球最大新能源汽车市场。

中国新能源汽车产业的发展始于 20 世纪 90 年代，跟随国家的“五年计划”，中国已发展成为全球最大的新能源汽车市场，逐步在促进世界新能源汽车发展中起主力作用。自 2001 年“863”计划电动汽车重大专项发布以来，中国推出一系列推进新能源汽车及相关行业发展的支持政策。“十二五”规划更将新能源汽车列为战略性新兴产业，新能源汽车进入大规模示范及推广阶段。2012 年 7 月 9 日，国务院发布《节能与新能源汽车产业发展规划(2012—2020)》，明确到 2020 年，纯电动汽车和插电式混合动力汽车的生产能力达到 200 万辆，累计产销量超过 500 万辆。2014 年，中国新能源汽车进入发展的“元年”。根据汽车工业协会统计，2011 年中国新能源汽车产量 8368 辆，同比增长 16.5%，而 2014 年新能源汽车生产 78 499 辆，是 2011 年产量的近 10 倍。2015 年，中国新能源汽车发展更是进入快速发展通道，1～11 月，新能源乘用车累计销量已达 13.9 万辆，其中纯电动车型达 8.5 万辆，插电式车型达 5.4 万辆。

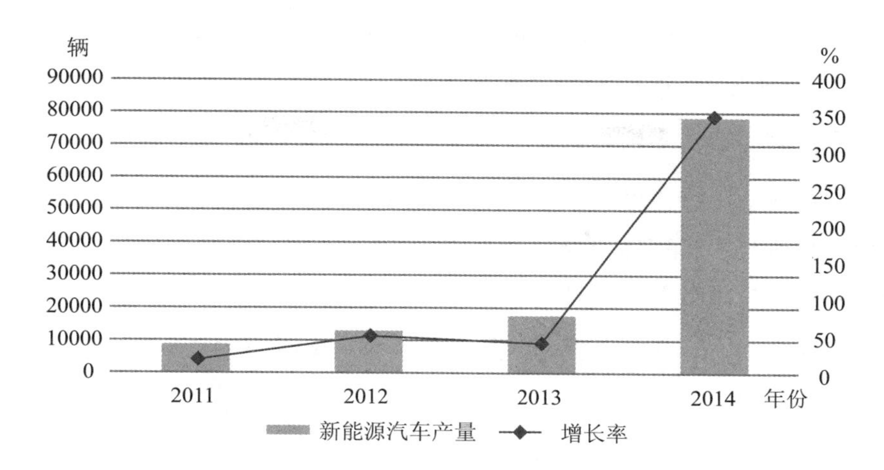

图 29　2011—2014 年全国新能源汽车产量及增长率

数据来源：能源研究小组整理。

(2)北京累计推广新能源汽车 2.8 万辆。

随着北京经济的高速发展，日益严峻的环境污染成为北京亟待解决的问题，2015 年以来，北京屡陷十面“霾”伏，而原煤散烧和机动车排放是北京雾霾现象严重的主因。在新工业革命的大背景下，新能源汽车的发展成为北京实现电能替代，治理环境污染，实现汽车产业转型升级，构建绿色交通体系的重要一环。

北京市一直高度重视新能源汽车的发展，自 2009 年成为国家首批“十城千辆”示范城市以来，北京坚持以纯电驱动为核心，协同推进技术创新、商业模式创新和政策创新，形成以示范促进应用，以应用带动产业发展的模式，并实现了北京市新能源汽车产业的飞速发展。

在电动汽车示范推广方面，北京市一直引领全国。在公共领域，截至 2015 年 9 月底，在公交、环卫、出租等方面销售纯电动汽车 11 271 辆；在私人领域，新能源小客车指标申请及上牌数量快速增长，2014 年第一期个人与单位申请新能源小客车有效编码数仅 4000 个，2015 年第 5 期大涨至 1.8 万个。目前，北京市在公共及私人领域累计推广应用新能源汽车 2.8 万辆，其中新能源小客车超过 1.6 万辆。

在基础设施建设方面，北京市初步形成多市场主体共同参与充电桩建设的局面。北京市按照“自用慢充为主，公用补点为辅”的建设思路，在居民小区内建设私人自用充电桩超过 1 万根。作为自用充电设施的必要补充，北京市在大型商圈等公共场所累计建成约 4000 根公用充电设施，基本形成六环范围内平均服务半径 5 公里的公用充电网络，并可通过互联网提供充电桩位置和状态查询、充电预约等服务，缓解用户出行充电需求。

(3)北京出台多部新能源汽车发展的支持推广政策。

北京市新能源汽车产业的飞速发展与其丰富的支持政策体系及组织保障体系密不可分。自 2009 年成为国家首批“十城千辆”示范城市以来，北京市响应国家号召出台多项政策措施，为促进新能源汽车产业发展给予多方面支持。2013 年 9 月 11 日正式印发《北京市 2013—2017 年清洁空气行动计划》，明确提出“积极推广新能源和清洁能源汽车”，并为北京新能源汽车发展提出 5

年目标，明确2017年年底，全市新能源和清洁能源汽车应用规模力争达到20万辆。2014年6月16日，北京市正式印发《北京市电动汽车推广应用行动计划(2014—2017年)》，明确在公交、出租车、电动汽车分时租赁、末端物流、公务车、环卫等方面重点推进电动汽车，并强调加强充电桩等基础设施建设，全面建成较为完善的公用充电服务网络。

除了以上两项具有顶层设计性质的政策文件以外，北京市各相关单位针对新能源汽车推广及相关基础设施建设积极出台各项专项支持政策。

表34　近年来北京市推广新能源汽车的部分政策

时间	政策	相关内容
基础设施建设方面		
2014.05	北京市示范应用新能源小客车自用充电设施建设安装管理细则	明确新能源小客车生产企业负责组织单位和个人的充电条件确认、充电设施建设，并纳入售后服务体系，充电价格按照充电设施属地用电性质收取。
2014.08	关于推进物业管理区域新能源小客车自用充电设施安装的通知	推进物业管理区域自用充电设施建设，要求物业服务企业做好配合工作，如物业服务企业不配合，社会公众进行投诉。
2015.12	北京市新能源小客车公用充电设施投资建设管理办法(试行)	计划到2017年在全市范围内建成平均服务半径5公里的公用充电网络；规定各类建筑物建设充电设施或预留安装条件的标准。
新能源汽车推广方面		
2011.12	北京市纯电动汽车示范推广市级补助暂行办法	明确各市级及区(县)行政事业单位，公交、出租、邮政等企业购买及使用纯电动汽车相关经费来源、承担归属；明确本市地方财政补贴充电服务费及电池租赁费用；提出纯电动汽车充电设施按本市电价目录表对应电压等级的一般工商业电价执行。
2014.01	北京市示范应用新能源小客车管理办法	要求各部门配合自用充电设施建设等；规定按照国家标准提供1∶1市级财政补助，国家和本市财政补助总额最高不超过车辆销售价格的60%。
2014.02	北京市示范应用新能源小客车生产企业及产品审核备案管理细则	规定了生产新能源小客车的企业及产品需符合的条件，并明确对参与北京市示范应用的新能源小客车生产企业及产品实施目录管理。
2014.03	北京市示范应用新能源小客车财政补助资金管理细则	规定纯电动小客车根据续航里程予以补助，2015年补助最低3.15万/辆，最高5.4万/辆，燃料电池小客车2015年18万/辆。
2015.04	关于购买纯电动专用车有关财政政策的通知	规定在中央补贴基础上，本市纯电动专用车补助按中央标准1∶1确定，按电池总容量计算，2015年每千瓦时补贴1800元，每辆车补贴总额不超过13.5万元。
2015.09	北京市示范应用新能源小客车生产企业及产品备案管理细则(2015年修订)	结合新能源小客车推广实际情况，对2014年3月17日发布的《北京市示范应用新能源小客车生产企业及产品审核备案管理细则》的部分内容进行修订，并增加新的规定，将新能源小客车生产企业及产品实施“备案管理”。

数据来源：能源研究小组整理。

在组织保障方面，为统筹推进新能源汽车发展，北京市于2009年建立北京市新能源汽车联席会议制度。此外，北京市还成立了新能源汽车发展促进中心，贯彻落实国家和北京市的相关政策，组织落实新能源汽车示范运营的各项工作，为北京市新能源汽车联席会提供全面支撑，并搭建了三大平台保障电动汽车有序运行。

(4)北京新能源汽车形成“一园两基地”的研发格局。

经过多年的发展，中国建立起电动汽车“三纵三横”的研发布局，“三纵”指燃料电池汽车、混合动力汽车、纯电动汽车三种整车技术，“三横”指多能源动力总成系统、驱动电机、动力电池三种关键技术。2012年在国务院颁布《节能与新能源汽车产业发展规划(2012—2020)》及科技部发布的《电动汽车科技发展“十二五”专项规划》中明确了新能源汽车的技术路线，即以纯电动汽车作为汽车工业转型升级的战略取向。

在国家大方向的指引下，北京新能源汽车的发展也始终坚持以纯电动汽车为核心的技术路线，以整车技术进步为牵引，带动三大电(电池、电机、电控)、三小电(电助力、电转向、电空调)协同发展，形成了“一园两基地”的布局，这其中包括昌平新能源汽车设计制造产业基地、房山高端现代制造业产业基地和北京新能源汽车科技产业园(分别代表北汽福田、长安汽车和北京汽车在新能源领域的研发制造实力)，整车设计总产能达到7万辆。此外，通过政府、企业与各高等院校和科研院所的联合攻克关键技术，形成“政产学研用”协同创新的模式。

通过合理的研发生产布局，北京市新能源汽车技术取得诸多进展。在整车研发方面，完成电动客车、电动专用车、电动乘用车全系列车型研发，2015年新增20余款车型进入工信部推荐目录。组织高校、企业联合攻关，完成燃料电池客车研制，计划于2016年陆续投入公交示范运营；在电池技术方面，通过与国外先进技术团队合作，快速提升电池产业竞争力，目前动力电池年产能可达8.1亿瓦时。此外，攻克高能量密度镍钴锰酸锂(NCM622)多元材料的研制、中试生产线建设及产业化应用，首条量产生产线已正式投产，量产产品通过韩国SK公司测试认证，年产能可达1200吨。在基础设施建设方面，北京市场积极探索创新充电模式，推出了路灯充电桩、机械式立体停车库配建充电设施、太阳能充电桩、无线充电、移动充电宝等多种模式。

2. 北京市新能源汽车发展中存在的问题

虽然北京新能源汽车在推广和研发方面取得诸多成就，但我国新能源汽车总体上起步较晚，在发展过程中还存在许多问题。

(1)新能源汽车关键技术有待突破。

北京新能源汽车关键技术在示范、推广的动力下取得显著成绩，但与国外先进水平仍有较大差距，这也是中国新能源汽车发展存在的核心问题之一。我国新能源汽车从“组装”起步，在电池、电机、电控等核心技术方面有所缺失，部分国产零部件与进口产品性能差距较大，电机驱动系统效率低下，电池充电时间长，使用寿命较短。

(2)新能源汽车总体性价比有待提高。

据第一电动网调查，国内60%消费者对电动汽车的心理价位在10万元以下。目前，在北京上牌的纯电动车型中，仅奇瑞eQ、江淮iev4等五款在国家及市级两级补贴后，车总价在10万元以内，不能满足消费者心理预期。而根据国家2015年4月底发布的《2016—2020年新能源汽车推广应用财政支持政策》显示，2017—2020年新能源汽车的补助范围与补助标准将逐步缩小和下降。

在车辆售价较高的基础上，由于核心技术的缺失，导致新能源汽车电池续驶里程较短。目前，在京销售的14款车型，车辆的续驶里程集中在150公里左右，无法满足长距离行驶需求。

(3)新能源汽车配套设施发展有待完善。

北京新能源汽车的推广离不开充电桩等基础设施建设的完备。虽然北京目前已初步在中心城区形成5公里半径的充电服务网络，但其中存在很多问题：

一是电动汽车充电标准未统一。虽然国家已出台充电设施的相关标准，但因电动汽车各项标准有待完善，且各车企、充电桩企业对逻辑接口理解不同，不同车型及不同充电桩之间出现不一致的情况，导致电动汽车充电标准不统一的局面，出现"车不能充电"的现象。

二是充电设施建设进展较慢。目前，北京市公用充电设施建设多为国家电网投资建设，而国家电网公司对充电设施建设实行统一招投标，时间较长。且现阶段北京市对充电服务费的相关标准尚未明确，相关投资建设单位持观望态度。

三是充换电站的盈利模式影响投资积极性。由于充换电站投资大，回收周期长，盈利模式不明，制约了社会资本的投资积极性。

四是新能源汽车充电电价较高。国家发改委通知要求集中式充电容量315千伏安以上可执行大工业电价，但北京市土地资源紧张，能集中建设并达到规定容量以上的场所较少，往往按工商业电价计费。

3. 关于北京市新能源汽车发展的建议

(1)鼓励科技创新，搭建技术研发平台。

增强新能源汽车技术研发实力是产业发展的关键。要充分发挥北京汽车科技和人才优势，依托新能源汽车产业联盟，加强政、产、学、研、用的有效衔接。一方面，政府应加大科技研发的奖励力度，吸引高端技术型人才，引导整车制造企业引进先进设备，发挥后发优势，通过自主研发和合资学习，循序渐进地掌握新能源汽车产业链条中的关键技术，拥有技术开发和产品上市的主动权。另一方面，根据北京新能源汽车发展实际，整车制造企业今后应进一步加大在关键技术、前沿科技、高附加值精加工生产等方面的研发和投入力度。

(2)加强新能源汽车公共领域的推广示范。

目前，因北京个人停车位的缺乏，且因缺乏条件安装个人充电桩，电动汽车在私人领域推广存在较大障碍。而租赁、物流、出租、公务用车等行业因拥有较好充电条件，应成为电动汽车推广的主要渠道。为鼓励公共领域新能源汽车发展，可借鉴欧美等国政策，因地制宜，建立适合北京新能源汽车公共领域推广的政策体系，鼓励和引导驾驶员选择电动出租车运营，鼓励分时租赁商业模式的发展，推动公务用车电动化。

(3)建立切实可行的财政补贴退坡机制。

现今，中国新能源汽车获得飞速发展的主要原因是国家财政政策的支持。根据国家发布的《2016—2020年新能源汽车推广应用财政支持政策》规定，2017—2020年新能源汽车的补助范围与补助标准将逐步缩小和下降。为防止企业过分依赖政策，降低企业投资研发的积极性，北京市应探讨中长期财政补助政策的退坡机制，刺激车企不断突破关键技术，降低整车制造成本，提高新能源汽车的性价比。

(4)推动完善新能源汽车配套设施建设。

基础设施的完善是新能源汽车发展的必要前提，北京市要更加重视充电设施建设布局和网络化建设，积极推动充电标准统一，补充完善鼓励物业小区推动建桩的相关政策；出台公用充电设施建设管理指导意见，完善充电设施建设企业备案管理制度，并建立退出机制；明确基础设施建设及运营主体的商业模式及完善电动汽车用电价格形成机制，尽快形成合理的利益分配机制和开放、可持续的基础设施运营机制。

(5)扩大公众对新能源汽车的接受度。

政府应针对新能源汽车相关政策、行业知识、消费者和专家关注的热点在各类媒体进行深度解读，正面引导社会舆论，积极推广绿色环保出行方式；积极推动新能源汽车开展多形式多渠道的宣传推广活动；积极研究出台老旧机动车淘汰更新鼓励政策，鼓励老旧机动车淘汰更新为节能与新能源汽车。

中国新能源发展的若干思考①

张生玲　郝泽林　曾贺清

>>一、引言<<

能源是人类生存和发展的重要物质基础，也是当今国际社会关注的焦点问题。从薪柴时代到煤炭时代再到油气时代，人类对能源利用进行了孜孜不倦地探索。毋庸置疑，油气时代的到来，是人类能源利用史上一个伟大的进步，然而，由于政治、经济、环境、气候、能源可采量等各方面的问题，迫使人类不得不为下一个能源时代的到来寻求出路。新能源作为油气等常规能源的替代适时登上了历史舞台，并迅速引起了全球的广泛关注。

美国著名趋势学家杰里米·里夫金先生在其著作《第三次工业革命》中描绘到，人类使用石油、煤炭、天然气等化石能源的时代即将结束，而新能源和互联网技术的结合将开启一种新的经济模式。2013 年 9 月，第三次工业革命高峰论坛在北京新华社举行，里夫金应邀参加并提出，如果中国能够迅速从第二次工业革命过渡到第三次工业革命，那么中国将进入到生产力极大提高的后碳时代，同时引领世界进入一个新的伟大的经济时代。

根据全国科学技术名词审定委员会的定义，新能源是指在新技术基础上，系统开发利用的可再生能源，如太阳能、风能、生物质能、地热能、海洋能、氢能等。国家“十二五”能源规划要求能源领域在未来的发展进程中不断提高清洁能源比重，大力发展新能源开发利用技术，推进能源科技创新，发展中国特色的新能源经济，实现中国由能源大国向能源强国的跨越。当前，中国的新能源产业进入了快速发展阶段，但产业的深度化和规模化发展依然面临着成本高、技

① 基金项目：中央高校基本科研业务费专项资金资助，项目编号：2012WZD08。

术弱、人才少、政策和相关体制机制不完善等一系列问题。理清新能源问题背后的经济学原理，找出解决问题的思路，关系着中国新能源发展的未来，也关系着中国的能源安全。

>>二、国际新能源发展进程<<

21世纪以来，随着传统能源的日益枯竭以及国际炒家的投机，国际能源价格剧烈波动，上涨趋势明显，给进口国带来了沉重的经济负担。同时，长期的开采及消费过程排放的大量二氧化碳和污染物质对人类的生存环境产生了严重的威胁。在这一背景下，为了经济社会的可持续发展，各国纷纷加大对新能源的研发及利用力度，在开发清洁能源、提高能源使用率、降低废弃物排放等方面采取了积极的措施。

(一)发达国家和地区新能源已取得突破性进展

能源问题同时是困扰西方发达国家经济发展的难题。为了更好地满足经济发展对能源消费的需求，以美国为首的西方国家纷纷大力扶持本国新能源产业的发展，不仅制定了完整的发展战略和规划，并给予能源企业大量的财政补贴和优惠。美国是新能源产业发展最快的国家之一，新一届奥巴马政府制定了相当完善的新能源战略举措，大力开发清洁能源，研发大量配套产品设备，创造绿色就业机会，全面开发节能交通工具，建设超导智能电网，按计划有步骤地降低碳排放量，提供充足资金支持等。回顾历程，美国新能源的发展已经经历了甲醇燃料、氢能、生物质能三个阶段，取得了突出的成绩。根据BP世界能源统计年鉴数据，2012年美国水电和可再生能源消费占能源消费总量的7.6%和66.8%，新能源在能源消费中占据着重要的地位。作为欧盟头号强国，德国引领欧盟经济的发展，同样也引领欧盟新能源的研发利用。德国拥有世界上领先水平的风能、太阳能利用技术，采用补贴式发展模式推动新能源发展，并通过行政手段解决新能源产业发展的资本难题，实现传统能源向新能源的产业支付。法国作为全世界核电比例最高的国家，在以奥朗德为首的社会党政府上台以来，重新确定了新的能源发展策略。即不否定核能的中心地位，逐步降低核能比重，积极支持“清洁汽车”的发展，并加强对其他新能源的研发利用。日本为了实现能源多样化，大力开发海洋风能、潮汐能，并于近期首次实现从海底“可燃冰”提取甲烷气，对“可燃冰”寄予重大的期望，在新能源的开发利用进程上取得巨大进展。

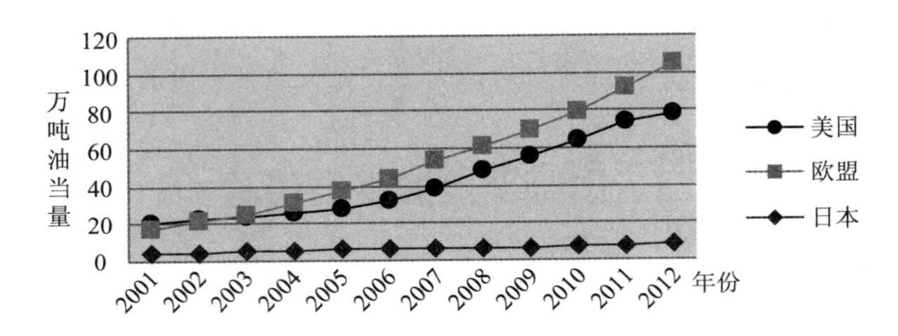

图 30　主要发达国家和地区可再生能源发展

资料来源：BP 世界能源统计年鉴 2013。

(二)新兴市场国家在新能源的开发利用方面取得了显著成绩

为了确保自身能源安全、避免重走发达国家的“老路子”，新兴市场国家将新能源产业列为战略性新兴产业，借鉴发达国家经验，并根据自身实际大力推进新能源的发展。从 1975 年开始，巴西就开始实施“全国乙醇计划”，利用本国丰富的甘蔗资源生产酒精替代石油，并大力研制使用酒精的新能源汽车。经过三十多年的发展，巴西已经形成完整的“甘蔗种植—燃料酒精—酒精汽车”产业链，在生物质能源方面取得了巨大成功，乙醇燃油技术已处于国际领先水平，2012 年巴西水电和可再生能源消费分别占能源消费总量的 11.4%和 27.2%，2013 年巴西可变燃料汽车的比重将上升至 52%。随着经济发展对能源需求的急剧增长，印度中央和地方政府颁布了一系列发展清洁能源的政策，大力支持清洁能源技术的研发和购买。在政府政策的推动下，印度水电、生物质能、其他可再生能源的开发和利用实现了稳步增长。

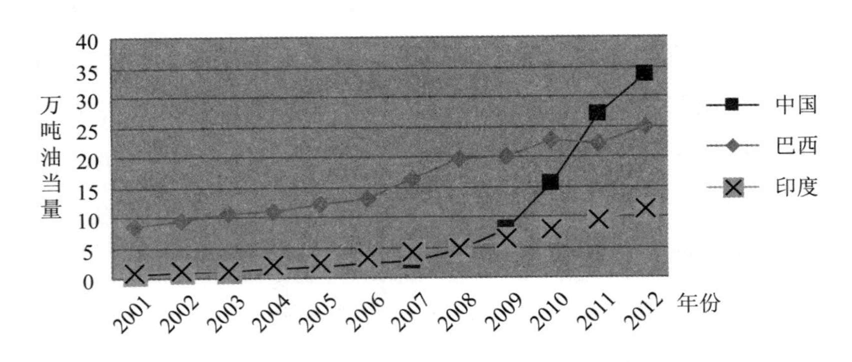

图 31　新兴市场国家可再生能源发展

资料来源：BP 世界能源统计年鉴 2013。

(三)未来新能源将成为全球发展动力

在当前全球气候变化、传统化石能源面临枯竭的背景下，新能源的优质属性意味着其拥有广阔的发展前景，也必然推动全球经济实现新一轮的发展。联合国的最新数据表明，未来 20 年发展中国家将成为能源需求增长最快的主体。伴随着发展中国家对新能源的投资力度加强，发展中国家在新能源研发和普及方面取得了明显的进展，有的国家在某些方面甚至引领世界潮流，这对发展中国家实现经济可持续和跨越式发展有极大的促进作用。

根据BP2030世界能源展望，2010—2030年增长最快的燃料类型是可再生能源，预期年均增速为8.2%，燃料替换是经合组织国家的主旋律，全球能源消费增长将日益依靠非化石燃料的供应，水电、核电和可再生能源在全球能源增长中将共占34%的份额。非化石能源在经合组织国家(年均增速2.0%)和非经合组织国家(年均增速5.1%)均增长强劲。2020年后，美国和中国将成为可再生能源最大的发展动力。到2030年，非经合组织国家在可再生能源电力中所占的份额会从当前的22%增至43%。正如前两次工业革命中蒸汽、电力推动全球经济实现变革式的发展，未来新能源的突破性发展也将引领全球经济实现新一轮的跨越发展。

>>三、中国新能源发展的深层思考<<

中国作为世界第二大经济体，2012年GDP为8.23万亿美元，占世界比重约为11.5%。巨大的经济规模导致能源需求也在快速增长，2012年中国能源消费为36.2亿吨标准煤，比2011年增长3.9%，位居世界第二位。如图32所示，在中国的能源消费中，原煤占比68.5%，原油占比17.7%，占据了能源消费的主体地位。能源结构不仅对中国的环境问题造成了严重的威胁，制约着经济的可持续发展，也加重了国家维护能源安全的难度。有鉴于此，中国加大新能源发展力度，出台了一系列鼓励发展措施，2012年，中国清洁能源投资额达到677亿美元，投资额增长了20%，超过美国成为世界清洁能源第一投资国，水电、风电和核电在建规模稳居世界第一。尽管如此，新能源产业发展仍存在一些问题，一些深层次的问题值得关注。

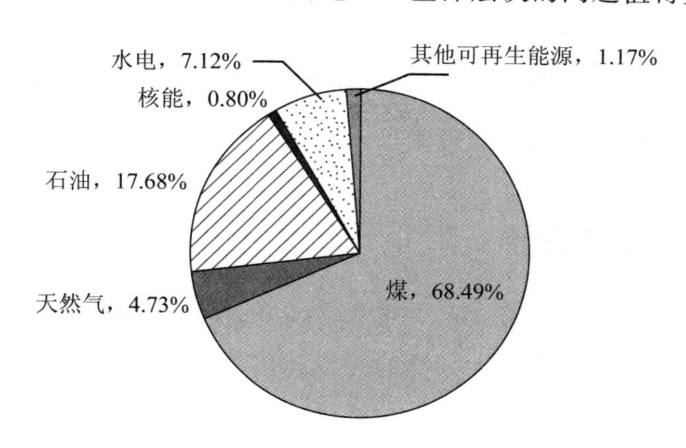

图32　2012年中国能源消费结构

资料来源：BP世界能源统计年鉴2013。

(一)新能源产业发展迅速，但缺乏科学合理的规划

2012年中国非化石能源利用总量同比增长25%，约达到3.5亿吨标准煤，比能源生产总量

增速快 20 个百分点以上。其中水电排名世界第一，水电总装机容量为 229GW，2012 年水电发电量达到 8641 亿千瓦时，占世界水电的比重达到 23%，远远领先于其他国家。太阳能产业发展也极为迅猛，中国成为世界最大的太阳能电池板生产国，太阳能光电产业生产总值占世界的 30%。2012 年全国太阳能发电量为 35 亿千瓦时，而 2011 年仅为 7 亿千瓦时，同比增长了 5 倍。风能、地热能、潮汐能等新能源的利用也得到快速增长。

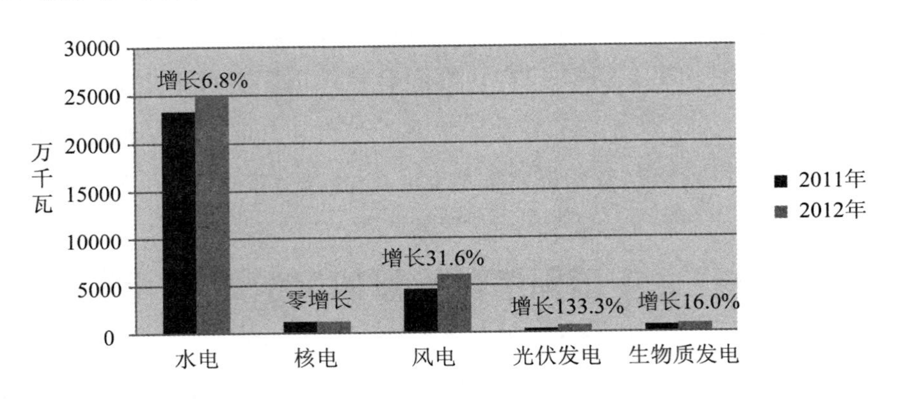

图 33　2011—2012 年中国非化石能源发电装机容量

资料来源：中国能源发展报告 2013。

值得注意的是，虽然新能源产业处于行业周期中的快速成长期，但是由于相应法律法规和管理滞后，新能源行业出现了经济学中的羊群效应。当政策利好出现，市场需求旺盛时，企业一哄而上，呈现出一番繁荣景象，新能源产业的发展一片光明，如光伏产业、风电设备制造业等。然而，当市场出现波动，需求减少，产能短期内就会表现出过剩迹象，企业生存出现困难，纷纷寻求政府帮助，缺乏合理有效的退出机制，不符合优胜劣汰的规律，政府成为最后的买单者。此外，国家能源局、科技部、工业与信息化部等部委对新能源行业具有管理权，但多方管理造成了职责不明确，办事效率低下，政企之间协调难度变大，企业各自为政，甚至出现恶性竞争，造成资源的浪费和政策法规的执行困难。

(二)新能源布局整体合理，但存在三大不协调

中国新能源行业的布局整体遵循比较优势原则。在开发新能源的过程中，政府采取因地制宜，根据能源禀赋发展新能源产业。太阳能的开发利用中，大型并网光伏发电主要集中于西部，其太阳能资源丰富，地广人稀，非常适合发展大型并网光伏发电。分布式光伏发电主要集中于人口密度多、建筑物比较多的地区，如江苏、山东、广东分布式光伏发电容量排列前三。风电分为陆上风电和海上风电。陆上风电主要集中于“三北”地区，即东北、华北、西北；海上风电主要集中于沿海省份。

然而，在新能源发展过程中也出现了一些不合理现象：一是产业链不协调。任何产业都由生产要素投入、产出产品、市场销售组成。新能源行业由于基础设施建设、成本较高、出口受阻等原因导致了市场消费的不足，造成了太阳能和风能行业的短期产能过剩。2012 年，中国风

电陆上新增装机容量1590万千瓦，相比较2011年的1930万千瓦，装机容量减少了约18%，其中重要原因之一就是电网建设的落后。在生物质能方面，由于原材料的收集问题，很多制造厂商的生产不足，成本高昂。二是投资结构不协调。从新能源的整体情况看，资本大多投入到风能和太阳能领域，风能和太阳能呈现出产能过剩现象，而2012年核电只占总发电量的比重的1.97%，距离世界平均水平(16%～18%)还有很大差距，而地热、潮汐、沼气等领域比重更少。当风能和太阳能的投资达到一定规模时，资本的边际收益率是递减的，盲目的增加项目反而造成了整个产业的结构性失衡，并没有提高整个产业的平均收益率，造产业效益的低下。三是城乡发展不协调。城市经济发达，基础设施完善是新能源开发和利用的主要市场，而农村地区由于自身经济发展水平限制，新能源应用较少。但广大的农村地区有新能源的需求，由于基础设施的不完善，太阳能、地热、风能和生物质能，这些就地取材的能源显得更有价值。在当前建设美丽中国的政策背景下，大范围的基础设施建设会带来很多环境问题，而因地制宜地应用新能源，则为美丽农村的建立提供了切实可行的途径。

(三)技术扩展迅速，但是缺乏关键技术

新能源行业是一个高科技的行业，技术的先进与否决定了从业者的利润空间和竞争实力。我国的新能源行业技术领域表现出低端技术普及迅速，制备技术创新居多、核心技术缺失等特点。2012年太阳能电池组件企业产能已经超过40万千瓦，超过全球需求量。而风力发电设备的制造能力已经超过目前市场的需求量。水电、潮汐能、地热能等设备的制造也快速发展，生产力在短期就取得了巨大的进步，但核心技术的缺失已经成了中国新能源行业的软肋，有可能导致中国成为世界新能源设备的加工厂。核心技术的不足原因之一是国家对企业多采取成本补贴的方式进行支持，而对于核心技术的研发却缺少资金，专业的研发中心数量很少。另外，相比于研发核心技术过程中投入的巨额资金，企业更愿意从国外购买，因为风险更小、成本更低。然而，核心技术终究掌握在别人手中，企业又没有积累相应的研发经验，终会陷入“引进—落后—再引进”的怪圈中。

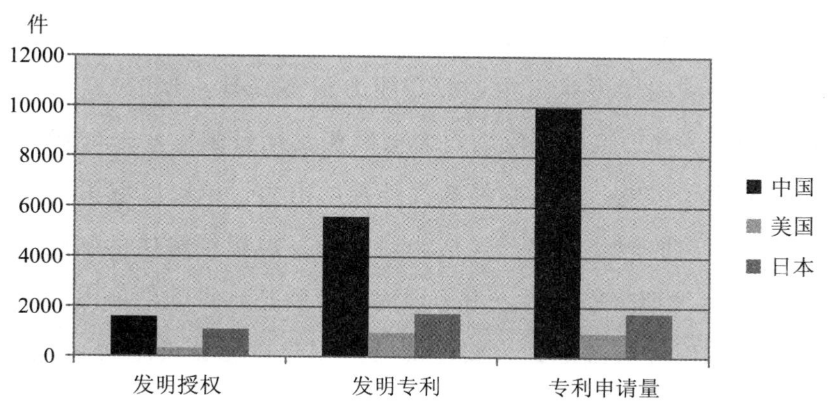

图34　主要光伏技术大国在华申请专利情况

资料来源：中国国家知识产权网。

以光伏产业为例，2012年中国的光伏技术专利共有13 989件，本土专利为10 008件，占74%，光伏技术强国日本和美国分别占13%和7%。但中国的专利大多集中于太阳能制备过程中的各种装置，而日本和美国的发明授权占发明专利的比例均超过30%，中国只有15.6%，如图34所示。所以，在整个光伏产业链中，国内企业扮演的仅仅是一个赚取“加工费”的角色，摆脱不了中国制造业的普遍角色。

(四)新能源市场需求潜力巨大，但市场化进程却障碍重重

2009年哥本哈根召开的联合国气候变化大会，中国政府做出郑重承诺：到2020年将实现单位GDP二氧化碳排放比2005年下降40%～45%。而实现这一目标的途径就是寻找传统能源的替代品，为此中国政府制定了一系列政策支持新能源产业的发展。2012年中国在新能源领域的投资647亿美元，远远超过了美国的342亿美元。除了政府为实现既定目标的需求外，个人和企业也对于新能源有着旺盛的需求，目前中国的太阳能热水器用户总数稳居世界第一，农村户用沼气达到5000万户，一些新能源已经成为居民生活必不可少的能源来源。另外，随着化石能源价格上涨，国家政策引导，城市地区建筑物安装太阳能电池的潜在需求逐步显现，乡村地区的太阳能发电、小水电、风电以及生物能发电等都将形成旺盛的市场需求。

虽然有着光明的市场前景，但是受制于产品成本较高、定价机制混乱以及配套设施不完善，新能源市场化进程依然缓慢。首先，传统能源行业仍然有着强大的生命力，技术成熟，产业规模巨大，以及发达的全球流通网络等都是新能源行业无法比拟的。目前除太阳能热水器外，绝大多数利用新能源生产的电力、热力、液体燃料产品与常规能源产品相比成本较高，缺乏市场竞争力。例如，生产每度电的成本，太阳能为2元以上，风能为0.6元左右，而煤只有太阳能的1/10，化石能源价格优势十分明显。为此国家提出了相应新能源发电补贴，但力度十分有限，新能源仍难以与常规能源竞争。其次，中国的新能源发电定价机制依然不完善。目前我国的新能源定价多采取企业招标定价，政府根据情况调价的方式。但是由于不同地区的资源和市场情况不同，同样的设备发电的成本也是有很大不同的，对不同区域和不同规模的发电进行定价依然是一个漫长的需要不断探索的过程。比较而言，传统能源发电方式较为集中和统一，制定价格就简单很多。最后，终端应用困难重重，配套能力很不完善。我国有六大区域电网，东北、华北、华东、华中、西北和南方电网，但是六大电网相对比较独立，未来新能源电力也面临着西电东送的局面，同时由于风电、光电是间歇性极强的电力，单独区域很难承受千万千瓦级别以上的电力。如何实现电网的同步连接已经成为新能源发展亟待解决的问题。再如，太阳能电池，中国98%的太阳能电池都是出口的，由于国内政策和基础设施的原因，太阳能的装机容量远远落后于实际产能。同时，应考虑到为新能源的应用建设配套设施所带来成本增加的问题，也导致了短期内新能源价格的高企，阻碍了新能源的应用推广。

除设施、成本和价格之外，能源利益结构的固化也是新能源的应用障碍之一，央企电网出

于绩效考虑对新能源发电入网是排斥的。要改变这个局面，必须要突破体制障碍和利益集团所设置的障碍，为新能源开辟道路。

>>四、中国新能源发展新思路<<

为了促进中国新能源产业健康发展，合理布局，保障国家能源安全，需要政府、企业、社会共同努力，既要有战略性规划，也要有具体措施。

(一)新能源行业特点决定了政府必须发挥“有形之手”的作用

一是新能源产业属于新兴产业，开发利用成本高，大多数还存在规模小、资源分散、生产不连续等问题，所以与传统能源行业相比新能源缺乏市场竞争力(水电、太阳能热水器等个别行业除外)，需要政府政策补贴和扶持。政府在扶持的过程中，应该有重点地进行定向资助，优先扶持拥有先进技术的企业，帮助其在国际市场上确立领先地位进而带动整个产业的发展。二是新能源产业具有正外部性。一方面，新能源作为清洁能源，对于缓解当前越来越严峻的环境和气候问题具有重大意义，发展新能源的社会收益大于私人收益；另一方面，新能源产业具有扩散效应和技术进步累积的规模报酬递增效应，能够带动相关产业的发展，具有广阔的发展前景。因此政府有责任提供保护和扶持，引入支持新能源产业发展的长效激励机制。三是新能源产业面临入网难、配套基础设施不完善等问题，而完善基础设施、提供良好的市场竞争环境正是政府的职责所在。中国新能源资源丰富的地区主要集中在东北部、北部和西部，电力主要消费地区分布在中部、东部和南部，而风电、光电又属于间歇性极强的电力，因此全国已形成的六大(东北、华北、西北、华东、华中、南方)独立电网能否实现同步连接是中国新能源电力发展的最大瓶颈。消费地、生产地分离，涉及跨地区、跨部门调配的问题，这就需要政府从大区域及全国的层面进行宏观调控，统筹协调。四是新能源产业涉及高新技术，研发费用高，风险巨大，政府有必要对企业加以资金支持。对于新能源领域的技术研发，应当坚持以国家投入为主、社会资本参与的方式，同时引入国际先进经验——新能源产业基金，建立一套完善的筹资融资平台。

因此，新能源产业的发展必须依赖政府“有形之手”的支持。在宏观政策层面，要对新能源行业进行全局的科学规划，保持政策的连贯性和协调性，颁布导向明确、操作性强的政策。在产业管理层面，要深化国家能源管理体制和决策机制的改革，加强部门、地方以及相互间的统筹协调，形成适当集中、分工合理、决策科学、监管有力的管理体制，以强化国家对能源发展的总体规划和宏观调控功能。

(二)新能源产业的发展需要企业发挥能动性

一是激励企业不断提高技术创新的能力。技术创新有助于遏制产能过剩，核心技术的缺乏、自主研发少、投入低是导致中国新能源生产的进入门槛低、产能过剩的缘由。此外，技术创新能够降低企业成本，提高企业竞争力。二是鼓励企业努力扩大国内市场需求，依据市场需求安排生产。新能源需求的持续性和规模性决定了新能源市场的稳定和盈利空间，盲目扩大规模、依赖国际市场都将置企业于危险之地。例如，在严重依赖国际市场的光伏多硅晶等行业，企业在国际形势良好的时候一窝蜂式的上马投资，而在出现欧洲贸易摩擦、出口受阻的情况下则损失惨重。惨痛的经验给新能源发展血的教训，努力扩大国内市场才是新能源企业实现持续健康发展的必由之路。三是支持企业合理有效的运用信贷、股权投资等融资手段筹集资金。作为资金密集型产业，新能源企业需要投入大量的资金进行长期研发，这需要资本市场的强力支持。在产业发展初期，为了企业的长远发展，资本市场需要提供便捷的股权等直接或间接投资融资途径；当发展产业整合时期，资本市场需要推动企业实现并购重组；当发展到上市阶段，资本市场需要引导民间资本和中介机构进入新能源产业。

(三)新能源产业的发展过程中要注意人才的培养

目前中国在新能源人才的培养上采用的是高等教育培养模式，2006 年实施的《中华人民共和国可再生能源法》，规定国务院教育行政部门把可再生能源的知识和技术纳入普通教育和职业教育的课程。2006 年后高等院校相继成立了可再生能源专业和研究中心，截至 2012 年，全国有 34 所院校开设了“新能源科学与工程”专业，但是人才的培养速度远远落后于新能源行业的实际需求，且学校培养的人才与市场需求存在结构性的矛盾。对此，一是要增强企业自身的人才培养能力，企业是选择人才和培训人才的关键角色，加强企业的培训力度，建立企业大学，如已成立的中广核的核电学院和国家核电技术有限公司的国核大学，设置合理的人才晋升制度，形成良好的人才循环培养体系。二是促进高校以及科研机构与企业的良性互动，企业自身的技术创新由于科研综合实力的限制，往往很难取得突破。而高校以及研究机构因为对市场信息的不了解，出现教育和科研与实际需求脱节，两者的合作可以有效发挥各自的优势。双方可以互相交换部分人才进行相应的学习，了解各自的实际情况，提高人才培养的绩效。三是制定完善的人才培养制度。新能源行业涉及技术研发、产品营销、企业管理等诸多领域，需要各行各业的人才，而目前中国主要集中于技术领域的人才培养，虽然这很重要，但优秀的管理人才和人才培养模式往往要比一项技术的突破更具有经济价值。新能源领域的人才培养是多元的，要设立完善的人才培养制度，建立法律、环保、管理、技术等各个方面的人才培养体制，才是最终解决人才短缺问题的基本途径。

(四)在对外交流中争取更多的新能源与环保技术的国际合作与技术转让

当今世界，和平与发展是两大主题，也是世界绝大多数国家政府的施政目标，而这两大目标的实现都与能源息息相关。要实现世界经济持续健康发展，需要国际社会坚持互利合作、多元发展、协同保障的新能源安全观。随着中国2013年正式加入国际可再生能源机构的进程，相信中国将在加强能源利用技术领域的国际合作，促进全球可再生能源市场的建立等领域发挥自身的积极作用。美欧等发达国家是新能源领域的领跑者，无论在新能源技术还是政策制定方面都值得发展中国家学习和借鉴，因此加强在新能源领域的国际合作将是未来中国能源政策制定的重要方向。中国在对外交往过程中，要积极推动能源外交的进程，同主要能源供应国家和地区建立良好的国际交流与合作平台，同主要能源消费国保持密切的沟通与联系，分享能源信息，打破技术封锁，积极争取能源领域的话语权。

>>参考文献<<

[1]杰里米·里夫金．第三次工业革命．北京：中信出版社，2012.

[2]BP集团．BP 2030世界能源展望．2012.

[3]中国能源研究会．中国能源发展报告2013．北京：中国电力出版社，2013.

[4]瞿国华．发达国家新能源政策的调整及其启示．中外能源，2010(1).

[5]张国有．对中国新能源产业发展的战略思考．经济与管理研究，2009(11).

[6]杨来，曾少军，曾凯超．中美新能源战略比较研究．中国能源，2013(3).

[7]韩芳．我国可再生能源发展现状和前景展望．可再生能源，2010(4).

[8]柳士双．中国新能源发展的战略思考．经济与管理，2010(6).

[9]Frankfurt School-UNEP Centre，Global Trends in Renewable Energy Investment 2013.

北京家用纯电动汽车发展情况与未来趋势

周晔馨

>>一、发展现状<<

新能源汽车是指采用非常规燃料作为动力来源，包括纯电动汽车、增程式电动汽车、混合动力汽车、燃料电池电动汽车、氢发动机汽车和其他类型，其技术原理和结构均有别于传统燃油汽车。国内目前主要鼓励的还是电动汽车，其中纯电动汽车的技术相对简单成熟，只要有电力供应的地方都能够充电。近两三年以来，新能源汽车的有关利好政策不断出台，大大激发了市场活力。比如，2015年，财政部、科技部等五部门发布《关于“十三五”新能源汽车充电设施奖励政策及加强新能源汽车推广应用的通知》。通知明确，充电基础设施奖励政策面向全国所有省（区、市），中央财政对充电基础设施配套较为完善、新能源汽车推广应用规模较大的省（区、市）安排奖励资金。这是继购买新能源汽车直接获政府补贴和免购置税优惠之后，又一项助推新能源汽车推广的利好政策。奖励资金应当专门用于支持充电设施建设运营、改造升级、充换电服务网络运营监控系统建设等相关领域。

北京市由于受到雾霾的困扰，尤其支持纯电动汽车的发展。到2015年9月，北京已经累计推广纯电动汽车2.32万辆，纯电动汽车推广的规模居于全国第一。行驶在北京的2.8万辆新能源车中，小客车的数量已经超过了1.6万辆。充电桩方面，设置在车主各自小区的充电桩数量超过1万根，而分布在大型商圈、公共停车场、P+R停车场、高速公路服务区等场所的公用电桩，也已经建成300余处、约4000根。

国务院总理李克强9月29日主持召开国务院常务会议，确定支持新能源和小排量汽车发展措施之后，全国节能与新能源汽车产业发展推进工作座谈会22日又在京召开。李克强在重要批示中指出，加快发展节能与新能源汽车是促进汽车产业转型升级、抢占国际竞争制高点的紧迫任务，也是推动绿色发展、培育新的经济增长点的重要举措。为落实国务院 9 月 29 日常务会议精神，进一步促进新能源汽车发展，北京市小客车指标调控管理办公室在 10 月 25 日发布公告称，本期示范应用新能源小客车指标向所有通过资格审核的申请人直接配置。这大大增强了新能源市场的信心。

>>二、目前北京相关政策的特点<<

(一)准入环节

2014 年 2 月 11 日，北京市发布的《北京市示范应用新能源小客车生产企业及产品审核备案管理细则》中明确规定了示范应用新能源小客车生产企业和产品的准入条件以及需递交的材料，对示范应用新能源小客车实施目录管理，并建立了生产企业和产品退出机制。对于生产企业，重点考察服务保障体系，包括应设有 5 家(含)以上的维修服务中心、配套专业技术人员及建设一定数量的充电设施(不少于 2 个快充桩和 3 个慢充桩)，并承诺充电设施对社会开放；要求企业承诺提供 24 小时不间断救援服务，30 分钟故障应急反应。对于产品，针对北京夏季多雨、冬季低温的气候特性，进行模拟涉水(水深 20～30 厘米)、耐候性(工况法－15 ℃充电及续驶里程、低温冷启动、50 ℃下电池包自放电)等内容的安全检测。

(二)购车补贴环节

纳入《北京市示范应用新能源小客车生产企业和产品目录》的车型，可享受北京市新能源汽车指标单独配置及北京和国家的 1∶1 财政补贴。《北京市示范应用新能源小客车管理办法》等 6 项政策措施，涵盖了电动小客车指标单独配置、对纯电动小客车生产企业及产品准入实施备案制管理等内容，对邮政、物流、环卫等纯电动车按中央标准 1∶1 给予市级补贴，并实现财政补贴对纯电动车型的全覆盖。2014 年 3 月 17 日，北京市财政局会同市科委、市经济信息化委联合发布《北京市示范应用新能源小客车财政补助资金管理细则》，提出北京消费者按销售价格扣减补助后支付，汽车生产企业按补助后的价格销售。在落实国家及地方补贴的同时，最大限度合理补贴。就 2015 年而言，国家加上市内补贴，市民最高可获得 10.8 万元的补贴，前提是这 10.8 万元的补贴不超过车价的 60％。

在购车环节，北京市对个人购买只补贴纯电动车这一种新能源汽车。由于在北京实行限购和摇号政策，人们很难获得购车指标。一旦对油电混合汽车放开购买，那么将有大量的人购买油电混合车型，而且在实际使用中主要烧油，这在上海油电购车用户中已经得到验证。可见，北京仅仅对纯电动车补贴是相当合理的。

表35　2014年、2015年北京市纯电动小客车财政补贴标准

车辆类型	续驶里程R（工况法、公里）	补助标准（万元/辆）	
		2014年	2015年
纯电动小客车	80≤R<150	3.325	3.15
	150≤R<250	4.75	4.5
	R≥250	5.7	5.4

（三）配套设施

北京市发布了《居住公共服务设施配置指标实施意见》，明确新建居住类建筑电动车车位应占配建机动车车位的18%；制定实施电动汽车充电服务收费政策，鼓励社会资本参与充电桩建设运营。充电桩建设方面，多市场主体共同参与建设的局面初步形成。北京还积极探索充电模式创新，推出了路灯充电桩、机械式立体停车库配建充电设施、太阳能充电桩、无线充电、移动充电宝等多种模式。

2014年7月1日，北京还在全国范围内率先印发《关于推进物业管理区域新能源小客车自用充电设施安装的通知》，推进物业管理区域自用充电设施建设。要求物业服务企业做好配合工作，主要包括勘查现场、提供图纸、指认暗埋管线走向和现场施工等工作，并不得借机收取费用。如物业服务企业不配合，社会公众可通过bjwyjb@163.com进行投诉，各区县行政主管部门将责令其改正并作信用记分和公开曝光。同时积极探索创新物业小区内充电设施建设可持续策略。

（四）用车环节

在用车环节，北京市明确规定自2015年6月1日至2016年4月10日，纯电动小客车不限行。由于大多数车主受到限行，因此对于纯电动车主来说，无疑是一大福音。

>>三、北京新能源小客车发展遇到的问题<<

尽管近两年尤其是过去一年发展迅速，但北京的新能源汽车还是存在一些问题。这些问题阻碍着人们对新能源尤其是纯电动汽车的信心和接受程度，从而也阻碍或者纯电动汽车的推广。

（一）购车指标

从北京市新能源汽车政策实际运行情况来看，随着新能源汽车得到人们认可程度的逐渐提高，北京市原来为纯电动车设置的指标可能很快就不够使用，而燃油汽车占用的比例仍然更大。

新能源小客车指标每两个月配置一次，2014年前五期每次配置单位及个人各1666个指标，

其余1670个单位及个人指标在第六期分配。若申请数量超过当期示范应用新能源小客车指标配额，就实行摇号配置。2014年全年共单独配置指标2万辆。如图1所示，截至2014年12月26日，北京市完成全年六次示范应用新能源小客车指标配置，共配置指标18534个，其中个人指标10469个，单位指标8065个。总的来说，基本上大多数个人申请者都能得到指标。但到了2015年，尤其是从第二期开始，在私人申请方面北京的指标申请及上牌量快速增长。第二期配置达到3356个，第三期达到5697个，第四期为3333个。截至2015年8月，共进行10期电动小客车指标配置，8月份新能源汽车指标中签率已经降到了38%。第五期10月份的个人申请新能源小客车有效编码数达到1.8万个，指标中签率降为28%，创下了新能源小客车的新低。但由于实行全被配置，对前期积压数进行了全部消化，因此数量出现井喷，达到17150个。2015年第6期份受到10月份新政策的鼓舞，市场接受程度继续上升，达到8717个。但实际上牌数会低于配置数。

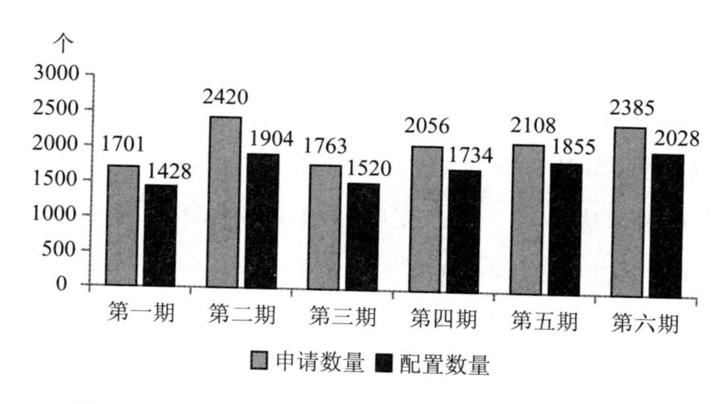

图35　2014年个人新能源小客车指标申请及配置情况

(二)购车和使用成本

纯电动汽车的蓄电池单位重量储存的能量大多数不是很高，而且目前还没有达到经济规模，因此车用动力电池的成本较高，造成整车的购买价格较高。虽然纯电动车的动力消耗费用相对燃油更低，但由于国际国内油价在近期不断走低，也使得充电动车的低运行成本优势凸显得还不够充分。这些方面都在一定程度上降低了潜在使用者的购买意愿。

补贴政策退坡大势所趋，电动汽车购买成本仍然较高。2016年4月底，财政部、科技部、工信部、国家发展改革委联合发布《2016—2020年新能源汽车推广应用财政支持政策》规定，2017—2020年除燃料电池汽车外其他新能源汽车车型补助标准适当退坡，其中2017—2018年补助标准在2016年基础上下降20%，2019—2020年补助标准在2016年基础上下降40%。可见，政策退坡势在必行。据第一电动网调查，国内60%消费者对电动汽车的心理价位在10万元以下，而目前能在北京上牌的纯电动车车型中，仅奇瑞eQ、江淮iev4等少数几款车型在享受国家和地方政府补贴后，车总价在10万元以内，远不能满足消费者的价格预期和选择需求。

(三)公共充电设施

充电方面存在着充电桩开放程度不够、充电设施布局不够完善、充电重复收费开放问题等诸多问题。如果当前充电桩数量不能快速增加，车主就没法依赖公用站充电满足使用。

第一，充电位不够开放，或者充完电后不及时提车，另外也有被燃油车占据充电车位的情况。有的单位把充电桩视为本单位的专用设施，不对外开放。而据媒体报道，这甚至包括了推广新能源车最前排的机构。据报道，北京某充电站点长期有 2～3 辆“城市货运”的纯电动车充电完毕后不及时提走，继续占用充电位。

第二，存在充电重复缴费，充电结算方式不统一。据调查，有的 4S 店提出，车主购买电卡时已将电费预付给了电力部门，但由于在 4S 店充电时所用电源是由 4S 店内提供，4S 店仍需缴纳这部分电费，造成了重复缴费。这影响了 4S 店对外开放充电设施的积极性。而且，每个品牌的充电桩都只能用自己配套的充电卡进行结算，各品牌充电设施之间不能互通使用。

第三，增容费用应尽快落实责任主体，充电标识尚未统一设置。直流快充桩功率一般为 37.5kW，2 个直流桩就需要 75kW，因此 4S 店一般都需要增容，不然就难以保证正常运行，在夏天尤其如此，但增容费用无法落实。目前充电站很少挂有国标统一的标识，大多数地方还没有相应的充电设施引导标志标识。

第四，充电桩标准不够统一。直流充电桩物理接口标准已经实现统一，但是车企、充电桩企业等对逻辑接口往往理解有所不同，不同车型、充电桩之间，甚至不同批次产品之间都有不一致的情况，导致车桩之间交叉调试时间长、难度高，而且容易出现车不能充电的情况。

>>四、中短期的供给和需求预测<<

(一)目前的消费意愿

从北京市上牌数据来看，消费者越来越多接受了新能源汽车。比如，2014 年 1—8 月期间，累计上牌仅为 458 辆。但随着北京市指标单独配置、1∶1 国家和市级财政补助、物业支持自用充电设施建设等系列政策的落地，加上 9 月 1 日免征新能源汽车购置税政策正式实施，政策不断叠加的效应开始产生作用，9 月单月上牌超过前 8 个月上牌数总和。其中，9 月 5 日至 10 月 17 日期间，纯电动小客车上牌数量达到 1000 辆。同时，许多消费者为避免由于 2015 年国家及北京市财政补助资金退坡 5%所带来的购置成本上升，从而在年底前集中上牌，使得 12 月上牌数量出现迅速上升的势头。截至 2014 年年底，示范应用新能源小客车(不包括特斯拉等进口纯电动车)共实现上牌数达 2994 辆。个人的新能源小客车上牌数量分布见图 36。2015 年个人纯电动车参与摇号和上牌人数都不断上升。2015 年 10 月对新能源指标全部配置，但实际使用指标的人数不一定有那么多。根据以往的经验，有较大比例个人获得指标后，直到指标作废也没有购买。截至 2015 年 12 月 8 日 24 点，累计收到个人示范应用新能源小客车配置指标申请和确认延期的共 9618 个，其中 8717 个有效编码，比今年第一期增长近 3 倍。

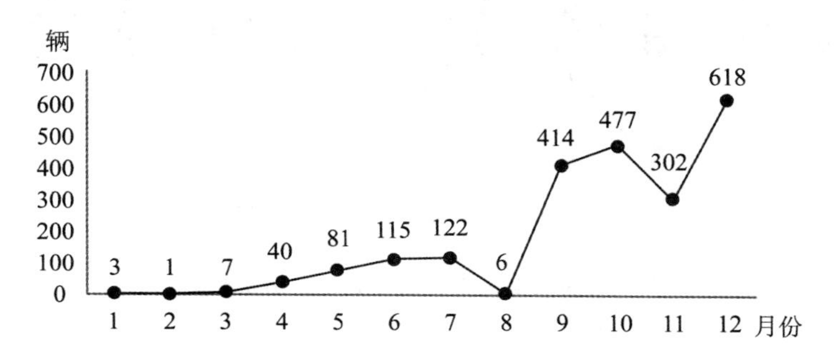

图 36　2014 年度示范应用新能源小客车上牌数量分布

目前，购买新能源小客车的意愿整体来说还不是很高，是因为普遍存在一些担心。比如，电动汽车的续航里程短，可供选择的车型相对比较少，价格相对燃油车偏高，公共领域充电设施建设不完善，自用充电设施安装难度大。在这些担心中，最重要的因素为自用充电设施安装难度大、公共充电设施不够完善两项。

具体来说，2014 年，示范应用新能源小客车指标上牌比例不高的原因主要为以下几点。首先，消费者可选车型仍然相对较少。北京市先期于 2014 年 2 月 26 日、3 月 11 日分两期发布《北京市示范应用新能源小客车生产企业与产品目录》，截至 2014 年 12 月底，实现以上 11 款车进入北京市场，其中只有 7 款车型实现销售。新能源小客车目录虽早已公布，但车型是陆续实现上市销售的，即使 2015 年加入了新的车型，但是消费者可选车型仍然相对较少。其次，是充电设施建设进展较慢，充电网络总体布局有待完善。在公用充电设施建设方面，北京公用领域充电设施多为国家电网投资建设，2014 年的公用充电设施建设进度较为缓慢。北京市关于充电服务费的相关标准长期未明确，故相关充电设施投资建设单位持观望态度。在自用充电设施建设方面，2014 年 5 月，北京市颁布《北京市示范应用新能源小客车自用充电设施建设安装管理细则》，8 月 1 日起《关于推进物业管理区域新能源小客车自用充电设施安装的通知》正式实施，但在执行过程中有部分物业公司对已有政策的执行力度不够。最后，是新能源汽车总体性价比还有待提高。同时，车辆的售价仍然较高。图 37 为在售新能源汽车价格比较，经过国家及市级两级财政补贴后，售价在 10 万元以内的车仅有少数几款，但这些车一般都为紧凑车型。目前 10 万元至 20 万元的主要有江淮 IEV5、北汽 EV200、启辰晨风、荣威 E50 等。20 万元以上的有北汽 ES210、比亚迪 E6 和腾势等。除了比亚迪 e6 最新款能够达到 400 公里，其余的续驶里程大部分都较短。目前在京销售的 14 款车型，车辆的续驶里程集中在 150～200 公里，消费者觉得难以满足其长距离行驶需求。

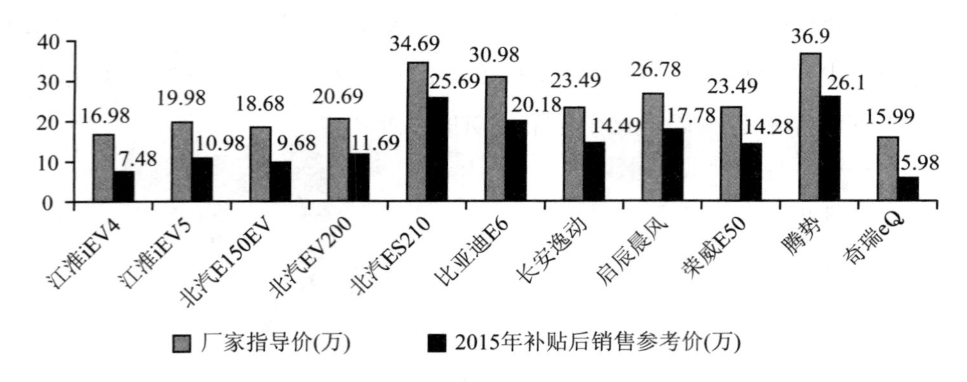

图 37　北京在售新能源汽车补贴前后价格比较

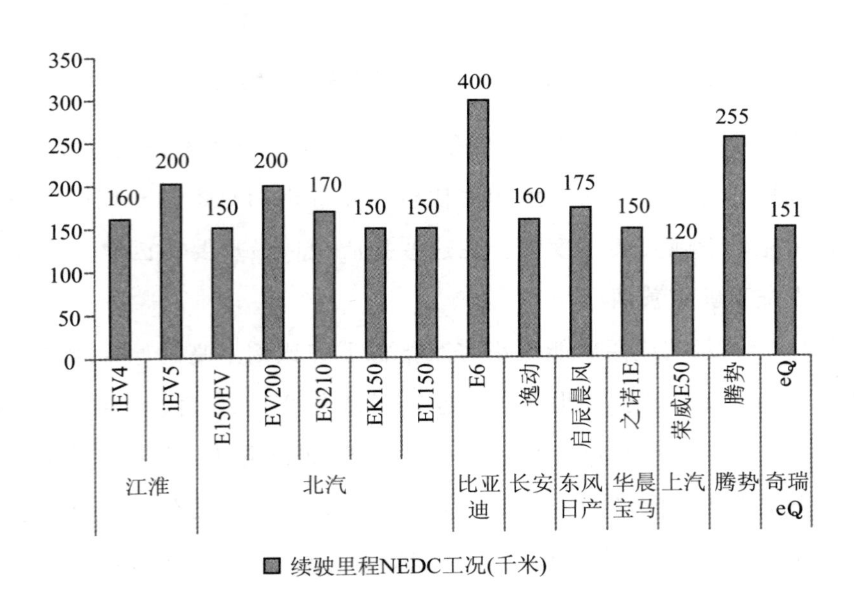

图 38　北京市当前在售新能源汽车续驶里程比较

(二)中短期供给效应

在纯电动汽车的供给方面，供给曲线将向右移动。一方面，电动车正受到大众的逐步接受，从而产生规模效应，从而大大降低生产成本；另一方面，随着电池技术的迅速进步，纯电动汽车在可见的将来可望大幅度地降低售价，并大大提高续航里程。

西班牙 Graphenano 公司和科尔瓦多大学合作研制出首例石墨烯聚合材料电池，其储电量达到了市场最好产品的三倍，装备了这种电池的电动车可以行驶 1000 公里，而充电时间低于 8 分钟。作为世界上最薄、最硬的材料，石墨烯主要由英国曼彻斯特大学安德烈－盖姆(Andre Geim)教授在 2004 年发现，他因此获得 2010 年诺贝尔物理学奖。石墨烯聚合材料电池的使用寿命较长，是传统氢化电池的四倍、锂电池的两倍。而且由于石墨烯的特性，该电池的重量仅为传统电池的一半，使得装载该电池的汽车更加轻量化，进而提高汽车能源效率。石墨烯电池具有各种优良的性能，不过成本很低。Graphenano 公司相关负责人称，石墨烯电池的成本比锂电池低大约77%，完全能够被消费者接受。

而中国的电池技术也在国际上处于比较领先的地位。除了中国比亚迪公司在目前商用的电池生产商技术比较先进外，相关科研机构的成果也很领先。世界顶级学术期刊《科学》2015年12月18日发表了中科院上海硅酸盐研究所研制出一种新型石墨烯材料——氮掺杂有序介孔石墨烯这一重要科研成果，其比容量高达855法拉/克，具有极佳的电化学储能特性。该材料只需充电7秒钟，就可以可续航35公里，可以用来作为电动车的“超强电池”。该材料具有高能量密度、高功率密度，还可以通过使用水基电解液，做到无毒、环保、价格低廉、安全可靠。总之，该新型石墨烯超级电容器体积轻、不易燃易爆，能够低成本制备和规模生产，因此该材料的成功研制对推动我国纯电动汽车发展，降低新能源汽车的生产成本和性能，从而提升行业竞争优势，具有重要的意义。

(三)中短期消费意愿

从发展趋势来说，中短期的消费估计将较为强劲。从图39的私人领域电动乘用车示范运营推广情况可以看出，2009年开始有少量的私人和单位购买电动汽车，但主要用于探索和尝试。2012年起北京市推出了志愿者活动，鼓励单位及个人参与购买新能源汽车。随着2014年私人购买新能源汽车政策的明朗和相关细则的出台，私人领域电动汽车推广呈现大规模增加的态势，全面累计销售3600余辆。随着全国及各地方补贴和配套设施的支持政策的明朗和细则陆续出台，北京乃至全国对电动汽车的需求都必然大大上升。

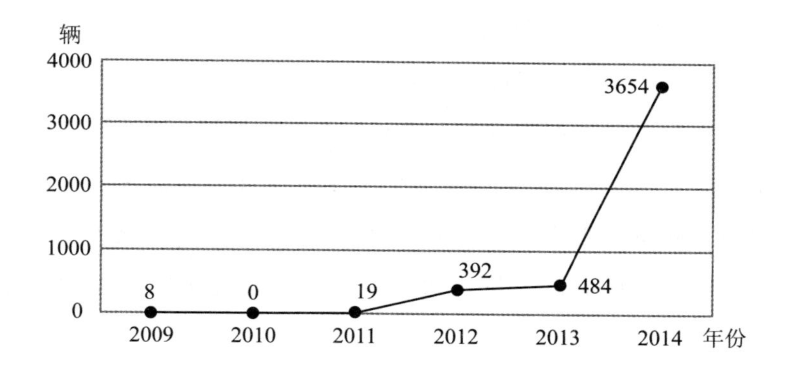

图39　2011—2014年私人领域电动汽车示范运营情况

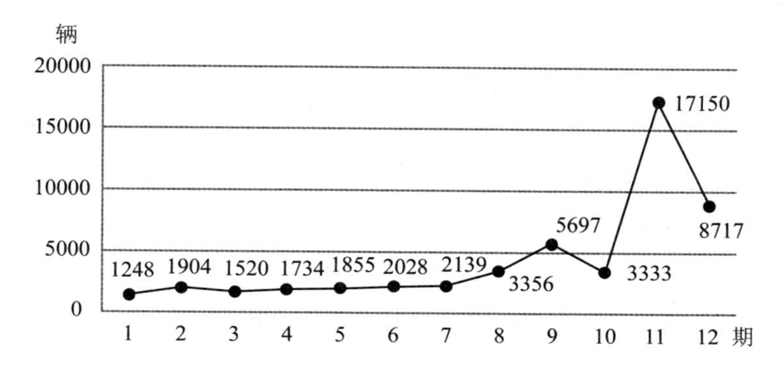

图40　纯电动车2014—2015年12期配置数量

研究发现，影响消费者购买电动汽车的主要因素包括销售价格、续航里程、充电桩安装服务、品牌、车辆配置和安全性、充电时间等几方面，其中由以销售价格和续航里程最为突出。随着新型电池如石墨烯电池的推广，纯电动汽车的中短期消费意愿必然被激发出来。对北京来说，还有一个重要的因素，即新能源纯电动汽车易于获取的车辆牌照，这主要是受到牌照限定的影响。另一个因素为纯电动汽车后期的使用及维护成本低廉，平均百公里能源消耗成本仅为燃油汽车的 1/4～1/3。随着环保绿色理念的深入人心，在中短期会有越来越多的人加入纯电动车使用者的行列。

在中短期内，影响消费者购买新能源电动汽车的一个主要因素，是电动汽车充电基础设施建设和服务的便利性。无论电动汽车的续驶里程达到多少，终归需要充电补电，而且目前市上大多数汽车还只能达到 200 公里左右的续航，因此便利的充电资源是影响人们购买的另一个因素。只有刚需的消费者才会忍受高昂的价格而选择较长的续驶里程，但一旦充电设施分布广泛而且使用方便，消费者将降低对续航里程的关注程度。

>>五、发展纯电动汽车的相关建议<<

(一)考虑短期内不限购，或划出更多新能源指标

随着越来越多的人开始接受新能源汽车，新能源小客车指标已经面临超过申请者人数的问题。根据《北京市 2013—2017 年机动车排放污染控制工作方案》任务分解表，2016 年和 2017 年，普通车指标和新能源车指标将分别调整为 9 万个和 6 万个。按照目前的发展趋势，将可能很快吐过 6 万个指标的原定计划。虽然 2015 年 10 月和 12 月都实行了免摇号直接配置的政策，但最近两轮的“不摇号直接配置”政策是否能够在 2016 年乃至 2017 年延续，还没有明确公布。在北京限制购买汽车总数的大框架下，可能需要从普通车指标中转移更多的指标到新能源车中，或者设置更多的新能源指标。

(二)加快放开市场准入，扩大消费者的选择面

应该积极开放新能源汽车市场准入，积极推动扩大新能源汽车产品范围相关政策颁布落实。不但国产纯电动汽车，而且部分进口纯电动汽车也纳入备案车型范围，且让更多的国产及进口纯电动汽车也纳入国家《免征车辆购置税的新能源汽车车型目录》，让更多的厂商进入北京市场。这不仅是给予用户更大的选择面，而且也使得消费者更容易接受新能源汽车。

(三)研究合理的财政补贴退坡，刺激车价下调

财政部、科技部、工信部、国家发展改革委联合发布《2016—2020 年新能源汽车推广应用财

政支持政策》指出，2017—2020年除燃料电池汽车外其他新能源汽车车型补助标准适当退坡，其中：2017—2018年补助标准在2016年基础上下降20%，2019—2020年补助标准在2016年基础上下降40%。补贴政策退坡大势所趋，目前纯电动车的价格还是偏高，性价比仍然比燃油车低。之所以仍然有一定数量的个人接受新能源车，是因为摇不到燃油车的号，所以转而求其次，同时，有着财政补贴降低车价。但如果能够将纯电动车的价格降低，则能够大大提高性价比，使得市场接受程度更高。因此，有必要配合财政补贴退坡机制，进一步刺激车价下调。尽管国家的鼓励政策对新能源汽车产业发展初期起到了很好的推动作用，但新能源汽车产业的发展与强大最终必须回归市场。通过不断优化退坡机制，可以防止过度依赖政策，刺激车企持续提升技术，提高纯电动汽车的性价比。

(四)加快充电设施建设，缓解里程焦虑

由于充电站和充电桩还不是太多，而且利用效率不够高，因此电动车的车主和潜在车主相对于燃油车主有较强的“里程焦虑”。目前充电设施在北京市的密度还不够大，所定的5公里充电设施半径也太大，加上2015年纯电动车大大增加，尤其是10月和12月取消限购摇号后更是大幅度飙升，因此现有设施肯定不足以满足需要。预计2016年以后纯电动车用户增速更快，设施将会更为紧张。

在基础设施建设方面，建议尽快推动充电标准的统一，明确电动汽车充电设施产权分界点。比如，协调电力、物业部门，推进优化适应新能源汽车发展的用电报装流程。政府相关部门进一步加大对公共领域充电基础设施的统筹协调力度，形成常态化有效推进机制。

大规模建设充电桩，除了充电站，最好是充电桩要先行，因为其建设相对成本低，而且分布广泛。由于高校的特殊地位、场地优势，以及社会影响大，尤其是可以在学生中培育环保理念，因此在北京高校更应该大力宣传新能源汽车和建设充电桩。在个人充电桩方面，要加强物业的配合。为了积极吸引社会资本参与充电设施建设，还应明确充电收费标准。

积极借鉴国外经验，研究和发展多种充电模式。比如，美国近来在电动汽车配套设施研究和应用方面取得了非常快的进展，运营模式持续创新，包括用于市区内的“高压充电亭”模式、“电池交换站”模式和远程充电模式等。

(五)营造良好的纯电动汽车使用环境

在2017年补贴政策将大幅退坡的情况下，构建良好的电动汽车使用环境是非常有必要的。

进一步探索统一、方便的充电结算方式，推动充电设施互联互通，加快充电设施的规模化、网络化进程。北京市发改委要求在示范运行期内，充电收费必须支持银联卡支付方式以确保“一卡通用”，同时鼓励采用市政公交一卡通、电力卡、ETC卡、移动支付等多种方便快捷的支付方式，这些都必须加快实现。

提高充电设施的利用率，比如，利用智能手机平台实时报告充电设施的闲置/占用/充满各种状态，同时实行占用即收费，而不是充电才收费的政策。惩罚燃油车占用纯电动车充电位，如果占用而不充电，应该加倍收停车费。

在其他配套政策方面，可以加快出台停车优惠、高速公路过路费减免等政策。

>>参考文献<<

[1]王灿．特斯拉也望尘莫及：石墨烯电池充电 8 分钟可跑 1000 公里，http://www.thepaper.cn/newsDetail_forward_1285553，2014-12-13.

[2]中国环保在线．充电 7 秒续航 35 公里　我国研制出石墨烯超强电池，http://www.hbzhan.com/news/detail/102979.html，2015-12-19.

[3]电动汽车交易网．暗访北京充电站 纯电动车主再忍 3 年吧，http://ddqc.99114.com/Article1/90183777_2.html.

[4]刘冕．新能源车本轮不摇号直接配置 普通小客车中签比 204：1，http://www.beijing.gov.cn/bmfw/zxts/t1416694.htm，2015-12-26.

[5]董禹含．新能源汽车推广再出利好政策．北京日报，2015-12-17.

[6]百度词条：新能源汽车.

[7]首都科技发展战略研究院．2015 首都科技创新发展报告．北京：科学出版社，2016.